两性生命表理论与应用

——昆虫种群生态学研究新方法

齐心 傅建炜 金燕 / 著

中国农业出版社

北 京

本书出版获福建省高层次人才项目、福建省农业科学院科技专项资金项目、福建省农业高质量发展超越"5511"协同创新工程项目（XTCXGC2021020）、福建省农业科学院科技创新团队建设项目（CXTD2021011-1）资助。

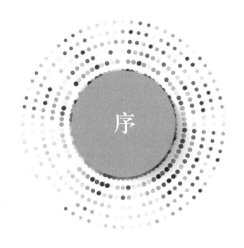

序

随着现代农业科技的发展，害虫综合治理技术和方法不断进步。要达到可持续发展的目标，害虫治理必须以科学理论为指导，特别是研究害虫种群动态的时候，必须以系统科学的理论和方法为指导，理性地进行基础数据分析和害虫种群动态的描述及预测。使用昆虫生命表是研究昆虫种群系统的科学方法，昆虫生命表是在害虫综合治理中进行种群动态预测预报的重要工具。

齐心教授原创建立的两性生命表理论和计算机软件，对丰富昆虫生命表理论、捕食理论和阐述数据分析与电脑模拟作出了突出贡献，并受到了全世界众多昆虫学科研工作者的高度关注，相关理论和方法被引用逾万次。

齐心教授与其优秀学生傅建炜研究员、金燕同学合著的《两性生命表理论与应用——昆虫种群生态学研究新方法》一书，对基础理论和实际数据分析进行了详细的阐述，并以具体范例解释了生命表数据分析、捕食率数据分析、电脑模拟的完整过程及详细的输出结果，为研究各种因子（如环境、寄主、天敌等）对昆虫种群动态的影响以及预测害虫种群发展提供了实践案例。

该书内容丰富、系统性强、信息量大，不仅在理论上创新完善了昆虫生命表，也在实践上为昆虫种群系统研究和害虫综合治理决策提供了有效的工具，该书的出版展示了我国在昆虫生态学研究领域取得的创新成果，对促进农林害虫防控理论研究和生产应用水平的提高有重要价值。

尤民生

2024年6月10日

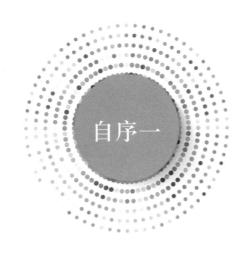

自序一

　　科技发展不可能一蹴而就。在初期，必然先使用简单的概念或技术，再逐渐改进。因此，"简化"是大多数科学发展的必经过程。据历史记载，圆周率曾被简化为22/7或3.14，直到数学家发现无理数后，才证明圆周率是无理数，其过程历经数千年。在人类建立数学和生物学之前，与恐龙同时期的昆虫化石就已经显示昆虫龄期分化（变态）。昆虫的龄期分化特性一直是昆虫学研究的重要内容，然而，此重要特性却在昆虫与螨类生命表研究中被完全忽视。1985年之前，昆虫生命表的研究被过度简化，仅包括雌性个体，也仅考虑年龄，忽略了雄性个体与龄期分化。这种简化完全忽视了雄性天敌对生物防治的贡献，也忽视了"羽化成蝶"的美妙过程与其在害虫治理中的重要性。

　　1977年，我获得德国学术交流署（DAAD）奖学金，赴德国哥廷根大学攻读博士学位，研究跳虫 *Onychiurus fimatus* Gisin 及其捕食螨天敌 *Hypoaspis aculeifer* 的种群增长（Chi，1981）。我希望利用记录的生活史数据模拟预测种群的增长，于是我找到了一篇缅甸仰光大学的 Lewis（1942）仅仅4页的论文。详细阅读后，我发现这是一篇极佳的论文，简单、逻辑清晰且以数学矩阵理论为基础。我也找到英国牛津大学的 Leslie（1945，1948）利用矩阵研究生命表的两篇论文。Leslie 在他 1948 年的论文第 1 页注脚中说明 "At the time my original paper was published I was not aware that the same problem had already been investigated by Lewis (1942). This author establishes the form of the basic matrix and discusses a number of its properties, including the role of the dominant root and the form of the stable age distribution. ... It is clear, therefore, that unwittingly I covered a good deal of ground which had already been covered by him. I am indebted to Prof. M. S. Bartlett and Dr S. Vajda for this reference."。Leslie 表示在他发表 1945 的论文时并不知道 Lewis 已经建立利用矩阵研究的基础。因此这个生命表矩阵应被称为 Lewis-Leslie 矩阵。

在生命表研究时，研究人员从卵期观察昆虫的存活和发育。成虫羽化后，研究人员收集了所有雌性每天产的卵。通过简单的统计，研究人员可以计算雌虫的平均繁殖率（F），也可以计算重要的种群参数净增殖率（R_0）。为了计算 R_0，需要各年龄的存活率（l_x）和繁殖率（m_x）。在雌性年龄生命表中，因为 l_x 只考虑雌性个体，m_x 只考虑雌性后代，通常假设雌虫产下卵的性别比例为 1：1，也就是用 0.5 的产卵数计算 m_x。由于 F 和 R_0 都是根据同一个生命表数据计算得出的，我认为 F 和 R_0 之间一定存在某种关系。然而，在大多数论文中，F 和 R_0 之间似乎根本没有关系。但是，我注意到在孤雌种群生命表中，F 和 R_0 之间确实存在某种关系。除此之外，从种群生态学研究来说，我认为只考虑雌性种群是不够的，因为雄性害虫也会对农作物造成损害，雄性捕食者也会杀死猎物。如果在预测昆虫种群增长时，不能描述龄期分化，就不能预测特定关键龄期（例如：对农药感受性较高的龄期、寄生蜂偏好的龄期）出现的时间，也就不能将生命表合理地应用于害虫治理。由于 Lewis-Leslie 矩阵不能用于分析有龄期分化的生命表，当然就不能用于描述昆虫与螨类特有的龄期分化特征。

在我完成博士论文之后，我继续从事种群生态学方面的研究。我尝试将龄期分化和雌雄两性一并纳入生命表研究与害虫防治，尤其是生物防治。然而，当我尝试在分析过程中考虑雌雄两性、性比与龄期分化，发现数据分析极为困难，甚至出现矛盾与错误，我也发现已发表的雌性年龄生命表期刊论文与尝试包括龄期结构的期刊论文中有许多错误。我担任的生态学课堂上，学生也经常问到将传统的雌性年龄生命表应用于两性且具有龄期结构的种群的适当性。

为了解决雌性年龄生命表的诸多问题，经过数年反复思考、研究与分析实际数据，我创建了年龄龄期两性生命表理论，并于1985年发表了年龄龄期两性生命表的第1篇论文（Chi and Liu，1985）。在美国加利福尼亚大学伯克利分校（UCB）担任访问学者期间完成了第2篇重要论文（Chi，1988）。在接下来的30年里（1985—2015），我不断从生命表研究中发现新的科学问题，继续完善生命表理论，同时创建新的捕食理论与收获理论，并为每个问题推导了数学证明，且将新发现并入软件TWOSEX、CONSUME与TIMING。

由于年龄龄期两性生命表的理论复杂，原始数据分析极为困难，研究人员无法依据我的理论自行分析数据。我想到，如果能提供一个易学易用的生命表软件就能帮助大多数学者使用两性生命表。在德国求学期间，我曾选修计算机语言Fortran 77，我决定设计计算机程序以便用于两性生命表分析。1985年，我使用早期的BASICA语言设计了DOS系统的生命表程序LIFETABL（因为当时的计算机文件名只允许8个字母）。由于计算机内存和处理器速度的限制，数据分析非常慢，也时常遭遇困难。随着计算机技术的进步，我在1997年使用Windows系统的Visual BASIC，将程序修改为TWOSEX-MSChart。自此之后，大多数使用者都能使用TWOSEX-MSChart自行分析生命表数据。由于年龄龄期两性生命表理论包含雌雄两性，且能够解释龄期分化，更能考虑个体之间发育速率的变异性，全球许多学者在研究中都使用两性生命表。

理论是所有科学的基础和精髓。然而，教导学生批判性阅读和创造性思考是非常艰难的。我在许多教科书中看到不恰当甚至错误的解释，有些教科书中的曲线图甚至有明显的错误。我经常思考书中的方程式是如何推导的？图形是如何绘制的？以及理论是如何形成的？我认为教学中必须教导学生方程式的推导过程，即使是简单的方程式，例如：指数和逻辑增长的微分式、如何将微分式转化为积分式等。我也认为必须将所有绘图参数都提供给学生，让他们自己绘制图表。最重要的是，必须让学生了解理论的形成过程，于是我根据前期研究和教学经验开始编写我的授课讲义。

为了帮助更多的昆虫学家了解生命表理论，并学会如何分析他们的数据，我从2007年开始在不同国家的许多大学和研究机构提供为期5～7天的"生命表理论、数据分析与电脑模拟"密集课程培训。许多参加课程的学员都希望我将授课内容写成图书，这样可以帮助更多的科学家和学生通过自学来开展生命表的研究。我从2008年开始将我的授课讲义和期刊论文改编成教科书，希望能帮助生态学、生理学、毒理学等各学科的研究人员妥善使用生命表。起初我决定用英语写该本书，由于研究与教学工作忙碌，始终未能完稿。2020年后，我注意到我的英文授课教材已经普及各国，我撰写的软件使用说明也都已经上网，英文读者已经有足够的学习通道，于是我决定先出版该书的中文版，以帮助中国的科学家。

为了达到良好的教学效果，本书不是以传统的教科书格式写作的。本书是教科书、讲义和TWOSEX、CONSUME与TIMING使用手册的组合。孟子曰："子路，人告之以有过，则喜。"在我的授课中，我常常先要求学生思考问题，然后再告诉他们答案。因为独立思考与明辨是非的思考（批判性思考）对科学家和学生而言非常重要。在学生思考时，我也会要求学生不可以互相讨论。在阅读本书与使用软件时，读者会遇到一些"批判性思维"或"创造性思维"的考题，请不要跳过或逃避这些问题，花点时间思考，用圆珠笔写下你的想法和答案，然后你可以将你的答案与本书的解释或软件提供的答案进行比较。这样，你才会注意到你错过了什么，你的想法或概念有哪些错误。你会学到的不仅仅是阅读和死记本书为你准备的东西。

本书为所有想学习生命表的学生和科学家而撰写。对那些不熟悉生命表，但想在研究中使用生命表的学生和科学家而言，本书是一本必要的教科书与工具书。有经验的科学家也会发现这本书对于解释概念和发现已发表论文中的错误十分有用。本书也提供了一些生命表范例，读者可以用这些范例练习TWOSEX、CONSUME与TIMING软件。

当我读一本教科书时，如果读到没有写明详细理论推导的方程式，或看到一些没有具体参数的曲线，我就会觉得失望。我认为教科书里的图必须像论文的图一样，提供所绘曲线的方程式与相关参数，读者才能学习。本书的读者可以看到软件的详细步骤与数据，可以自行绘图比较。本书的内容都是作者本人的研究成果，而且绝大多数都已经发表。由于科学期刊要求精简，我们发表的期刊论文一般不会有十分详细的解释。在本书中，我们尽可能提供详细的说明、解释以及软件操作步骤。

我已75岁，希望尽早完成此书，我也希望仍有时间继续研究与教学。我特地邀请我的杰出学生傅建炜与金燕共同撰写本书。我与傅教授相识于2008年，傅教授与他的团队成员曾多次参加生命表课程，并与本人合作发表了多篇重要的中文、英文论文。傅教授为了推广生命表研究，热心筹组中国生命表研究团队，希望维持我国生命表研究的全球领先地位。金燕同学曾两次参加完整的生命表课程，上课中表现优秀，并且已经以第一作者于 *Entomologia Generalis* 发表一篇创新性的论文。傅教授与金燕在我上千名生命表授课学生中表现顶尖，他们共同担任作者让本书成为最好的生命表学术专著。

齐　心

2024 年 4 月 22 日

自序二

　　1994年，在福建农林大学植物保护专业学习《昆虫生态及预测预报》课程，第1次接触到生命表的知识，印象深刻，初次感知生命表理论在国家人口预测和社会发展政策决策的科学指导作用，当时简单地觉得生命表理论太有用了，非常重要。课程学习过程中还有数据模拟计算的实验课，进行传统生命表参数运算，当时只是懵懵懂懂。

　　大学三年级，我们开始了毕业实习和论文试验，我在黄建教授的指导下开展本科毕业试验《稻粉虱生物学生态学特性的研究》，第1次采用传统生命表对自己的调查数据进行模拟运算，预测稻粉虱的未来种群数量。1996年参加工作后，到福建省农业科学院植物保护研究所工作，师从刘波研究员开展茉莉花高氏瘤粉虱的生物防治技术研究，在室内饲养大量茉莉花高氏瘤粉虱和寄生蜂，收集了大量数据，最后我还是用传统的生命表方法来统计分析高氏瘤粉虱种群动态，但无法将被蚜小蜂寄生的高氏瘤粉虱的个体数量一起进行分析，更无法预测寄生蜂对高氏瘤粉虱未来种群的影响。当时初步感觉到传统的生命表方法有点误差，因为我们调查的结果显示高氏瘤粉虱雌雄性别比例并不是1：1。

　　1997年，我开始饲养小黑瓢虫，以期用于茉莉花高氏瘤粉虱的生物防治。我完成硕士学位论文《小黑瓢虫对茉莉花高氏瘤粉虱的生物防治》的研究过程中，积累了大量数据，均关于利用茉莉花高氏瘤粉虱饲养小黑瓢虫，现在看来那些采集的数据与两性生命表要求的数据是相同的，但那时我只能采用传统生命表的方法和捕食率计算的圆盘方程等进行简单分析，大量的种群信息被忽略了，我没有办法在这么多的数据中获得更有效的分析结果，感觉做得很辛苦，但结果并不多。

2000年，我在攻读硕士学位期间，查阅了庞雄飞院士的论文《昆虫天敌作用的评价》和著作《害虫种群系统的控制》，庞雄飞院士在经典的昆虫生命表基础上，提出了以作用因子（捕食性天敌、寄生性天敌、杀虫剂作用、天敌对害虫种群数量抑制作用、作物抗虫性等）组配的生命表，可使每一个作用因子成为相对独立的组分，而该虫期的存活率等于其各作用因子相对应的存活率的乘积。这个理念又将传统生命表的分析推进了一大步，我想这应该可以算是第2代生命表了。

我从大学接触生命表理论开始，始终没有中断过生命表理论在我研究中的应用。2008年，我在中国农业科学院植物保护研究所进行博士后研究的时候，齐心教授应我的导师万方浩研究员的邀请，到北京进行两性生命表理论的培训授课，我第1次全程参加了课程，比较系统全面地了解了两性生命表的理论和相关软件的应用。此后，我多次参加了齐心教授在福州的培训课程，我深刻地感受到两性生命表在昆虫学，特别是在害虫综合治理决策中的重要价值。后来，齐心教授给予我和我的团队很多学习和锻炼的机会，通过视频进行授课和辅导，让我们主导或参与了多篇国际科研合作论文的撰写，并在*Entomologia Generalis*发表；也指导我的团队撰写和发表中文文章，为两性生命表在中国昆虫学研究中的应用提供更多参考。

也许是与生命表的不解之缘，近年来对齐心教授的两性生命表理论和软件应用有了很多想法，认为有责任和义务将中国人原创发明的理论应用好、推广好，特别是要在我们自己的国家发扬光大，真正服务于我们国家的农业发展和科学事业，让我国两性生命表的研究始终在国际领先地位。于是与齐心教授进行了深入交流，决定将齐心教授的两性生命表理论和软件应用撰写成书，让更多高校和科研机构的教师、学生以及其他科技工作者自主学习和应用，以期应用到农业生产一线，特别是作物病虫害预测预报，以促进害虫综合管理策略的进一步完善。

傅建炜

2024 年 4 月 22 日

自序三

　　最初接触生命表是在本科期间的农业昆虫学课程中，当时只知道简单的概念，并不了解背后的理论。2022年我考到福建农林大学攻读硕士学位，在导师傅建炜研究员的指导下，开始研究木瓜秀粉蚧在琴叶珊瑚上的生命表，此时是我真正接触生命表的开始，每天记录着虫子的生长发育与雌虫产卵情况。试验结束后，尝试使用TWOSEX-MSChart分析，从编写数据格式开始，当时还没有上过齐心教授的生命表课程，有的也只是师兄师姐留下来的齐心教授的课程讲义。自己对着讲义一遍遍尝试侦错，在数次试验后，终于能够运行了，但又不知其中的参数到底作何解释。这样一步步艰难地摸索，终于完成了生命表的简单分析。在此之后，论文有了雏形，请齐心教授修改，同时通过线上课程学习相关知识与理论，这是我第1次真正从理论开始学习生命表，而非只会简单的操作。特别要感谢齐心教授和傅建炜研究员，在我学习生命表理论和数据分析过程中给予了无私的指导和支持。正是他们的教诲和帮助，让我能够更好地学习生命表理论并将其应用。

　　2023年，齐心教授应福建省农业科学院的聘任来到福州，并在福建农林大学进行生命表课程培训，我完整参与了此次授课。通过这次学习，我学会了更多的生命表理论知识与软件操作方法，并对其产生了浓厚的兴趣。由于我研究的木瓜秀粉蚧雌雄两性龄期不同，在齐心教授和傅建炜研究员的指导下，创新了雌雄不同龄期的生命表分析方法，并将论文发表在 *Entomologia Generalis* 期刊上。

　　得知能够有幸参与《两性生命表理论与应用——昆虫种群生态学研究新方法》的撰写时，我惶恐万分，深知自己的能力远远不够，不知如何担此大任。在撰写本书的过程中，我深刻体会到了生命表知识体系的庞大以及背后理论的深奥。生命表作为研究种群生态学、种群间关系与害虫防治的重要工具，不仅仅是发育历期和繁殖值的简单统计分析，更是害虫综合治理的参考指南。通过系统地学习和研究，我了解了生命表的基本理论，并掌握了数据分析的方法和技巧。

　　在本书中，我们结合齐心教授的授课讲义，将生命表知识以简洁明了的方式呈现给广大学者。我们希望通过本书，能够帮助更多学者更深入地了解生命表的基本原理，掌握数据分析的基本方法，从而在种群生态研究中取得更好的成果。

金　燕

2024 年 4 月 22 日

前 言

　　生态学是研究生物种群间和生物与环境间关系的学科，生命表是描述与分析种群特性的最重要的科学理论；要实现可持续发展，生命表的理论、分析与应用必须不断完善。早在1760年，著名的数学家欧拉便发表了生命表的第1篇重要论文（Euler, 1760）；100年后，Haeckel于1866创造了"生态学"一词；又过了70多年，Lewis（1942）和Leslie（1945）建立了研究生命表的Lewis-Leslie矩阵。事实上，生命表的应用远早于生态学的建立与生命表科学的发展，依据史书《国语》记载，公元前1000多年，中国商朝便有人口登记制度。迄今，生命表的应用领域跨越自然科学、社会科学等。

　　由于传统雌性年龄生命表忽略雄性与龄期分化，导致相关数据错误，而始终未在生态学研究与害虫治理中受到重视。为了解决传统雌性年龄生命表的诸多问题，笔者创建了年龄龄期两性生命表理论，并于1985年发表了第1篇论文（Chi and Liu, 1985）。1990年蒲蛰龙院士主编的《农作物害虫管理数学模型与应用》也包含笔者第1篇论文的完整中文翻译。笔者第2篇重要论文发表于 *Environmental Entomology*（Chi, 1988），这篇论文是该期刊自1972年创刊以来引用最高的论文。迄今，年龄龄期两性生命表理论已被全球学者广泛采用。

　　为了帮助更多的学者了解生命表理论，笔者撰写了本书。本书共11章，第一章系统介绍传统雌性年龄生命表的问题与错误，以及年龄龄期两性生命表的优点；第二章详细介绍生命表数据的收集与记录；第三章介绍TWOSEX的安装与生命表数据分析的具体操作步骤；第四章详细论述生命表中的种群参数并列出生命表中的主要公式；第五章和第六章介绍自我重复取样技术（bootstrap technique）和配对检验比较（paired bootstrap test）的概念与分析步骤；第七章详细介绍TWOSEX的输出文档；第八章讨论将多项定理应用于生命表研究；第九章介绍含有捕食率或取食量的生命表分析及CONSUME的使用；第十章介绍计算机模拟种群增长预测及TIMING的操作步骤；第十一章介绍特殊案例的生命表分析方法。本书还在附录部分提供了TWOSEX、CONSUME与TIMING软件的数据范例以及输出文档，以便读者进行数据模拟演练，能够快速学习和掌握理论与方法，从而将生命表理论应用于数据分析，并将研究结果发表与应用。希望本书有助于推动昆虫种群生态学研究，为害虫综合治理科学决策提供更多的参考。

目 录

第一章 概 述

第一节 引 言

生命表是生物学与生态学重要的研究主题之一，对各种生物都十分重要。由于多数人对人口比较了解，我们先以人口生命表为例，说明生命表的重要性。生命表是人类社会最古老、最重要的工具。人口生命表包含人口相关的各种数据，如：各年龄层的人口数、存活率（死亡率）、繁殖率、性别比例等。人口生命表对于社会科学的研究、医疗保健政策的制定、粮食生产计划的制定、各级教育设施的评估与规划等都有重要的参考价值和指导作用。通过人口生命表分析，可以了解人类群体在不同年龄段的存活率的变化，可以预测人口的变化趋势，对国家发展政策的制定极为重要（Chi et al., 2000）。

《大秦赋》中，吕不韦向秦王建议：六国虽弱，却立世数百年，根基深厚；大王需知己知彼，各国之人口、兵力清查，不能限于目下，当周密计算十年后列国的成军人口；农事上，六国储粮几何，耕地多少，是何作物，都要摸清，事关灭国大战时的兵力抗衡、粮草供应，大意不得；大战前，定要让郑国修好那条大渠，关中巴蜀土地肥沃，方可保我大秦粮草充足。电视剧演绎我国悠久历史中的政治、经济与文化思想，除有娱乐效果，兼具教育功能，此剧也向观众展示了用于人口预测的生命表技术的重要性。

人口生命表对国家制定政治、经济、社会、文化、生态等方面政策极为重要，例如：

（1）粮食政策方面。依据人口生命表，国家可以预测全国人口，甚至不同行政区划范围人口对各种粮食的需求量，从而规划和调整农业管理政策与粮食生产计划，保障粮食的稳定和充足供给，确保人们把饭碗牢牢端在自己手中。

（2）教育政策方面。教育是国家的根本，依据人口妥善规划教育政策十分重要。依据不同行政区域人口生命表与新生儿出生率，可以预测不同行政区域未来几年对幼儿园及其规模的需求，六七年后对中小学及其规模的需求；以及十五年后全国范围内对大学及其规模的需求。根据这些预测，就可以规划未来不同时期的师资培育与校园的建设。

（3）医疗保健方面。依据不同行政区域人口生命表中的人口结构参数，可以预测并规划未来医疗院所的设置。例如，依据生育年龄的女性人口与新生儿出生率可以预测未来新生儿数，进而预测未来需要的儿科医师人数，地方政府就可依据当地人口结构规划建设符合地区需求的医院。

（4）退休金和保险方面。依据人口生命表可以计算各年龄的期望寿命，从而计算应调整的退休保险金，保险公司也可以依据期望寿命规划保险费。为避免保险公司不当收费，政府可以监督保险公司依据人口生命表计算合理保险费与理赔制度。

（5）养老政策方面。依据人口生命表与各年龄的存活率，国家可以预测高龄人口的增长情况。由于医学的进步，平均寿命普遍延长，老龄人口数年年高升，对养老院的需求必然增加，照顾老年人的医护需求也随之增加。若年轻人口逐年下降，就会导致每个有工作能力的人必须赡养更多的老年人。必须依据人口生命表妥善规划与适时调整退休养老政策。

（6）环境政策方面。许多地区人口密度过高，自然环境面积大幅减少或破碎化。为实现可持续发展，必须依据各地方环境条件与人口分布，适时因地妥善规划环境政策。

综上，依据全国与各省市人口生命表与资源分布，政府能够规划国家各项政策；地方政府可依据中央政策细化相关规划。由于人口结构和生育率随着经济和社会变迁而改变，政府必须及时更新人口统计数据，以便于更准确地了解人口趋势，制定针对性更强的政策，应对人口变化所带来的各种挑战和机遇。

人类和昆虫之间存在着错综复杂的关系，昆虫对人类的社会、经济和生态环境都具有重要的影响。随着人口增长，人类为了增加粮食产量，将一些林地、草地开垦为耕地，增加农作物栽培面积和发展畜牧业，也导致害虫数量增加。这种改变造成下列问题：

（1）生态系统失衡。人类活动导致生态系统改变，破坏许多生物的栖息地，导致某些昆虫种群数量过度增加，而其他种群数量减少；人类对环境的改变也导致地区性与全球性气候变化，影响生态系统的稳定。

（2）农业生产问题。害虫会降低作物品质与产量。使用农药和转基因作物等虽然能防治害虫，但也导致农药残留与害虫产生抗药性等问题，从而增加农业生产的风险和成本。

（3）食物链受损。昆虫在食物链中处于重要的位置，经常处于食物链的第2营养级或第3营养级，也是许多动物的主要食物来源。如果昆虫种类和数量大量减少，将直接影响以它们为食的动物种群，从而导致食物链变化。

（4）人类健康问题。许多昆虫是疾病的传播媒介，如蚊子传播疟疾和登革热等；又如锥蝽 *Mepraia spinolai* 传播原生动物寄生虫克氏锥虫 *Trypanosoma cruzi* 导致南美锥虫病（De Bona et al., 2024）。媒介昆虫数量的改变和分布范围的扩大会增加人类疾病的传播风险。

（5）家禽与家畜健康问题。例如铜绿蝇 *Lucila cuprina* 造成绵羊皮肤蝇蛆病（Abou Zied et al., 2003），严重时导致绵羊死亡。

此外，人类改变昆虫世界，却也让人类面对粮食安全、生物安全等各种问题。人们对种群（包括人类、昆虫等）的了解是可持续发展的基础，有助于实现资源的有效管理、生态系统与农业生产的稳定，以减少人类活动对环境的影响，最终实现国家的可持续发展。解决影响人类生存的上述许多问题，需要科学理论指导，因此生态学显得尤为重要。然而，生态学是一门年轻的科学，尚处在萌芽阶段。生态学中有许多过于简化的数学模型、假说，或仅止于描述的模型。

中国历史悠久，孟子曰："不违农时，谷不可胜食也。数罟不入洿池，鱼鳖不可胜食也。斧斤以时入山林，材木不可胜用也"（出自《孟子·梁惠王上》）。这显示了我们的老祖宗在数千年前就有可持续发展的智慧，我们必须用科学让老祖宗的智慧发光发热。

在恩斯特·海克尔创造"生态学"（Haeckel，1866年）一词的70年后，博登海默在其1938年的著作 *Problems of Animal Ecology* 中写道"动物生态学仍还很年轻，仍有空间重新思考早期的解释并尝试进行新的综合分析。科学不仅关注事实的积累，也同样关注事实的解释和协调"。

迄今，生态学仍是一门年轻的学科。Chi等（2022）指出"今天，仍然可以肯定地说，与数学、物理和化学相比，生态学是一门年轻的科学，大多数生态学论文主要内容为对观察或统计分析结果的描述，几乎没有数学推理或数学证明"。

Ernest Haeckel（恩斯特·海克尔）在1866年首次为生态学研究创造了德语术语"Oecologie"（Haeckel，1866）。一个世纪后，Kingland（1991）写道"当我们开始使用实验与数学方法分析生物与环境的关系、群落结构与消长以及种群动态，生态学开始成为一门科学"。这句话提醒我们，若要做好生态学研究，必须将实验方法和数学方法并重。在本书中我们仅介绍与生命表有关的重要数学公式与理论，希望读者使用两性生命表数据分析软件时，也同时学习相关的数学理论。

第二节　种　群

"种群"是生物学的一个概念，指的是共同生活在某一地区并有机会交配繁殖的同一物种所有个体的集合，是生态学的基本单位。"所有个体的集合"也可以用数学的集合（Chartrand et al., 2008）概念写成 $P = \{a_1, a_2, \cdots, a_n\}$，代表 $a_1, a_2, \cdots, a_n$ 个个体构成集合 P（Chi et al., 2022）。以数学方式描述种群，才能用数学理论精确分析种群。

生态学的一切研究都与种群有关，那么如何正确描述种群龄期结构？如何正确描述种群取食量？如何准确描述种群增长？如何描述种群间的相互作用？

在科学研究中，我们所做的就是观察、记录和描述事实。例如，观察一群昆虫从卵到成虫的发育过程，我们要记录它们的发育历期，以及各龄期的存活虫数和雌成虫的产卵量。一旦所有数据都收集完成，我们就必须用科学的方法来处理我们的数据。但是，我们如何确定所使用的公式是正确和有意义的？

一般生态学教科书，常见的逻辑斯蒂增长模型（logistic growth model）的微分式如下所示：

$$\frac{dN}{dt} = rN\left(1 - \frac{N}{K}\right)$$

r 为瞬时增长率，N 为种群的个体数量，K 为环境承载量。逻辑斯蒂增长模型的原理是出生率（b）随种群数（N）增大而降低，死亡率（d）随种群数增大而增高。若

$N = K$，则种群不再增长。利用微分式可以计算种群瞬时变化量。将其积分后可得下面的积分式：

$$N_t = \frac{K}{1 + \left(\dfrac{K - N_0}{N_0}\right) e^{-rt}}$$

其中 N_0 为 $t = 0$ 时的种群数，利用积分式可以计算任一时间的种群总数。建议读者尝试利用微分式导出积分式。这个公式在许多生态学教科书中都有，但是这个公式究竟是否能实际用于计算生物种群的增长呢？

思 辨

1. 逻辑斯蒂增长模型能否实际用于计算生物种群的增长？
2. 如果你认为可以，请问能用在哪些生物？
3. 如果你认为不可以，请说明理由。

Lotka 早已指出"除非我们了解我们观察的生物现象能用数学描述，否则盲目使用逻辑斯蒂这种公式是无意义而且可能导致错误的"。

因为逻辑斯蒂公式中的 N 并不能反映个体的年龄或龄期，如果 N 是 10 粒卵，经过 1 天后，N 可能还是 10 粒卵，种群不会增加；如果 N 是 10 头成虫，经过 1 天后，可能产生很多的卵（还要看种群的性别结构）。因此，逻辑斯蒂这个公式原则上是不能使用的。请读者思考逻辑斯蒂公式能不能用于微生物。

因此，辨别式思考、判断式思考、批判性思考在科学研究中十分重要。子曰："学而不思则罔，思而不学则殆"（出自《论语·为政篇》）。学习和思考相辅相成，缺一不可。

早期生态学偏重对自然界现象的观察、记录与描述，但是真正的科学研究必须将观察到的现象以科学的方式呈现，一般最常用、最可靠的是数学公式。由于生态学仍是一门年轻的学科，很多生态学家仍使用过于简化的模型或数学公式，这是值得我们注意的。

早期许多昆虫生态学研究只是生活史的观察，仅仅是描述与记录，并辅以简单的统计与分析。生命表研究则是较严谨的科学工作，它包含依据生命表理论的实验设计与观察记录，依据内禀增长率、净增殖率等数学理论公式分析种群介量，再利用自我归还重复取样估计种群介量的变异性。由于两性生命表能详细描述种群所有个体的存活、发育和繁殖，包含发育历期、存活率、繁殖率等变异性，因而能准确描述种群各方面的变化与适性。因此，生态学、生理学、农药学等研究均应着重于种群的层次，而不是从个体的角度出发，并且要使用两性生命表分析数据，才能正确了解各种生物与非生物因子对种群生存、发育、繁殖和龄期分化的总体影响。此外，由于生命表以数学理论为基础，且能用于预测种群增长动态（龄期结构、龄期增长率等），因此我们认为生命表是最优质、最重要的生态学工具。

《孙子·谋攻篇》中讲"知彼知己，百战不殆；不知彼而知己，一胜一负；不知彼不知己，每战必殆"。只要了解本国和外国的人口结构与生命表，就能依据生命表预测我国与他国的人口增长、资源需求与国防能力，妥善应对各种国际变化。同样，在贸易摩擦中，了解对方的生命表可以预测对方对各种物资的需求与未来的变化，详细量化分析所有可能的影响，预测各种情形，进而规划制定最有利的短、中、长期战略，从而保护国家利益。

我们如何得到详细的种群生命表资料？由于大多数国家会定期进行全国人口普查，以户为单位进行登记，因此很容易获得详细且完整的人口统计数据。然而，昆虫与螨种类繁多，且许多为多食性生物，发育速率、存活率与繁殖率均随寄主而改变；而且昆虫为变温生物，它们的发育历期会随着温度而改变；因此必须依靠研究人员努力工作才能获得昆虫与螨的生命表的详细且准确的数据。在昆虫与螨的生命表的研究中，因受人力、物力与时间限制，大都是利用小样本（$n < 100$）获取数据，导致昆虫与螨的生命表在实际害虫治理中的应用受到限制。当然，更重要的原因是传统雌性年龄生命表无法描述昆虫的龄期分化，并且忽略了雄性个体，将雌性年龄生命表应用于昆虫与螨的生命表会造成许多错误，导致以往害虫治理中未能妥善利用生命表（Huang and Chi，2012；Huang et al.，2018；Chi et al.，2020；Chi et al.，2023）。

第三节　传统雌性年龄生命表的问题与错误

在260年前，Euler（1760）即已发表生命表的重要论文，可以计算种群的增长率与年龄结构，生命表理论逐渐成形。之后，Lotka（1907）用微积分研究雌性年龄生命表。因为生命表的理论与数学计算对多数生物学家而言较为困难，所以1950年以前未能在昆虫及其他动物研究中普遍使用。当计算机普及后，生命表的研究论文逐渐增多，但均为传统的雌性年龄生命表。然而，由于大多数生物是包含雌雄的两性种群，雌性年龄生命表的数据远不足以揭示整个种群的真实特征。将雌性年龄生命表应用于两性种群，将导致数据分析、描述、解释、预测和决策的持续错误（Huang and Chi，2012；Huang et al.，2018；Chi et al.，2020；Chi et al.，2023）。

传统雌性年龄生命表的问题与错误主要有以下几个方面：

1. 完全忽略雄性种群

对生物而言，雌雄两性都十分重要，雄性在繁殖过程中也扮演着重要角色。除孤雌生殖生物外，大多数生物均由两性交配产生后代。此外，比如小菜蛾与斜纹夜蛾的雌雄幼虫都能对甘蓝等十字花科植物造成危害（Chi and Liu，1985；Chi，1988；Chi and Tang，1993；Tuan et al.，2014）。如果忽略雄性个体，就不可能正确估计小菜蛾与斜纹夜蛾对植物造成的危害。对捕食性昆虫而言，雄性昆虫也扮演着重要角色，雄性昆虫也能捕食害虫（Chi and Yang，2003；Yu et al.，2006；Farhadi et al.，2011；Yu et al.，2013a；Yu et al.，2013b）。如果忽略了雄性个体，就会忽略雄性个体的贡献，在生物防治中也就无法计算需要释放的捕食者的数量，也无法规划正确的大量天敌饲养系统。由于性别演

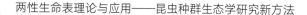

化是生物学中一个重要的主题，因此使用雌性年龄生命表，就不可能正确地进行相关研究。

2.忽略龄期分化（变态）

龄期分化是昆虫、螨和其他节肢动物特有的特征。龄期分化导致昆虫形态、行为、生理以及捕食率、抗药性等方面发生显著变化。当试图量化害虫种群造成的损害或捕食者对害虫的控制效果时，了解龄期结构是必不可少的。雌性年龄生命表无法描述或分析具有龄期结构的数据。虽然有一些使用雌性年龄生命表的昆虫学家注意到龄期的重要，用忽略个体之间发育时间差异的方式将生活史切割为不同的龄期（Carey and Bradley，1982；Kennedy et al.，1996；Pustejovsky and Smith，2006；Korenko et al.，2009；Jenner et al.，2010；Herrero et al.，2018），但这种方法是不合适的，在科学研究中应避免使用。将生活史切割以描述龄期分化也是本书自序（1）中提到的"简化"。

3.净增殖率（R_0）与繁殖率（F）的关系错误

在雌性年龄生命表的昆虫学研究中，研究者记录了所观察种群中所有雌成虫的每日繁殖率数据，然后计算平均繁殖率（F）（通常为：卵的数量/雌虫数量）。之后使用相同的每日繁殖率数据和特定年龄存活率来计算净增殖率（R_0）。虽然 F 和 R_0 都是使用每日繁殖率数据计算的，但在大多数基于雌性年龄生命表的研究中，无法显示两者之间的关系。由于 R_0 是通过考虑存活率而计算出来的，因此所有生命表的结果必然是 $R_0 \leqslant F$（Yu et al.，2005；Chi and Su，2006）。如果一篇论文出现 $R_0 > F$ 的结果，则它必然是错误的（Dannon et al.，2010；Milbrath and Biazzo，2012）。那么，如果一篇论文的 F 和 R_0 之间没有关系，或 F 和 R_0 之间存在不正确关系，主要原因就是雌性年龄生命表存在固有错误（详细证明见第四节）。

4.使用"成虫年龄"导致错误

由于群体中所有个体的成虫前期发育历期并不总是相同的，当一部分个体发育为成虫时，其他个体可能仍处于成虫前期。由于雌性年龄生命表无法考虑龄期分化，许多研究者利用"成虫年龄"计算特定年龄昆虫的存活率和繁殖率（Carey and Bradley，1982；Medeiros et al.，2000；Lysyk，2001；Kasap and Şekeroğlu，2004；Tsoukanas et al.，2006；Fiaboe et al.，2007；Latham and Mills，2010；Haye et al.，2010；Golizadeh and Razmjou，2010；Park et al.，2017）。若使用"成虫年龄"，必须将不同个体的存活率和繁殖率数据向前或向后移动，以假设所有成虫在同一天出现。这种"人为移动数据"是错误的，因此依据"成虫年龄"计算的特定年龄繁殖率也是错误的，从而导致种群参数之间的关系错误，如 R_0 与 r（内禀增长率）、R_0 与 F、R_0 与 GRR（粗繁殖率）的关系等。

5.忽略了性别比例的影响

性别是生物学研究的重要课题，性别比例对两性种群的繁殖十分重要。许多研究者由于使用雌性年龄生命表，而无法在生命表分析中考虑雄性个体的数据，但性别比例仍然影响他们的数据。为了计算雌性年龄生命表中的种群参数，研究者通常用假设的性别比例1：1，或直接使用观察到的成虫性别比例计算各年龄的繁殖率（Birch，1948；Polanco et al.，2011；Perumalsamy et al.，2009）；许多研究者则未于论文中说明他们如何确定繁殖率的性别比例。这种忽略性别比例的分析方法会造成不完整和不正确的分析、描述和比较，进而造成数据处理的错误（Huang and Chi，2012；Huang et al., 2018）。

6.无法正确包含成虫前期的死亡率

由于成虫前期死亡个体的性别通常是未知的，使用雌性年龄生命表的研究者不得不面对如何正确处理成虫前期死亡个体性别的问题。如果将所有在成虫前期死亡的个体当成雌性，并纳入生命表分析，则成虫前期死亡率可能会被高估。反之，如果将所有在成虫前期死亡的个体都当成雄性，并排除在生命表分析之外，那么成虫前期死亡率可能会被低估。为了解决这个问题，许多昆虫学家假定成虫前期死亡个体的性别比例为1∶1。如果成虫前期死亡数为奇数，必然造成问题，若成虫前期死亡数为7个，研究者能将3.5个死亡个体指定为雌性，将3.5个死亡个体指定为雄性吗（Huang et al., 2018）？

7.在预测中只使用雌性后代会导致错误

在雌性年龄生命表的应用中，研究者没有将雄性后代包括在内，并且仅将雌性后代纳入生命表分析和种群预测中，这就会产生前面提到的同样的问题和错误。此外，昆虫不育技术和灭雄技术等性别比例控制技术已广泛应用于农业害虫和医学害虫的防治。不幸的是，特定年龄雌性生命表忽略了群体中的雄性，以往昆虫学家在利用昆虫不育技术和灭雄技术时，无法用科学的方法精确估计释放的虫数。

传统雌性年龄生命表还有其他错误，我们不在此一一详述。

"实事求是"出自东汉史学家班固的《汉书·河间献王传》。生命表实验数据即"实事"，是追求生命表真理的基础，是生命表科学研究的基石。生命表记录反映了种群的存活、生长、发育和繁殖，原始数据的收集和记录需依据严谨的理论与方法，以确保数据的准确性和可靠性。"求是"即追求真理与是非。既然我们了解了雌性年龄生命表有许多问题与错误，我们就必须要遵循正确的方法与理论。

第四节　年龄龄期两性生命表

"大数据"是一个时髦的术语，近年来在许多研究中都受到重视。所有生命表原始数据都是真实的大数据集。这里使用"真实"一词，是因为在生命表研究中，收集的每个个体的所有数据都与种群相关，并且所有生命表参数都以系统的方式彼此联系。生命表数据包含所有个体各个龄期的发育历期、每头雌成虫的日繁殖率、不同年龄的性别比率（因为雌性和雄性的发育历期可能不同）、不同年龄和龄期的取食量与捕食率等。与其他大多数"大数据"一样，生命表分析的主要任务是以科学的理论与方法分析所有原始及衍生的数据。

"种群适应性"是许多论文中常用的名词。由于种群适应性是许多种群特征的综合衡量指标（如：年龄龄期存活率、发育率、繁殖率、首次生殖年龄、年龄性别比例等），因此只分析任何单一因素（如：不同温度下的发育率），而忽略其他因素（如：不同温度下的存活率和繁殖率）将导致对种群适应性的分析和描述不完整，甚至错误。

年龄龄期两性生命表的优点有以下几个方面：

1.精确描述龄期分化（变态）

昆虫、螨虫等不同龄期的形态和生理变化使它们能够适应不同的环境条件。传统雌性年龄生命表忽略了龄期分化，只用存活率表示个体存活到某年龄的概率。为了描述年龄龄期的变化，Chi 和 Liu（1985）建立年龄龄期两性生命表理论，将存活率拆分为"发育到下一个年龄但仍在同一个龄期的概率"与"存活并发育到下一个龄期的概率"。因此，种群的年龄龄期结构可用矩阵 N 表示，如图所示 [该图引自 Chi 和 Liu（1985）的论文]。

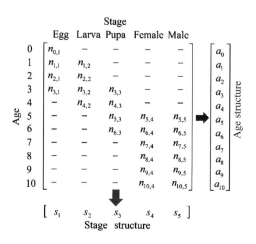

为了描述龄期分化与存活，个体在年龄 x 和龄期 j 的存活率被分为三个相互排斥的概率：从 n_{xj} 到 $n_{x+1, j}$ 的概率，从 n_{xj} 到 $n_{x+1, j+1}$ 的概率或死亡的概率。从 n_{xj} 到 $n_{x+1, j}$ 的概率是年龄 x 与龄期 j 的个体存活到年龄 $x+1$ 但仍处于同一龄期 j 的概率 [在 Chi 和 Liu（1985）的论文中定义为 g_{xj}]。另一方面，从 n_{xj} 到 $n_{x+1, j+1}$ 的概率 [在 Chi 和 Liu（1985）的论文中定义为 d_{xj}] 是年龄 x 和龄期 j 的个体存活到年龄 $x+1$，并发展到下一个龄期 $j+1$ 的概率，即龄期分化。如果 n_{xj} 的个体没有存活到 $n_{x+1, j}$ 或 $n_{x+1, j+1}$，则为死亡，其概率为 q_{xj}（Chi and Liu，1985）。显然，$q_{xj} = 1-(g_{xj} + d_{xj})$。更复杂的情况发生在蛹期，蛹可以存活下来，或者羽化为雌成虫或雄成虫，或者死亡。年龄龄期两性生命表中，一个新生个体存活到年龄 x 龄期 j 的概率是 s_{xj}，TWOSEX 依据原始记录计算 g_{xj} 与 d_{xj}，然后计算 s_{xj}。年龄龄期两性生命表的详细理论请参考 Chi 和 Liu（1985），Chi（1988）和 Huang 和 Chi（2011）的论文。由于通过 g_{xj} 与 d_{xj} 计算 s_{xj} 的过程较为复杂，目前一般生命表论文参考 Chang 等（2016）的论文使用下面的简化公式：

$$s_{xj} = \frac{n_{xj}}{n_{0,1}}$$

其中 $n_{0,1}$ 是生命表研究开始时所用卵的数量，n_{xj} 是存活到年龄 x 和龄期 j 的个体数量。正确的写法应该是"年龄龄期存活率依据 Chi 和 Liu（1985）的理论计算"。英文论文中可以写 "The age-stage survival rate（s_{xj}）is calculated according to Chi and Liu（1985）"。在两性种群和孤雌种群的年龄龄期存活率曲线（s_{xj}）中，都可以观察到各龄期存活率重叠的现象，如下图所示，A 为凹角豆芫菁 *Epicauta impressicornis* 在 33℃ 下的年龄龄期存活率（s_{xj}）

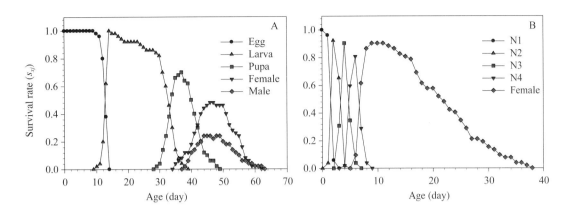

[引自Liu等（2018）的论文]，B为桃蚜*Myzus persicae*的年龄龄期存活率（s_{xj}）[引自Chi和Su（2006）的论文]。

研究生命表的学者都注意到种群发育过程中有前述明显的龄期重叠现象。Caswell（1989）也尝试处理龄期分化的问题，但他用另一个不同形式的矩阵来描述种群龄期的变化。Chi和Yang（2003）提到，如果按照Caswell（1989）所使用的模型来分析生命表原始数据，就会产生与使用"成虫年龄"相同的问题，因为Caswell的模型中将各龄期新出现个体都合并，再计算该龄期中各年龄的存活率。

2.正确描述年龄龄期的繁殖率

由于年龄龄期两性生命表可以准确描述龄期分化，因此可以准确描述不同雌成虫个体的出现时间（该章第一张图片种群年龄龄期矩阵N的雌虫列），进而获得种群正确的繁殖率曲线（f_{xj}和m_x），如下图所示，下图为烟粉虱*Bemisia tabaci*在30℃下的年龄龄期存活率（s_{xj}）、特定年龄存活率（l_x）、特定年龄繁殖率（f_{x2}）和种群特定年龄繁殖率（m_x）[引自Yang和Chi（2006）的论文]。年龄龄期矩阵N的雌虫列的年龄分布区间与存活率曲线（s_{xj}）和繁殖率曲线（f_{xj}）完全一致，不需要使用"成虫年龄"，因此也不会出现使用"成虫年龄"造成的错误。

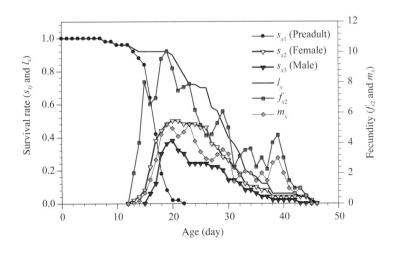

3. 包含雄性种群

年龄龄期两性生命表分析中包括了种群所有个体的数据。依据年龄龄期两性生命表理论研究天敌捕食率或害虫取食量时，就可以考虑到雄性捕食者的贡献和雄性害虫造成的损害。由于捕食性天敌在卵期和蛹期没有捕食能力（下图B中的红色与蓝色箭头），利用年龄龄期两性生命表才能正确研究捕食者与被捕食者间的关系，也才能做好生物防治工作。下图A为小十三星瓢虫 *Harmonia dimidiata* 在25℃下的年龄龄期存活率（s_{xj}），B为小十三星瓢虫的年龄龄期捕食率（c_{xj}）[引自Yu等（2013a）的论文]（红色和蓝色箭头显示昆虫在卵期和蛹期没有捕食能力）。

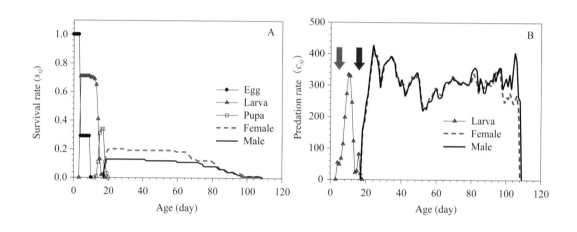

4. 正确分析成虫前期死亡率

在年龄龄期两性生命表中，成虫前期死亡率是以成虫前期的实际死亡个体数为依据，利用 g_{xj} 与 d_{xj} 计算的，不需要使用假设的性比率。由于成虫前期死亡率发生在不同的年龄龄期，所以在 s_{xj} 曲线中难以观察到年龄 x 龄期 j 的个体死亡率。依据Chi和Liu（1985）论文中的公式可以计算出成虫前期每个龄期的总死亡率。请参考TWOSEX输出文档（... 0A_Life Table_Output.txt）中的 P、W、Q 矩阵。

5. 正确表述净增殖率（R_0）与繁殖率（F）之间的关系

在所有应用年龄龄期两性生命表分析种群参数的论文中，平均繁殖率（F）、雌成虫数（N_f）和净增殖率（R_0）之间的关系均符合Chi（1988）证明的关系：

$$R_0 = \frac{N_f}{N} F$$

这种关系既适用于两性种群，也适用于孤雌种群。如果仅使用有效繁殖率雌性数量（N_{fr}）（即实际产生后代的雌性数量）来计算有效繁殖雌性的平均繁殖率（F_r），则应使用Chen等（2018）给出的公式：

$$R_0 = \frac{N_{fr}}{N} F_r$$

6.总产卵前期（TPOP）是一个更准确的统计量

Lewontin（1965）指出了开始产卵的年龄对内禀增长率的重要性。早期"产卵前期"的概念都是指"成虫羽化后到第1次产卵的时间"。年龄龄期两性生命表将传统的"产卵前期"定义为"成虫产卵前期（APOP）"。因为APOP忽略了成虫前期的影响，因此APOP无法反映开始产卵年龄对种群增长的影响。年龄龄期两性生命表将"从出生到第1次产卵的时间"定义为"总产卵前期（TPOP）"，TPOP可以正确描述第1次产卵年龄对内禀增长率的重要性。这一点也可以从繁殖值（v_{xj}）的最大值靠近TPOP得到佐证（Gabre et al., 2005；Liu et al., 2018）。由于TPOP可以反映第1次繁殖对种群参数的影响，所以TPOP是一个比APOP更合适的统计量。Liu等（2018）指出繁殖值（v_{xj}）的峰值出现在种群第1次产卵年龄之后，且接近TPOP。这些结果与Lewontin（1965）的观察一致，即第1次产卵年龄对种群参数起重要作用。

7.可以研究性比对种群增长的影响

性比是一个常见的生物统计数据，在许多出版物中都有报道。由于单纯的雌雄比并不能反映成虫前期存活率的差异，以及其对种群繁殖率的影响，因此具有相同性比的两个种群可能具有不同的适应性。Chen等（2018）用雌成虫在种群中所占的比例（N_f/N）与雄成虫在种群中所占比例（N_m/N）来研究性比对种群参数的影响。由于年龄龄期两性生命表中包含了所有个体，所有的分析都明确包含了性比的影响。因此，年龄龄期两性生命表是研究性比对种群增长，以及雄性灭绝技术（MAT）和不育昆虫技术（SIT）的理想工具，如下图所示，A为DsRed$^+$处理组橘小实蝇*Bactrocera dorsalis*存活率和繁殖率［存活率（l_x）、雌成虫的年龄繁殖率（f_{x4}）、种群的年龄繁殖率（m_x）、种群的年龄净增殖率（l_xm_x）］［引自Chang等（2016）的论文］，B为在性别比为50F ∶ 1M的条件下自由选择交配时，橘小实蝇的l_x、f_{x4}、m_x和l_xm_x曲线［引自Huang等（2016）的论文］。此外，利用Bootstrap技术在原始数据分析中采用自我随机归还取样的方法（Efron and Tibshirani, 1993），所有Bootstrap随机样本可能包含不同数量的雌虫、雄虫和在成虫前期死亡的个体。因此，年龄龄期两性生命表通过使用Bootstrap技术，可以分析性比的变异及其对种群参数的影响（Huang et al., 2018）。

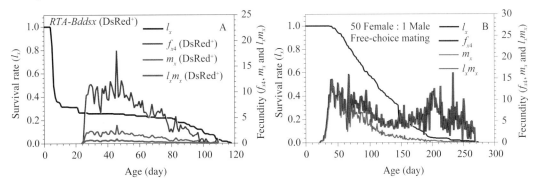

8.可以计算稳定年龄龄期分布

传统雌性年龄生命表可以计算稳定年龄分布（SAD）（Lotka, 1922；Lewis, 1942；

Leslie，1945、1948），但由于传统雌性年龄生命表无法描述龄期分化，尽管有科学家忽略龄期重叠的事实，强行将生活史切割为不同龄期以报道稳定龄期分布（SSD）（Carey and Bradley，1982），但在理论上是错误的。在年龄龄期两性生命表中，当时间趋近于无穷大，资源不受限制，理论上种群会趋近于稳定增长率（r和λ）、稳定年龄龄期分布（SASD）、稳定年龄分布（SAD）和稳定龄期分布（SSD），即各年龄组和各龄期的比例将保持不变。下图是应用年龄龄期两性生命表计算出的25℃下小十三星瓢虫 *Harmonia dimidiate* 的稳定年龄龄期分布（SASD）、稳定年龄分布（SAD）和稳定龄期分布（SSD）［数据来自Yu等（2013a）的论文］。

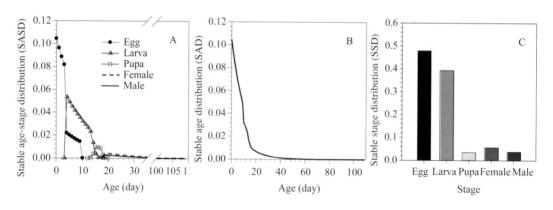

因环境因素多变，大自然中通常无法观察到稳定的SASD、SAD和SSD。然而，在大规模饲养和收获系统中可以观察到稳定SSD，其中收获下的稳定龄期分布与生存曲线形状相同（Chi and Getz，1988；Yu et al., 2018）。对于桃蚜、木瓜秀粉蚧、烟粉虱、西花蓟马等小型昆虫，在温室或田间有可能观察到稳定年龄龄期分布。

9. 将捕食率、取食率和寄生率与生命表结合

将生命表和捕食率结合起来是研究生物防治和捕食关系的重要步骤。由于年龄龄期两性生命表同时考虑了性别和龄期分化，因此它可以精确地描述捕食率随年龄和龄期的变化，以及雄性个体的取食率。此外，它能够全面了解并阐述捕食者与被捕食者的关系，并对捕食者/寄生蜂的生物防治潜力进行综合评估（Chi and Yang，2003；Farhadi et al., 2011；Yu et al., 2013a）。Tuan等（2016a）利用年龄龄期两性生命表研究发现，叉角厉蝽 *Eocanthecona furcellata* Walff对斜纹夜蛾 *Spodoptera litura* F.的捕食效果优于对小菜蛾 *Plutella xylostella* 的捕食效果。将生命表与捕食率结合起来才能有效地规划大量饲养时期、预测释放适期、预测需要释放的天敌数量，以实施有效的生物防治。类似地，在害虫防治计划中，我们需要考虑不同年龄龄期的害虫对寄主植物的危害率或取食率，以妥善规划害虫治理工作。

10. 种群预测可以揭示龄期和性别结构

可以利用TIMING-MSChart模拟年龄龄期两性生命表分析结果的种群增长，也可以预测龄期结构和龄期增长率（Chi，1990；Akca et al., 2015；Saska et al., 2016；Huang et al., 2018）。龄期增长率计算公式为：

$$r_{j,t} = \ln\left(\frac{n_{j,t+1}+1}{n_{j,t}+1}\right)$$

随着时间接近无穷大，各龄期的增长率与整个种群的增长率都将接近内禀增长率（r）与周限增长率（λ）。

$$r_{j,t} = \ln\left(\frac{n_{j,t+1}+1}{n_{j,t}+1}\right) \approx \ln\left(\frac{n_{j,t+1}}{n_{j,t}}\right) = \ln\left(\frac{\lambda \cdot n_{j,t}}{n_{j,t}}\right) = \ln\lambda = r$$

公式中$n_{j,t}$为时间t时龄期j的个体数，$r_{j,t}$为时间t时龄期j的增长率，λ为周限增长率。通过计算机模拟证明了上述两个公式与生命表理论的一致性（Akca et al., 2015；Saska et al., 2016；Huang et al., 2018）。公式中用"+1"是因为昆虫种群增长过程中，各龄期的数量有增有减，年龄龄期两性生命表可以考虑龄期分化；若种群在时间t时没有卵（卵数＝0），在t+1时雌成虫产了20粒卵，则无法计算从0个卵增加到20个卵的增长率；若将卵数加1，即可解决此问题。同样地，若种群在时间t时没有蛹（蛹数＝0），在t+1时10头幼虫化蛹，则也无法计算从0个蛹增加到10个蛹的增长率，将蛹数加1后，也可解决此问题。当种群中各龄期数目逐渐增大且均不为0时，龄期数加1的作用就极小。

11. 生命表结合捕食率与取食率可以预测天敌防治潜能与害虫危害程度

Huang等（2018）通过将生命表和取食率结合，预测了二十八星瓢虫 *Henosepilachna vigintioctopunctata*（F.）的种群增长和叶片消耗。t时刻的叶片取食量$p(t)$计算公式为：

$$p(t) = \sum_{j=1}^{m}\left(\sum_{x=0}^{\infty} c_{xj} n_{xj,t}\right)$$

其中m为龄期数，c_{xj}为年龄x、龄期j的个体取食率，$n_{xj,t}$为时间t、年龄x、龄期j的个体数量。

12. 使用0.025和0.975 Bootstrap生命表能预测种群增长的不确定性

自我重复取样是统计学的重要进步。许多统计学家讨论了使用自我重复取样技术的优点（Efron and Tibshirani，1993；Hesterberg et al.，2005；Hesterberg，2008）。自我随机重复取样技术已广泛应用于生命表分析（Huang and Chi，2012b）。Huang等（2018）使用0.025和0.975百分位的生命表来预测种群增长和取食的不确定性。为了确保群体饲养系统的可持续性，Li等（2019b）利用R_0 0.025和0.158 7的百分位生命表考虑大量饲养的变异性。

13. 利用相同的自我随机取样样本连接生命表与捕食率

生命表是种群生态学最重要的基础。生命表除了可以进行精确的害虫种群预测以外，也可以用于天敌大规模饲养、生物防治和害虫管理等。这时，就必须把生命表和捕食率结合起来以便正确指导生物防治。当利用TWOSEX和CONSUME软件结合进行天敌种群增长预测与捕食潜能分析时，必须采用相同的自我随机取样样本正确估算转换率（Q_p）的标准误。由于自我随机重复取样技术采用的是"随机"取样，每次都会有不同的结果，为了正确结合生命表与捕食率分析的结果，必须保存生命表分析中所使用的随机样本，然后将其用于计算各随机样本的净捕食率（C_0）与标准误。CONSUME软件可以将生命表分析与捕食率分析正确地结合起来，以估算转换率（$Q_p = C_0/R_0$）和周限捕食率（ω）及其标准误。其中，Q_p描述了繁殖和捕食率之间的关系（Chi and Yang，2003），即捕食者每产生一个子代需要捕食的猎物数。但是，高Q_p值并不一定代表高捕食效能。自2013年以来，CONSUME-MSChart便提供了估算Q_p标准误的功能。

14. 两性生命表可以正确使用配对检验（paired bootstrap test）比较不同处理间的差异

Crowley（1992）、Hesterberg等（2005）和Smucker等（2007）介绍利用差异置信区间比较处理间差异。Wei等（2020）详细介绍了使用配对检验比较不同处理生命表间的差异。Paired bootstrap test不受正态分布的限制。

15. 可以利用多项定理正确研究两性生命表可育与不育样本的概率

由于雌性年龄生命表完全忽略雄性个体，自然无法考虑Bootstrap生命表中不育的样本，也就无法研究种群存活概率与评估害虫风险。Chi于2020年将多项定理纳入TWOSEX软件，在线发表于*Entomologia Generalis*。

第五节　两性生命表研究实例

以下是已经发表的论文，读者可以参考，并进行相关的研究。

（1）不同温度的昆虫生命表。由于昆虫与螨类都是外温生物（ecotothermic organisms），生长发育随温度变化，研究不同物种的生命表可以了解它们适应全球变暖的能力（Bayhan et al.，2006；Atlihan and Chi，2008；Ramos Aguila et al.，2020；Rismayani et al.，2021；Pang et al.，2022）。

（2）研究益虫生命表，例如家蚕（Chi，1989）与药用昆虫（Liu et al.，2018），有助于益虫的大量饲育系统规划。可食用昆虫（edible insects）逐渐受到重视，未来可食用昆虫的大量饲育必然有经济价值。昆虫的大量饲育是值得研究的项目，但是因为理论较难，尚未普及。事实上，TWOSEX已经提供完整的分析，使用者只需要计算饲养费用就能轻易上手（Chi and Getz，1988；Chi，1994）。

（3）生命表的研究可以进一步与捕食率、寄生率、取食量结合（Chi and Yang，2003；Yu et al.，2005；Chi and Su，2006；Farhadi et al.，2011）。捕食率的分析也有计算机软件CONSUME可供使用，并可与TWOSEX结合。研究寄生蜂在不同寄主昆虫上的生命表，有助于选择合适的寄生蜂用于生物防治，也有助于选择适当的寄主大量饲育寄生蜂（Amir-Maafi and Chi，2006；Zhao et al.，2021）。

（4）研究害虫与天敌生命表后，研究人员可以用计算机模拟种群增长、害虫的危害情况与天敌的捕食能力。对于未使用TWOSEX的研究者，计算机模拟不是容易的工作。若使用两性生命表，TWOSEX软件主动为使用者备妥了模拟的文档，使用者可以轻易着手进行计算机模拟，并且将模拟结果绘制成图。

（5）许多昆虫能在不同寄主植物上生存，研究害虫在不同作物品种上的生命表可以了解昆虫的分布与不同寄主植物的抗虫能力（Hu et al.，2010；Huang and Chi，2014；Polat-Akköprü et al.，2015；Atlihan et al.，2017；Zheng et al.，2017；Wang et al.，2017；Özgökçe et al.，2018；Yang et al.，2020；Luo et al.，2022；Lin et al.，2024）。

（6）有些昆虫能在不适宜的寄主上存活并繁殖下一代，例如甘薯象鼻虫 *Cylas formicarius* 主要寄主植物为甘薯 *Ipomoea batatas*，也能在牵牛花 *Ipomoea triloba* 上生存。研究甘薯象鼻虫在牵牛花上的生命表，有助于对甘薯田周围野生植物的管理（Reddy and Chi，2015）。

（7）研究不同饲养技术对生命表的影响，有助于改善饲养方法，以获得可靠的生命表数据。例如，许多研究人员用剪成小片的叶片研究螨类生命表，由于剪下的叶片质量较差，会降低螨类存活率与繁殖率，这种生命表无法反映实际的生物潜能（Kavousi et al.，2009）。

（8）比较天然食物与人工饲料饲养生命表，可以选择适合的人工饲料，也可以改善人工饲料配方（Jha et al.，2012a；Jin et al.，2020）。

（9）研究传染疾病的蚊子需要大量饲养蚊子，使用小白鼠需要较多的人工与较高的费用。Hsu 等（2022）证明利用猪血大量饲养 *Aedes aegypti*（L.）的效率较高且可节省大量费用。

（10）在田间施用农药，往往不会杀死所有的害虫，存活的害虫能够继续繁殖下一代，研究农药对害虫生命表的影响，可以了解存活害虫的动态与再发生的可能性。田间施用的农药会随时间与环境条件而分解，研究农药亚致死浓度对害虫生命表的影响也能了解农药是否有激素效应（Zhang et al.，2019；Mostafiz et al.，2020；Liang et al.，2021）。

（11）研究农药对天敌昆虫生命表的影响，有助于选择对天敌毒性较低的农药，以免与生物防治冲突（Liang et al.，2018；Tang et al.，2019；Lin et al.，2019）。

（12）除草剂是全球使用量极大的农药，由于普遍使用，除草剂对害虫与天敌的影响值得重视（Schneider et al.，2009；Saska et al.，2016）。

（13）肥料不仅影响植物生长，对昆虫与螨类也直接或间接造成影响，研究肥料对昆虫生命表的影响也十分重要（Rutz et al.，1990；Taghizadeh and Chi，2022）。

（14）寄主植物-害虫-天敌系统（tri-trophic system）的食物链三营养层的研究也是未来研究的重点。可以研究不同的植物生长条件（施肥情况等）对害虫与寄生蜂的生命表的影响（Gharekhani et al.，2020；Liu et al.，2017；Sugawara et al.，2017；Shi et al.，2019；Liu et al.，2020）。

（15）除上述许多点之外，还有许多可以应用生命表的研究。例如，害虫生命表与取食量的研究（Tuan et al.，2016c）。群体饲养对天敌生命表与捕食率的影响（Saemi et al.，2017）。不同食饵对捕食性天敌生命表的影响（Wen et al.，2019；Asgari et al.，2020）。植物病毒对媒介昆虫生命表的影响（Li et al.，2018）。不同寄生蜂生命表与捕食率的比较（Xu et al.，2018）。短期低温处理对天敌昆虫生命表的影响（Liu et al.，2018）。种群增长不确定性的模拟（Chen et al.，2018）。密度对害虫生命表与大量饲育的影响（Li et al.，2019）。替代寄主对寄生蜂生命表与寄生率的影响（Zhao et al.，2021）。不同水质对蚊子生命表的影响（Fazeli-Dinan et al.，2022）。植物生长调节剂对害虫的影响（Gharekhani et al.，2023）。

第六节　明辨是非是科学进步的基础

观察与描述是科学的第一步，但十分重要。描述不只是用文字"形容"观察的对象或观察的结果，还必须用科学的方法定性定量，最终的目的是找出能普遍应用的原理，或从观察中创建理论或改进已有的理论。然而，从观察中创建理论或改进已有理论并不容易。这也是为何很多生态学家使用过于简化的模型或数学公式。若已有正确的理论，则所有的观察必须以理论为基础并依据理论阐述观察到的事实。如果昆虫学家在生活史或生命表研究中观察到"龄期重叠"现象，但是在其论文中并没有描述，甚至忽略这个事实，这是错误的。

数学中可以用不同方法证明"勾股定理"，但证明结果都是相同的。生命表可以用微积分也可以用矩阵，结果证明 $e^r = \lambda$。如果我们用两种不同的方法分析同一个生命表数据，结果却不同，则其中必然有一个是错误的，或两者皆是错误的。若同一个生命表使用传统雌性年龄生命表计算出的内禀增长率（r）为0.201，而用年龄龄期两性生命表计算出的内禀增长率（r）为0.211，这0.01的差异很小，是否可以说传统雌性年龄生命表与年龄龄期两性生命表都是正确的？依据前面指出的雌性生命表的许多错误，我们可以肯定地说，使用雌性年龄生命表分析的结果若与两性年龄生命表不同，雌性年龄生命表的结果必然是错误的。

大家都知道"差不多先生"的故事，科学工作必须严谨，不可有"差不多"的概念。"失之毫厘，差以千里"，小差异可能导致大错误，虽然3.14、3.141 6与π差不多，但是如果你计划登陆月球并使用3.14来规划你的轨迹路线，那么你可能会降落在火星上。

明辨是非是科学进步的基础，建议读者务必时刻保持明辨是非的态度，认真思考大小问题，不要忽略任何细节。

第二章 生命表数据的收集

实验设计必须以科学理论为基础。生命表是生态学研究的重要工具，唯有使用年龄龄期生命表才能正确分析种群中所有个体的存活、发育与繁殖。在进行昆虫生命表研究之前，必须了解昆虫生活史特性。若对生活史还不了解，就不应该进行生命表的研究。开展生命表实验还必须考虑人力、时间和资金等。

人口生命表研究可以通过人口普查获得全国的人口资料。当我们研究昆虫生命表时，无法收集田间所有研究昆虫个体的生活史资料，必须要用随机抽样的方法选取数十个或上百个个体的群体。每个生命表群体都是种群的一个"样本"，而不是真正的种群。在随机抽样过程中，每个个体都有相等的机会被选入生命表研究种群，切勿故意选择"体型大""长得漂亮""活跃的"等具有个人偏好或主观意识的样本，以免忽略了种群的变异性。

如果研究中使用的时间单位为1天，则生命表研究必须用在1天内产下的卵，而不能用2小时或8小时内产的卵。如果孵化率会随成虫年龄增长显著变化，则使用有效卵能获得较准确的生命表介量［有关此点请参阅Mou等（2015）的论文］。

第一节 个体饲养

一、生命表原始数据记录

生命表的原始数据记录包含：每个个体各龄期 ［卵（E）、幼虫（L）、蛹（P）和成虫（M）］ 的发育历期、性别 ［雌虫（F）、雄虫（M）或在未成熟阶段死亡的个体（N）］，以及每个雌成虫的日产卵量。如表2-1所示。

表2-1a 生命表原始记录（1～10头，0～21天）

序号	性别	0	1	2	3	4	5	6	7	8	9	10	11	12	13	14	15	16	17	18	19	20	21
1	M	E	E	E	E	E	E	L	L	L	L	L	L	L	L	L	L	L	P	P	P	P	P
2	F	E	E	E	E	E	E	L	L	L	L	L	L	L	L	L	L	P	P	P	P	P	P
3	F	E	E	E	E	E	E	L	L	L	L	L	L	L	L	L	L	L	P	P	P	P	P
4	F	E	E	E	E	E	E	L	L	L	L	L	L	L	L	L	L	P	P	P	P	P	P
5	M	E	E	E	E	E	E	L	L	L	L	L	L	L	L	L	L	L	P	P	P	P	P

（续）

序号	性别	0	1	2	3	4	5	6	7	8	9	10	11	12	13	14	15	16	17	18	19	20	21
6	F	E	E	E	E	E	E	L	L	L	L	L	L	L	L	L	L	L	L	P	P	P	P
7	M	E	E	E	E	E	E	L	L	L	L	L	L	L	L	L	L	L	L	L	P	P	P
8	F	E	E	E	E	E	E	L	L	L	L	L	L	L	L	L	L	L	P	P	P	P	P
9	F	E	E	E	E	E	E	L	L	L	L	L	L	L	L	L	L	L	L	P	P	P	P
10	M	E	E	E	E	E	E	L	L	L	L	L	L	L	L	L	L	L	L	P	P	P	P

表2-1b　生命表原始记录（1～10头，22～43天）

序号	性别	22	23	24	25	26	27	28	29	30	31	32	33	34	35	36	37	38	39	40	41	42	43
1	M	P	P	P	P	P	P	P	P	M	M	M	M	M	M								
2	F	P	P	P	P	P	P	F 0	F 124	F 12	F 0	F 4	F 2	F 0	F 0	F 0	F 0						
3	F	P	P	P	P	P	P	F 0	F 22	F 74	F 13	F 0	F 1	F 0	F 0	F 0							
4	F	P	P	P	P	P	P	P	F 0	F 97	F 28	F 1	F 4	F 0									
5	M	P	P	P	P	P	P	P	P	M	M	M	M	M									
6	F	P	P	P	P	P	P	P	P	F 0	F 61	F 11	F 7	F 15	F 15	F 2	F 3	F 4	F 0	F 0	F 0	F 0	
7	M	P	P	P	P	P	P	P	P	M	M	M	M	M	M	M							
8	F	P	P	P	P	P	F 0	F 0	F 0	F 26	F 36	F 9	F 6	F 2	F 0	F 0	F 0						
9	F	P	P	P	P	P	P	P	F 67	F 37	F 10	F 5	F 1	F 0	F 0	F 0							
10	M	P	P	P	P	P	P	P	M	M	M	M	M	M									

← 产卵量

表2-1c　生命表原始记录（11～20头，0～21天）

序号	性别	0	1	2	3	4	5	6	7	8	9	10	11	12	13	14	15	16	17	18	19	20	21
11	M	E	E	E	E	E	E	L	L	L	L	L	L	L	L	L	L	L	L	P	P	P	P
12	F	E	E	E	E	E	E	L	L	L	L	L	L	L	L	L	L	L	P	P	P	P	P
13	F	E	E	E	E	E	E	L	L	L	L	L	L	L	L	L	L	L	L	P	P	P	P
14	M	E	E	E	E	E	E	L	L	L	L	L	L	L	L	L	L	L	L	P	P	P	P
15	F	E	E	E	E	E	E	L	L	L	L	L	L	L	L	L	L	L	P	P	P	P	P
16	F	E	E	E	E	E	E	L	L	L	L	L	L	L	L	L	L	L	L	P	P	P	P
17	M	E	E	E	E	E	E	L	L	L	L	L	L	L	L	L	L	L	L	L	P	P	P
18	F	E	E	E	E	E	E	L	L	L	L	L	L	L	L	L	L	L	L	P	P	P	P
19	N	E	E	E	E	E	E	L	L	L	L	L	L	L	L	L	L	L	L	P	P	P	P
20	N	E	E	E	E	E	E	L	L	L	L	L	L	L	L	L	L						

表2-1d　生命表原始记录（11～20头，22～43天）

序号	性别	22	23	24	25	26	27	28	29	30	31	32	33	34	35	36	37	38	39	40	41	42	43
11	M	P	P	P	P	P	P	P	P	M	M	M	M	M	M	M							
12	F	P	P	P	P	P	P	P	P	F 75	F 48	F 12	F 4	F 1	F 0	F 0	F 0						← 产卵量
13	F	P	P	P	P	P	P	P	F 2	F 90	F 5	F 12	F 0	F 0	F 0	F 0	F 0	F 0					
14	M	P	P	P	P	P	P	P	P	M	M	M	M	M	M	M	M						
15	F	P	P	P	P	P	P	P	P	F 44	F 53	F 11	F 15	F 2	F 0	F 0	F 0	F 0	F 0				
16	F	P	P	P	P	P	P	P	P	F 100	F 17	F 45	F 8	F 0	F 0	F 0	F 0	F 0					
17	M	P	P	P	P	P	P	P	P	M	M	M	M	M	M								
18	F	P	P	P	P	P	P	P	P	P	F 9	F 111	F 27	F 4	F 0	F 0							
19	N	P	P	P	P	P																	
20	N																						

二、生命表记录汇整

表2-2为将表2-1a至表2-1d中的原始记录进行汇整的结果，有各龄期的发育时间、成虫寿命与雌虫每日产卵量。

表2-2　生命表记录汇整表（1～20头）

序号	性别	发育历期				日产卵量								
		卵	幼虫	蛹	成虫	1	2	3	4	5	6	7	8	9
1	M	6	11	12	6									
2	F	6	10	11	10	0	124	12	0	4	2			
3	F	6	11	10	10	0	22	74	13	0	1			
4	F	6	12	10	7	0	97	28	1	4	0			
5	M	6	12	11	5									
6	F	6	12	11	14	0	61	11	7	15	15	2	3	4
7	M	6	13	10	8									
…	…	…	…	…	…									
16	F	6	13	11	9	100	17	45	8					
…	…	…	…	…	…									
19	N	6	13	−8										
20	N	6	−10											

雌虫的发育历期和每日产卵量如下表2-3所示：

表2-3　雌虫生命表与繁殖率记录

序号	性别	发育历期				日产卵量									
		卵	幼虫	蛹	成虫	1	2	3	4	5	6	7	8	9	总和
2	F	6	10	11	10	0	124	12	0	4	2	0	0	0	142
3	F	6	11	10	10	0	22	74	13	0	1	0	0	0	110
4	F	6	12	10	7	0	97	28	1	4	0	0	—	—	130
6	F	6	12	11	14	0	61	11	7	15	15	2	3	4	118
8	F	6	11	9	11	0	0	0	26	36	9	6	2	0	79
9	F	6	12	11	9	67	37	10	5	1	0	0	0	0	120
12	F	6	12	12	8	75	48	12	4	1	0	0	0	—	140
13	F	6	13	10	10	2	90	5	12	0	0	0	0	0	109
15	F	6	13	12	10	44	53	11	15	2	0	0	0	0	125
16	F	6	13	11	9	100	17	45	8	0	0	0	0	0	170
18	F	6	14	11	6	9	111	27	4	0	0	—	—	—	151
						27	60	21.36	8.64	5.73	2.45	0.8	0.56	0.5	126.73

 思 辨

　　表2-3中右方的红色总和有意义吗？表2-3中最下一列蓝色的每日平均产卵量有意义吗？根据红色总和计算的平均值126.73有意义吗？请读者先思考并尝试回答这三个问题再继续阅读。

　　表2-3中蓝色的平均值是错误的，因为每只雌成虫的产卵年龄是不同的。例如其中的第9头雌成虫产的67粒卵和第12头雌成虫产的75粒卵，它们并不是同一天产下的，回表2-1a可看到，第9头的67粒卵产于29日龄，第12头的75粒卵产于30日龄（表2-1d），因此不可以将它们相加求平均，这就是我们第一章中指出的传统雌性年龄生命表的错误。由于雌虫羽化的时间不同，我们必须考虑雌成虫实际产卵的日龄如表2-4，不可以用表2-3的雌成虫年龄来计算日平均产卵量。

表2-4　表2-1a至2-1d中雌虫原始记录

序号	性别	22	23	24	25	26	27	28	29	30	31	32	33	34	35	36	37	38	39	40	41	42	43
2	F	P	P	P	P	P	0	124	12	0	4	2	0	0	0	0							
3	F	P	P	P	P	P	0	22	74	13	0	1	0	0	0	0							
4	F	P	P	P	P	P	P	0	97	28	1	4	0	0									
6	F	P	P	P	P	P	P	P	0	61	11	7	15	15	2	3	4	0	0	0	0	0	
8	F	P	P	P	P	0	0	0	26	36	9	6	2	0	0	0							
9	F	P	P	P	P	P	P	P	67	37	10	5	1	0	0	0	0						
12	F	P	P	P	P	P	P	P	P	75	48	12	4	1	0	0	0						
13	F	P	P	P	P	P	P	P	2	90	5	12	0	0	0	0	0						
15	F	P	P	P	P	P	P	P	P	P	44	53	11	15	2	0	0	0	0	0			
16	F	P	P	P	P	P	P	P	P	100	17	45	8	0	0	0	0	0					
18	F	P	P	P	P	P	P	P	P	P	9	111	27	4	0	0							

　　将上表2-4中正确的每天雌虫总产卵量相加后除以雌虫数可得下表2-5，这才是正确的雌虫年龄繁殖率。

表2-5　特定年龄雌虫繁殖率

日龄	26	27	28	29	30	31	32	33	34	35	36	37	38	39	40	41	42
总卵数	0	0	146	278	440	158	258	68	35	4	3	4	0	0	0	0	0
雌成虫数	1	3	4	7	9	11	11	11	11	10	10	6	4	2	2	1	1
雌成虫日平均产卵数	0	0	37	40	49	14	23	6.2	3.2	0.4	0.3	0.7	0	0	0	0	0
总虫数	19	18	18	18	18	18	18	18	17	14	13	7	4	2	2	1	1
种群日平均产卵数	0	0	8.1	15	24	8.8	14	3.8	2.1	0.3	0.2	0.6	0	0	0	0	0

　　在生命表记录中，存活率的记录是我们观察当时一只昆虫存活或死亡，而我们观察到的产卵数是从上次记录到这次观察期间总的产卵数，这其实是虫子前一天的繁殖率。若误将观察当时的产卵量作为观察当天的繁殖率，这将造成错误。

　　存活率曲线s_{xj}反映的就是实际的每天生命表记录，如下图所示。

Sex	0	1	2	3	4	5	6	7	8	9	10	11	12	13	14	15	16	17	18	19	20	21	22	23	24	25	26	27	28	29	30	31	32	33	34	35	36	37	38	39	40	41	42	43
1 M	E	E	E	E	E	E	L	L	L	L	L	L	L	L	L	L	L	P	P	P	P	P	P	P	P	P	P	P	P	M	M	M	M	M	M									
2 F	E	E	E	E	E	E	L	L	L	L	L	L	L	L	L	L	L	P	P	P	P	P	P	P	P	P	P	P	P	P	P	F	F	F	F	F	F							
3 F	E	E	E	E	E	E	L	L	L	L	L	L	L	L	L	L	L	P	P	P	P	P	P	P	P	P	P	P	P	P	F	F	F	F	F	F	F	F						
4 F	E	E	E	E	E	E	L	L	L	L	L	L	L	L	L	L	L	L	P	P	P	P	P	P	P	P	P	P	P	P	P	F	F	F	F	F	F							
5 M	E	E	E	E	E	E	L	L	L	L	L	L	L	L	L	L	L	P	P	P	P	P	P	P	P	P	P	P	P	M	M	M	M	M	M									
6 F	E	E	E	E	E	E	L	L	L	L	L	L	L	L	L	L	L	P	P	P	P	P	P	P	P	P	P	P	P	F	F	F	F	F	F	F	F	F	F	F	F	F	F	F
7 M	E	E	E	E	E	E	L	L	L	L	L	L	L	L	L	L	L	L	P	P	P	P	P	P	P	P	P	P	P	M	M	M	M	M	M	M	M							
8 F	E	E	E	E	E	E	L	L	L	L	L	L	L	L	L	L	L	P	P	P	P	P	P	P	P	P	P	P	P	F	F	F	F	F	F	F	F							
9 F	E	E	E	E	E	E	L	L	L	L	L	L	L	L	L	L	L	P	P	P	P	P	P	P	P	P	P	P	P	P	F	F	F	F	F	F								
10 M	E	E	E	E	E	E	L	L	L	L	L	L	L	L	L	L	L	P	P	P	P	P	P	P	P	P	P	P	P	M	M	M	M	M	M	M								
11 M	E	E	E	E	E	E	L	L	L	L	L	L	L	L	L	L	L	P	P	P	P	P	P	P	P	P	P	P	P	P	M	M	M	M	M	M	M							
12 F	E	E	E	E	E	E	L	L	L	L	L	L	L	L	L	L	L	P	P	P	P	P	P	P	P	P	P	P	F	F	F	F	F	F	F	F	F							
13 F	E	E	E	E	E	E	L	L	L	L	L	L	L	L	L	L	L	P	P	P	P	P	P	P	P	P	P	P	F	F	F	F	F	F	F	F	F							
14 M	E	E	E	E	E	E	L	L	L	L	L	L	L	L	L	L	L	P	P	P	P	P	P	P	P	P	P	P	P	P	M	M	M	M	M	M	M							
15 F	E	E	E	E	E	E	L	L	L	L	L	L	L	L	L	L	L	P	P	P	P	P	P	P	P	P	P	P	P	F	F	F	F	F	F	F	F	F	F	F	F	F	F	F
16 F	E	E	E	E	E	E	L	L	L	L	L	L	L	L	L	L	L	P	P	P	P	P	P	P	P	P	P	P	P	F	F	F	F	F	F	F	F	F						
17 M	E	E	E	E	E	E	L	L	L	L	L	L	L	L	L	L	L	P	P	P	P	P	P	P	P	P	P	P	P	M	M	M	M	M	M	M								
18 F	E	E	E	E	E	E	L	L	L	L	L	L	L	L	L	L	L	L	P	P	P	P	P	P	P	P	P	P	F	F	F	F	F	F										
19 N	E	E	E	E	E	E	L	L	L	L	L	L	L	L	L	L	L	P	P	P	P	P	P																					
20 N	E	E	E	E	E	E	L	L	L	L	L	L	L	L	L	L	L																											

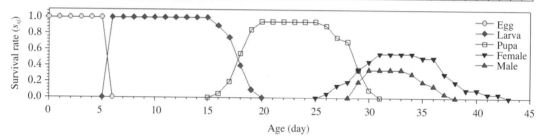

三、个体生命表记录逻辑

生命表记录看似简单，实际上却很容易犯错。下面以这20头昆虫的数据，详细说明生命表数据的记录与代表含义（表2-6至表2-9）。

表2-6a　第1只虫（雄虫）原始记录（0～21天）

序号	性别	0	1	2	3	4	5	6	7	8	9	10	11	12	13	14	15	16	17	18	19	20	21
1	M	E	E	E	E	E	E	L	L	L	L	L	L	L	L	L	L	L	P	P	P	P	P
2	F	E	E	E	E	E	E	L	L	L	L	L	L	L	L	L	L	L	P	P	P	P	P
3	F	E	E	E	E	E	E	L	L	L	L	L	L	L	L	L	L	L	P	P	P	P	P
4	F	E	E	E	E	E	E	L	L	L	L	L	L	L	L	L	L	L	L	P	P	P	P
5	M	E	E	E	E	E	E	L	L	L	L	L	L	L	L	L	L	L	L	P	P	P	P
6	F	E	E	E	E	E	E	L	L	L	L	L	L	L	L	L	L	L	L	P	P	P	P
7	M	E	E	E	E	E	E	L	L	L	L	L	L	L	L	L	L	L	L	L	P	P	P
8	F	E	E	E	E	E	E	L	L	L	L	L	L	L	L	L	L	L	P	P	P	P	P
9	F	E	E	E	E	E	E	L	L	L	L	L	L	L	L	L	L	L	P	P	P	P	P
10	M	E	E	E	E	E	E	L	L	L	L	L	L	L	L	L	L	L	P	P	P	P	P

表2-6b　第1只虫（雄虫）原始记录（22 ～ 43天）

序号	性别	22	23	24	25	26	27	28	29	30	31	32	33	34	35	36	37	38	39	40	41	42	43
1	M	P	P	P	P	P	P	P	M	M	M	M	M	M									
2	F	P	P	P	P	P	F 0	F 124	F 12	F 0	F 4	F 2	F 0	F 0	F 0								
3	F	P	P	P	P	P	F 0	F 22	F 74	F 13	F 0	F 1	F 0	F 0	F 0								
4	F	P	P	P	P	P	P	F 0	F 97	F 28	F 1		F 4	F 0	F 0								
5	M	P	P	P	P	P	P	P	M	M	M	M	M	M									
6	F	P	P	P	P	P	P	P	F 0	F 61	F 11	F 7	F 15	F 15	F 2	F 3	F 4	F 0		F 0	F 0	F 0	
7	M	P	P	P	P	P	P	P	M	M	M	M	M	M	M								
8	F	P	P	P	P	F 0	F 0	F 0	F 26	F 36	F 9	F 6	F 2	F 0	F 0								
9	F	P	P	P	P	P	P	P	F 67	F 37	F 10	F 5	F 1	F 0	F 0								
10	M	P	P	P	P	P	P	P	M	M	M	M	M	M									

第1只虫（雄虫）原始记录说明如下图所示。

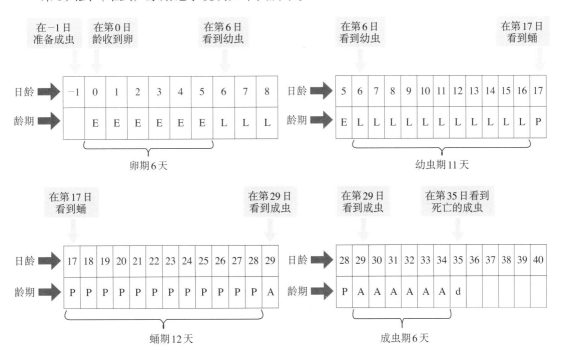

第1只虫的资料显示，第0天收集到的卵为0日龄，然后开始记录每天的龄期变化，在第6天看到卵孵化了，在6日龄记录为L（幼虫），那它的卵期为6天。等到第17天，观

23

察到幼虫发育为蛹，记录为P（蛹），那么它的幼虫期为11天。继续观察到第29天，蛹羽化为成虫（此时成虫年龄为0），记录为M（雄成虫），那么它的蛹期为12天。直到第35天虫子死亡，记录为d（死亡），那么它的成虫期为6天。第1只虫（雄虫）的生活史（1,M,6,11,12,6）如下图所示。

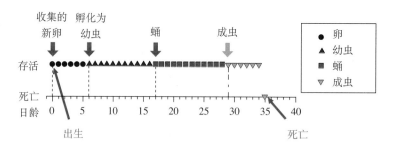

如图2-3所示，每个个体只有两种情况，即生存（存在）或死亡（不存在）。存活的个体可能在不同的龄期死亡，例如卵、幼虫、蛹和成虫。

表2-7a 第2只虫（雌虫）原始记录（0～21天）

序号	性别	0	1	2	3	4	5	6	7	8	9	10	11	12	13	14	15	16	17	18	19	20	21
1	M	E	E	E	E	E	E	L	L	L	L	L	L	L	L	L	L	L	P	P	P	P	P
2	F	E	E	E	E	E	E	L	L	L	L	L	L	L	L	L	L	P	P	P	P	P	P
3	F	E	E	E	E	E	E	L	L	L	L	L	L	L	L	L	L	P	P	P	P	P	P
4	F	E	E	E	E	E	E	L	L	L	L	L	L	L	L	L	L	L	P	P	P	P	P
5	M	E	E	E	E	E	E	L	L	L	L	L	L	L	L	L	L	L	L	P	P	P	P
6	F	E	E	E	E	E	E	L	L	L	L	L	L	L	L	L	L	L	P	P	P	P	P
7	M	E	E	E	E	E	E	L	L	L	L	L	L	L	L	L	L	L	L	P	P	P	P
8	F	E	E	E	E	E	E	L	L	L	L	L	L	L	L	L	L	L	P	P	P	P	P
9	F	E	E	E	E	E	E	L	L	L	L	L	L	L	L	L	L	L	P	P	P	P	P
10	M	E	E	E	E	E	E	L	L	L	L	L	L	L	L	L	L	L	P	P	P	P	P

表2-7b 第2只虫（雌虫）原始记录（22～43天）

序号	性别	22	23	24	25	26	27	28	29	30	31	32	33	34	35	36	37	38	39	40	41	42	43
1	M	P	P	P	P	P	P	P	M	M	M	M	M	M									
2	F	P	P	P	P	P	P	F 0	F 124	F 12	F 0	F 4	F 2	F 0	F 0	F 0							
3	F	P	P	P	P	P	P	F 0	F 22	F 74	F 13	F 0	F 1	F 0	F 0	F 0							
4	F	P	P	P	P	P	P	P	F 0	F 97	F 28	F 1	F 4	F 0	F 0								

（续）

序号	性别	22	23	24	25	26	27	28	29	30	31	32	33	34	35	36	37	38	39	40	41	42	43
5	M	P	P	P	P	P	P	P	M	M	M	M	M										
6	F	P	P	P	P	P	P	P	F 0	F 61	F 11	F 7	F 15	F 15	F 2	F 3	F 4	F 0	F 0	F 0	F 0	F 0	
7	M	P	P	P	P	P	P	P	M	M	M	M	M	M	M	M							
8	F	P	P	P	P	F 0	F 0	F 0	F 26	F 36	F 9	F 6	F 2	F 0	F 0	F 0							
9	F	P	P	P	P	P	P	P	F 67	F 37	F 10	F 5	F 1	F 0	F 0	F 0	F 0						
10	M	P	P	P	P	P	P	P	M	M	M	M	M	M									

第2只虫（雌虫）原始记录说明如下图所示。

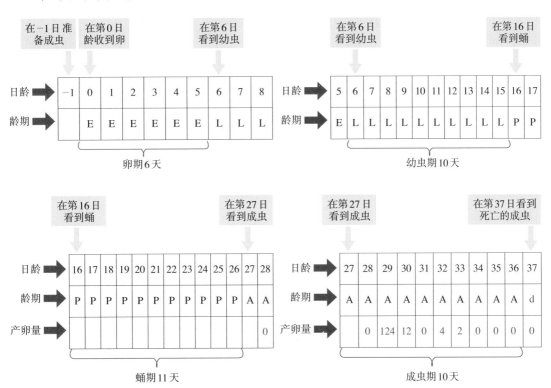

第2只虫的资料显示，第0天收集到的卵为0日龄，然后开始记录每天的龄期变化，在第6天看到卵孵化了，在6日龄记录为L（幼虫），那它的卵期为6天。等到第16天，观察到幼虫发育为蛹，记录为P（蛹），那么它的幼虫期为10天。继续观察到第27天，蛹羽化为成虫，记录为F（雌成虫），那么它的蛹期为11天。直到第37天虫子死亡，记录为d（死亡），那么它的成虫期为10天。第2只虫（雌虫）的生活史（2, F, 6, 10, 11, 10, 0, 124, 12, 0, 4, 2, −1）如下图所示。

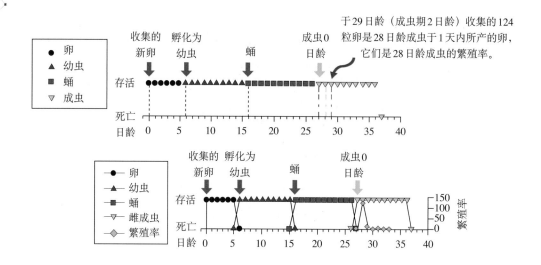

第2只虫（雌虫）原始繁殖率记录说明如下图所示。

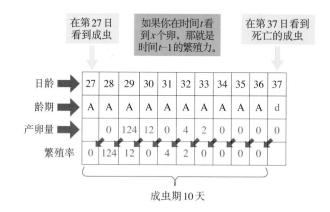

请务必记住：如果在年龄 x 观察到 n 粒卵，它们是年龄 $x-1$ 的繁殖率。

表2-8a　第16只虫（雌虫）原始记录（0～21天）

序号	性别	0	1	2	3	4	5	6	7	8	9	10	11	12	13	14	15	16	17	18	19	20	21
11	M	E	E	E	E	E	E	L	L	L	L	L	L	L	L	L	L	L	L	P	P	P	P
12	F	E	E	E	E	E	E	L	L	L	L	L	L	L	L	L	L	L	L	P	P	P	P
13	F	E	E	E	E	E	E	L	L	L	L	L	L	L	L	L	L	L	L	P	P	P
14	M	E	E	E	E	E	E	L	L	L	L	L	L	L	L	L	L	L	L	L	P	P	P
15	F	E	E	E	E	E	E	L	L	L	L	L	L	L	L	L	L	L	L	P	P	P
16	F	E	E	E	E	E	E	L	L	L	L	L	L	L	L	L	L	L	L	P	P	P
17	M	E	E	E	E	E	E	L	L	L	L	L	L	L	L	L	L	L	L	L	P	P

（续）

序号	性别	0	1	2	3	4	5	6	7	8	9	10	11	12	13	14	15	16	17	18	19	20	21
18	F	E	E	E	E	E	E	L	L	L	L	L	L	L	L	L	L	L	L	L		P	P
19	N	E	E	E	E	E	E	L	L	L	L	L	L	L	L	L	L	L	L	L	P	P	P
20	N	E	E	E	E	E	E	L	L	L	L	L	L	L	L	L	L	L					

表2-8b　第16只虫（雌虫）原始记录（22～43天）

序号	性别	22	23	24	25	26	27	28	29	30	31	32	33	34	35	36	37	38	39	40	41	42	43
11	M	P	P	P	P	P	P	P	P	M	M	M	M	M	M	M							
12	F	P	P	P	P	P	P	P	P	F 75	F 48	F 12	F 4	F 1	F 0	F 0	F 0						
13	F	P	P	P	P	P	P	P	P	F 2	F 90	F 5	F 12	F 0	F 0	F 0	F 0						
14	M	P	P	P	P	P	P	P	P	M	M	M	M	M	M	M							
15	F	P	P	P	P	P	P	P	P	P	F 44	F 53	F 11	F 15	F 2	F 0	F 0	F 0	F 0				
16	F	P	P	P	P	P	P	P	P	F 100	F 17	F 45	F 8	F 0	F 0	F 0	F 0						
17	M	P	P	P	P	P	P	P	P	M	M	M	M	M	M								
18	F	P	P	P	P	P	P	P	P	P	F 9	F 111	F 27	F 4	F 0	F 0							
19	N	P	P	P	P	P																	
20	N																						

　　第16只虫的资料显示，第0天收集到的卵为0日龄，然后开始记录每天的龄期变化，在第6天看到卵孵化了，在6日龄记录为L（幼虫），那它的卵期为6天。等到第19天，观察到幼虫发育为蛹，记录为P（蛹），那么它的幼虫期为13天。继续观察到第30天，蛹羽化为成虫，记录为F（雌成虫），那么它的蛹期为11天。直到第39天虫子死亡，记录为d（死亡），那么它的成虫期为9天。在第31天收到的100粒卵是30日龄成虫的繁殖率。第16只虫（雌虫）的生活史（16, F, 6, 13, 11, 9, 100, 17, 45, 8, −1）如下图所示。

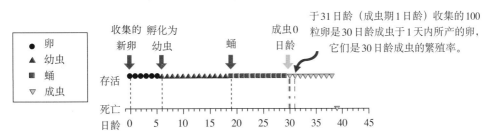

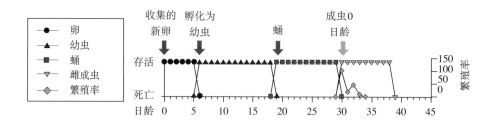

表 2-9a 第 19 只虫（成虫前期死亡）原始记录（0～21天）

序号	性别	0	1	2	3	4	5	6	7	8	9	10	11	12	13	14	15	16	17	18	19	20	21
11	M	E	E	E	E	E	E	L	L	L	L	L	L	L	L	L	L	L	L	P	P	P	P
12	F	E	E	E	E	E	E	L	L	L	L	L	L	L	L	L	L	L	L	P	P	P	P
13	F	E	E	E	E	E	E	L	L	L	L	L	L	L	L	L	L	L	P	P	P	P	P
14	M	E	E	E	E	E	E	L	L	L	L	L	L	L	L	L	L	L	L	P	P	P	P
15	F	E	E	E	E	E	E	L	L	L	L	L	L	L	L	L	L	L	P	P	P	P	P
16	F	E	E	E	E	E	E	L	L	L	L	L	L	L	L	L	L	L	P	P	P	P	P
17	M	E	E	E	E	E	E	L	L	L	L	L	L	L	L	L	L	L	L	L	P	P	P
18	F	E	E	E	E	E	E	L	L	L	L	L	L	L	L	L	L	L	L	P	P	P	P
19	N	E	E	E	E	E	E	L	L	L	L	L	L	L	L	L	L	L	L	P	P	P	P
20	N	E	E	E	E	E	E	L	L	L	L	L	L	L	L	L	L						

表 2-9b 第 19 只虫（成虫前期死亡）原始记录（22～43天）

序号	性别	22	23	24	25	26	27	28	29	30	31	32	33	34	35	36	37	38	39	40	41	42	43
11	M	P	P	P	P	P	P	P	P	M	M	M	M	M	M	M							
12	F	P	P	P	P	P	P	P	P	F 75	F 48	F 12	F 4	F 1	F 0	F 0	F 0						
13	F	P	P	P	P	P	P	P	F 2	F 90	F 5	F 12	F 0	F 0	F 0	F 0	F 0						
14	M	P	P	P	P	P	P	P	P	M	M	M	M	M	M	M							
15	F	P	P	P	P	P	P	P	P	P	F 44	F 53	F 11	F 15	F 2	F 0	F 0	F 0	F 0				
16	F	P	P	P	P	P	P	P	P	F 100	F 17	F 45	F 8	F 0	F 0	F 0	F 0						
17	M	P	P	P	P	P	P	P	P	M	M	M	M	M	M								
18	F	P	P	P	P	P	P	P	P	P	F 9	F 111	F 27	F 4	F 0	F 0							
19	N	P	P	P	P	P																	
20	N																						

第19只虫的资料显示，第0天收集到的卵为0日龄，然后开始记录每天的龄期变化，在第6天看到卵孵化了，在6日龄记录为L（幼虫），那它的卵期为6天。等到第19天，观察到幼虫发育为蛹，记录为P（蛹），那么它的幼虫期为13天。继续观察到第27天，虫子死亡，记录为d（死亡），那么它的蛹期为8天。第19只虫（成虫前期死亡）的生活史（19，N，6，13，−8）如下图所示。

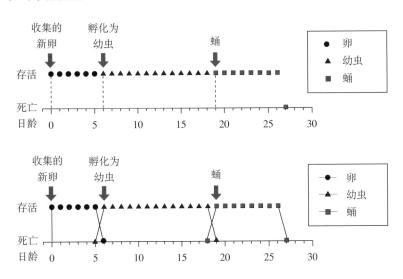

上述三节详细说明实验记录的细节，这些都是实验中很容易犯错的地方；研究者若疏忽了这些细节，造成的错误可能永远没有人知道，但这些错误的影响是长远的。我们提醒研究人员务必谨慎，科学研究工作中必须注意细节。

 思 辨

卵期与蛹期死亡的个体往往不容易判断实际死亡时间，请问应如何记录？

四、生命表记录格式

TWOSEX-MSChart生命表个体饲养数据文件格式如下所示：

```
"Life table example A. Potato tuber worm. Phthorimaea operculella."
"Chi"
"A-PTW"
20
3,4
F,Egg,Larva,Pupa,Female
M,Egg,Larva,Pupa,Male
N,Egg,Larva,Pupa,Unknown
Larva,Pupa
1,M,6,11,12,6
```

```
2,F,6,10,11,10,0,124,12,0,4,2,-1
3,F,6,11,10,10,0,22,74,13,0,1,-1
4,F,6,12,10,7,0,97,28,1,4,-1
5,M,6,12,11,5
6,F,6,12,11,14,0,61,11,7,15,15,2,3,4,-1
7,M,6,13,10,8
8,F,6,11,9,11,0,0,0,26,36,9,6,2,-1
9,F,6,12,11,9,67,37,10,5,1,-1
10,M,6,12,11,6
11,M,6,12,12,7
12,F,6,12,12,8,75,48,12,4,1,-1
13,F,6,13,10,10,2,90,5,12,-1
14,M,6,13,11,8
15,F,6,13,12,10,44,53,11,15,2,-1
16,F,6,13,11,9,100,17,45,8,-1
17,M,6,14,10,6
18,F,6,14,11,6,9,111,27,4,-1
19,N,6,13,-8
20,N,6,-10
```

前3行为说明信息，前后都必须用""。

第1行" Life table example A. Potato tuber worm. Phthorimaea operculella."可用来说明实验数据的相关信息，例如：学名、寄主植物、温度等。

第2行可写研究者姓名或其他注解的信息。

第3行必须写试验"处理代号"，越短越好，建议最好6个字符内。例如："25C"代表25℃下的生命表，"Cab30C"代表在甘蓝（cabbage）上30℃下的生命表，"25CLC20"代表25℃下以LC20处理的生命表，或用任何你自己能读懂的简单明了的处理代号。使用者可以将处理代号的说明写在第1行或第2行中。简明的处理代号有助于配对比较（paired bootstrap test）结果的判读。

第4行是生命表实验所使用的总虫数。

第5行则为性别数与龄期数，例如3,4代表有3种性别型（F代表能存活到雌成虫期的个体，M代表能存活到雄成虫期的个体，N代表在成虫前期死亡的个体）。

6、7、8行为各性别型的各龄期名称或代号，例如，Egg代表卵期，Larva代表幼虫期，Pupa代表蛹期，Female代表雌成虫期，Male代表雄成虫期。各龄期的名称也应该尽量简短，例如，可将龄期写为Egg, L1, L2, L3, L4, Pupa等，若为孤雌生殖且没有卵期则可以写为N1, N2等。孤雌生殖的种群也可用F、M、N三种性别型，可以避免在书写格式时犯错。若为螨类则可以将Protonymph与Deutonymph写成Proto与Deuto。

第9行的"Larva, Pupa"代表数据分析时软件可以将幼虫期与蛹期合并计算两者合并的发育历期。这一行对于鳞翅目幼虫特别有用，如写L1, L4软件能计算整个幼虫期（L1, L2, L3, L4）的发育历期。这一行对蚜虫也有用，如写N1, N4软件能计算整个若虫期（N1, N2, N3, N4）的发育历期。

写完前9行的基本信息后，开始输入生命表每个个体的各龄期的天数，雌虫则需要在其成虫期后继续输入日产卵量，在写完全部产卵量后，以"−1"结束该雌虫的生命表数据输入。若成虫结束产卵后，在死亡前的日产卵量均为0，可省略不写，直接以"−1"结束。成虫前期死亡的虫，依据其对应龄期输入，如在某个龄期死亡，那就以该虫在此龄期实际存活天数的负数结束，如上图第19只虫，其卵期为6日龄，在幼虫期活了13日龄，蛹期存活了8日龄后死亡，它的数据记为"19,N,6,13,−8"。

五、含有饲养费用的个体生命表数据格式

含有饲养费用的生命表格式只是在个体饲养数据文件格式的基础上，加上饲养费用（下文中的红色数据）。

```
"Life table example A. Potato tuber worm. Phthorimaea operculella."
"Chi"
"A-PTW"
20
3,4
F,Egg,Larva,Pupa,Female
M,Egg,Larva,Pupa,Male
N,Egg,Larva,Pupa,Unknown
0,1,0,4,2
Larva,Pupa
1,M,6,11,12,6
2,F,6,10,11,10,0,124,12,0,4,2,-1
3,F,6,11,10,10,0,22,74,13,0,1,-1
4,F,6,12,10,7,0,97,28,1,4,-1
5,M,6,12,11,5
6,F,6,12,11,14,0,61,11,7,15,15,2,3,4,-1
7,M,6,13,10,8
8,F,6,11,9,11,0,0,0,26,36,9,6,2,-1
9,F,6,12,11,9,67,37,10,5,1,-1
10,M,6,12,11,6
11,M,6,12,12,7
12,F,6,12,12,8,75,48,12,4,1,-1
13,F,6,13,10,10,2,90,5,12,-1
14,M,6,13,11,8
15,F,6,13,12,10,44,53,11,15,2,-1
16,F,6,13,11,9,100,17,45,8,-1
17,M,6,14,10,6
18,F,6,14,11,6,9,111,27,4,-1
19,N,6,13,-8
20,N,6,-10
```

数据中饲养费用有5个，它们按照龄期顺序来书写，如"0,1,0,4,2"，第1个0即为一个卵每天的饲养费用，1为幼虫期每个个体每天的饲养费用，其次0，4，2为蛹期、雌成虫期、雄成虫期每个个体每天的饲养费用。

六、孤雌生殖生命表格式

孤雌生殖生命表格式如下所示：

```
"Life table example-D. Aphis gossypii."
"Shally"
"D-Ag"
32
2,5
F,N1,N2,N3,N4,Female
N,N1,N2,N3,N4,Unknown
N1,N4
```

```
1,F,2,1,3,1,18,0,9,0,11,12,14,8,7,3,6,7,1,0,4,-1
2,F,1,2,5,3,6,3,4,5,4,-1
3,F,1,1,1,2,28,2,3,5,7,8,9,10,9,5,11,5,5,4,3,1,1,0,2,2,-1
4,F,4,3,1,1,38,4,5,7,7,6,7,4,4,7,2,7,3,8,4,1,2,-1
……
……
31,F,3,1,2,1,32,5,7,7,6,11,11,7,6,10,5,6,0,3,2,-1
32,F,2,1,2,1,32,2,8,8,4,10,9,15,9,4,5,3,-1
```

孤雌生殖生命表格式也可写为：

```
"Life table example-D. Aphis gossypii."
"Shally"
"D-Ag"
32
3,5
F,N1,N2,N3,N4,Female
M,N1,N2,N3,N4,Male
N,N1,N2,N3,N4,Unknown
N1,N4
1,F,2,1,3,1,18,0,9,0,11,12,14,8,7,3,6,7,1,0,4,-1
2,F,1,2,5,3,6,3,4,5,4,-1
……
……
31,F,3,1,2,1,32,5,7,7,6,11,11,7,6,10,5,6,0,3,2,-1
32,F,2,1,2,1,32,2,8,8,4,10,9,15,9,4,5,3,-1
```

第二节　生命表研究中常遇到的问题

一、选取多长时间范围内产的卵来开始试验

如果收集1小时内产下的卵来研究生命表会得到更精确的数据吗？答案是否定的。在生命表数据收集中，如果使用"天"作为生命表观察记录的时间单位，那么在整个生命表研究中均必须使用"天"。也就是必须收集一天内所产的卵进行生命表研究，以确保涵盖一天内产的卵的变异性。如果使用"周"作为时间单位，那么应该收集一周内产下的卵来开始生命表数据收集工作。但是"周"不是一个自然时间单位。一般而言，"天"是观察昆虫与螨类的最适时间单位，因为一般昆虫的寿命不是很长，而"天"能反映光周期与温周期的影响。寿命较长昆虫的生命表收集较为费时费力，为了减轻收集工作的负担，我们可以选择较大的观察单位，例如2天、4天、5天或10天观察1次并记录（Zheng et al., 2016）。

二、如何得到足够的配对雌雄虫

如果生命表种群中，昆虫雌雄数量有差异，为了能够使他们都配对，可从同时期开始大量饲养的种群中挑取所需雌成虫或雄成虫用于配对，但是从大量饲养的种群中取得的虫子不计入生命表数据。想要取得年龄相近的成虫用于交配，则必须定期维持大量饲养的虫源。所谓"定期"，须依据昆虫寿命而定，如：蚜虫可每2天饲养一批，小菜蛾可4～5天饲养一批。

三、选择多少粒卵来开始生命表研究

如果从100个卵（$N_0 = 100$）开始，其中30个个体在成虫前期死亡（$N_d = 30$），则成虫前死亡率为30%。如果32个个体成为雌成虫，则使用32个雌成虫数（$N_f = 32$）构建繁殖率数据，32个雌成虫繁殖率是可以接受的样本数。如果 $N_0 = 100$，$N_d = 70$，$N_f = 12$，则繁殖率数据仅基于12头雌成虫，只要实验过程中没有人为疏失，这12头雌成虫也能反映种群在这个条件下低存活率的特性。初始N_0应基于预试验的结果。一般来说，100粒卵是一个不错的选择，如果成虫前期存活率高，50粒卵也可以。如果饲养条件或寄主植物非常不适合，我们也不建议用极多的卵（例如1 000粒）研究生命表。

四、是否必须区分每个龄期

一般而言，在生命表研究中，我们应该记录每个龄期的发育时间。例如：卵、1龄、2龄、3龄、4龄、蛹和成虫。若区分幼虫的详细龄期有困难，则可以分为卵、幼虫、蛹和成虫。若卵、幼虫、蛹都无法观察，如寄生蜂，则只记录成虫前期和成虫期也可以。

五、如何处理同一天观察到成虫羽化和产卵

个体在第10天还处于蛹期，但在第11天，它羽化为成虫，并产有2个卵。这2个卵必定不是蛹产下的。这反映我们观察的时间单位无法区分蛹期与成虫羽化的具体时间，这个时候我们应考虑每半天或8小时观察记录。

六、如何分析龄期记录缺失的数据

如果某一个个体的某一个龄期没有被观察到，该怎么做？例如一个个体在第t天是2龄，在第$t+1$天却已经是4龄，错过了3龄的记录。该怎么做？我们可以合并这些龄期，如果3龄龄期较短，则同时找到第2龄和第3龄的头壳。如果头壳不容易找到，或无法找到2龄的头壳，但很确定它现在处于3龄。那就可以将所有个体的龄期都合并为：1龄、2+3龄、4龄。若确实有必要，可以使用较小的时间单位重新开始实验。

七、生命表研究是否需要重复

由于生命表受温度、寄主植物、猎物种类、光周期、饲料等的影响，可以在不同条件下收集生命表数据。生命表研究既费力又费时。一般生命表研究不用"重复"检测生命表的变异，而是利用自我重复取样技术分析标准误。但是，使用自我重复取样方法无法检测世代之间的变异，如果世代之间变异性高，则可能需要研究不同世代的生命表，以检测世代之间的变异或趋势。以往有些研究人员使用三个重复生命表和一般统计来估计生命表参数的标准误，例如R_0、r、T，计算出来的标准误是基于这3个生命表样本的。但是，如果合并这三个生命表的所有个体，并利用自我重复取样技术，可以得到包括所有个体的变异性，并且这样分析得到的标准误比利用三个生命表与一般统计方法得到的标准误更具代表性。

八、生命表研究用个体饲养还是群体饲养

个体饲养能够收集每个个体的发育时间和繁殖率，并且可以分析个体之间的变异性。但个体饲养对群体生活的昆虫可能是不适用的。个体饲养中雌雄配对是人为的，若将一只健壮的雌虫与虚弱的雄虫配对，雌成虫的繁殖率可能被低估。若群体饲养，昆虫则可以自行配对，就不会有因人为配对的限制而造成繁殖率被低估的问题。

九、是否应使用全部卵或孵化卵作为生命表的繁殖率

如果不同年龄的雌成虫产的卵都有相同的孵化率，则可以使用随机取样的卵开始生命表研究，并使用每日每只雌成虫的产卵数作为繁殖率，它的结果是正确的。如果不同年龄的雌成虫产的卵都有相同的孵化率，使用随机取样的卵中的孵化卵建构生命表，并使用每日每只雌成虫的产卵数中的孵化卵作为繁殖率，它的结果也是相同的。但是，如果不同年龄的雌成虫产的卵有不同的孵化率（卵期死亡率），那么用年轻雌成虫产的卵做的生命表可能与用较老的雌成虫产的卵做的生命表不同，如何解决这个问题？

Mou 等（2015）在 *Journal of Applied Entomology* 第139卷提出利用孵化卵可以准确测定种群参数和捕食潜力。为什么使用孵化卵进行生命表研究呢？生命表研究开始时随机取样的卵只是一个小样本，这些卵的孵化率并不能代表种群卵的孵化率。新出现的雌成虫和年老的雌成虫可能会产生未受精的卵，而有些昆虫会产生营养卵（trophic eggs）[有关 trophic eggs 的信息请参考 Kudo 和 Nakahira（2004），Perry 和 Roitberg（2006），Filippi 等（2009），Baba 等（2011）的论文]。如果卵的孵化率会随母体年龄而变化，则开始选择用来做生命表的卵的孵化率就不能代表种群的孵化率，而在后续计算种群参数时使用总卵数作为每日的繁殖率，则内禀增长率、周限增长率、净增殖率和平均世代时间将会不准确或被高估。此时我们应该用孵化卵开始生命表研究，同时我们需保留成虫每日产的卵以观察孵化卵数。用孵化卵进行生命表研究并使用孵化卵作为每日的繁殖率，会得到精确的种群增长率，但这种实验过程较为困难。

Mou 等（2015）提出利用孵化卵以准确测定种群参数和捕食潜力之后，Hernandez-Suarez 等（2015）在同一期刊（*Journal of Applied Entomology*）第140卷中提出反对意见，他们的论文题目是 "Invariance of demographic parameters using total or viable egg"，他们认为"无论用孵化卵或全部卵，人口统计参数不会改变"。期刊总编辑邀请 Mou 等（2015）论文的通讯作者（Chi，Hsin）审查 Hernandez-Suarez 等（2015）的稿件并写一篇评论。在 Chi 等（2015）的评论中，用简单的例子证明 Hernandez-Suarez 等（2015）的论述是错误的。该评论中更指出，依据 Lewontin（1965）的论证，若两个种群产卵量相同，假设两个种群都只有一半的卵能孵化。第1种群全部孵化卵产在繁殖期前半部，而第2种群的全部孵化卵产在繁殖期后半部。虽然总产卵量与孵化率均相同，但因产卵的年龄不同，即使 R_0 相同，两者的 r 也会不同。故 Hernandez-Suarez 等（2015）的论述是错误的。

Chi 等（2015）评论的文末特别说明 "Based on the above mathematical proof, along with the reasoning and the examples provided, we are of the opinion that the manuscript of Hernandez-Suarez et al. should be rejected. However, because their misunderstanding, misinterpretation and errors in their proof may be repeatedly replicated by other entomologists who are interested in life table theory and data analysis and because of the importance of using viable eggs in insect life table studies, we suggested to publish our review as a commentary note in the Journal of Applied Entomology. From a long-term pedagogic purpose, we strongly suggested to publish our comments in order to help other entomologists to prevent a perpetuation of similar misunderstanding in the future. This is a good opportunity to promote critical thinking in entomological studies.",即为"基于上述数学证明，以及所提供的论证和例子，我们认为Hernandez-Suarez等（2015）的稿件应该被拒绝。因为他们的误解、误释和他们证明中的错误可能会被其他对生命表理论和数据分析感兴趣的昆虫学家一再提起，并且因为使用孵化卵在昆虫生命表研究中十分重要，我们建议将我们的意见以评论发表在本期刊中。从长远的教学目的出发，为了帮助其他昆虫学家，防止将来类似的误解继续，我们强烈建议发表我们的评论。这是提升昆虫学研究中批判性思维的好机会"。

17世纪费马最后的定理为"当$n > 2$时，$x^n + y^n = z^n$无整数解"，此定理困扰了数学家们数百年，直到1995年才被安德鲁证明。爱因斯坦曾说："No amount of experimentation can ever prove me right；a single experiment can prove me wrong."，意为如果有人能找到三个整数x、y、z而且$x^3 + y^3 = z^3$，就能推翻安德鲁的证明。当然，如果安德鲁的证明是正确的，就永远不可能被推翻，也永远不会有人能找到三个整数x、y、z满足$x^3 + y^3 = z^3$。一个科学论述的正确与否，不在于支持该论述的事例数量，但是只要有一个事例与论述不符，便足以推翻该论述。Chi等（2015）的评论中，仅用一个例子就足以证明Hernandez-Suarez等（2015）的论述是错误的。

第三节 群体饲养的数据格式

一、群体饲养生命表原始记录

在群体饲养中，我们仅记录每天昆虫种群各龄期的数目与总产卵量。如表2-10所示。

表2-10a 群体饲养生命表（20头，0～21天）

龄期	时间（年龄）（天）																					
---	0	1	2	3	4	5	6	7	8	9	10	11	12	13	14	15	16	17	18	19	20	21
卵	20	20	20	20	20	20																
幼虫							20	20	20	20	20	20	20	20	20	20	18	15	8	2		
蛹																	1	4	11	17	19	19
♀成虫																						
♂成虫																						

表2-10b 群体饲养生命表（20头，22～43天）

龄期	时间（年龄）（天）																					
	22	23	24	25	26	27	28	29	30	31	32	33	34	35	36	37	38	39	40	41	42	43
卵																						
幼虫																						
蛹	19	19	19	19	18	15	14	7	2													
♀成虫					1	3	4	7	9	11	11	11	11	10	10	6	4	2	2	1	1	
♂成虫								4	7	7	7	7	6	4	3	1						
卵					0	0	146	278	440	158	258	68	35	4	3	4	0	0	0	0	0	

28日龄观察到4个雌成虫，在这天它们产下146粒卵，但是这146粒卵是在29日龄才会收集到的。

二、群体饲养生命表文件格式

TWOSEX-MSChart生命表群体饲养数据文件格式如下：

```
"Example of life table raw data. Version: 2018.08.06"
"1988 Environ. Entomol."
"25C"
20
3,4
F,Egg,Larva,Pupa,Female
M,Egg,Larva,Pupa,Male
N,Egg,Larva,Pupa,Unknown
"Egg",0,5（卵期年龄范围）
20,20,20,20,20,20（卵期个体数）
"Larva",6,19（幼虫期年龄范围）
20,20,20,20,20,20,20,20,20,20,18,15,8,2
"Pupa",16,30（蛹期年龄范围）
1,4,11,17,19,19,19,19,19,18,15,14,7,2
"Female",26,42（雌成虫期年龄范围）
1,3,4,7,9,11,11,11,11,10,10,6,4,2,2,1,1
"Male",29,37（雄成虫期年龄范围）
4,7,7,7,7,6,4,3,1
"Female",26,42（雌成虫期年龄范围）
0,0,146,278,440,158,258,68,35,4,3,4,0,0,0,0,0    （日产卵量）
```

群体饲养的生命表研究中也可以同时研究捕食率，每天记录种群的总捕食率。TWOSEX-MSChart生命表具有捕食率的群体饲养数据文件格式如下（红色为捕食率数据）：

```
"Example of life table raw data. Version: 2018.08.06"
"1988 Environ. Entomol."
"Chi, H."
20
3,4
F,Egg,Larva,Pupa,Female
M,Egg,Larva,Pupa,Male
N,Egg,Larva,Pupa,Unknown
"Egg",0,5
20,20,20,20,20,20,-1   卵无法捕食
"Larva",6,19
20,20,20,20,20,20,20,20,20,20,18,15,8,2,-1   幼虫无法捕食
"Pupa",16,30
1,4,11,17,19,19,19,19,19,19,18,15,14,7,2,-1   蛹无法捕食
"Female",26,42
1,3,4,7,9,11,11,11,11,10,10,6,4,2,2,1,1
11,13,24,37,45,55,58,65,77,50,28,30,15,12,6,6,6
"Male",29,37
4,7,7,7,7,6,4,3,1,12,18,20,22,25,15,12,7,4
"Female",26,42
0,0,146,278,440,158,258,68,35,4,3,4,0,0,0,0,0
```

第三章 生命表数据分析

第一节 TWOSEX-MSChart 安装与登录

TWOSEX-MSChart（此后简称TWOSEX）可用于Windows和Mac操作系统的电脑。TWOSEX可用于Windows 7、8、10、11，只有在极少数情况下使用者必须重新安装电脑系统。安装建议：文件托盘名称避免使用中文或特殊符号，路径避免过长。如果你使用Mac电脑，你必须先安装Windows系统，然后才能使用TWOSEX。

TWOSEX的四种安装方法：

（1）下载直接执行版本TWOSEX-MSChart.rar，解压缩后置于桌面，按鼠标右键以管理员身份执行TWOSEX-MSChart.exe。

（2）下载安装版本TWOSEX-MSChart-setup.rar，解压缩后置于桌面，进入Support文件夹，以管理员身份执行TWOSEX-MSChart.exe（大多数人都能使用此方法）。

（3）下载安装版本TWOSEX-MSChart-setup.rar，解压缩后，执行安装程序setup.exe.，然后依照一般软件运行TWOSEX。标准设置过程如下所示。

双击setup.exe并按照红色箭头操作：　　　　　　点击继续，建议勿选择其他：

单击下图大按钮进行安装：

如果你看到此信息，只需单击"Yes"：

若看到下图安装成功的信息，即安装成功：

现在你就可以依照一般软件运行TWOSEX：

如果已安装，却仍不能运行，那就需要把TWOSEX-MSChart.rar解压缩到桌面上的新文件夹，打开"Support"文件找到TWOSEX-MSChart-setup.exe，使用鼠标右键单击它，选择"Run as administrator"：

若运行时看到下图错误信息，通常代表路径太长或文件名称有特殊符号，则需将文件置于桌面上的新文件夹中重新尝试：

如果看到这个信息，则可以提取RAR文件并将其放在桌面上。然后，可以从"Support"文件夹运行该程序（上图的Tamam是土耳其文的"OK"）。

（4）在极少数情况下，你必须安装控件OCX档案。若看到下图或类似的信息，指出MSFLXGRD.OCX或MSCHART.OCX等控件未成功登录，则必须安装OCX文件才能运行该程序。

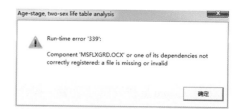

如果你的计算机上没有这些OCX文件，可以在网络上找到并将该文件存放于C:\ windows\ system32（或syswow64）文件夹中。安装时必须使用regsvr32.exe与regedit .exe（或regedt32.exe）。如果你的计算机上没有这些文件，可以上网搜寻。启动DOS指令模式C:>，转换到C:\Windows\ system32（或syswow 64）路径下，执行C:> Regsvr32 MSFLXGRD.OCX，如果显示"successfully installed"，则可以继续下一步，执行C:> Regedit vbctrls.reg或 C:>regedt32 vbctrls. reg登录此控件，也可以使用其他方法注册OCX档案。

若你使用TWOSEX软件，你便已同时使用Chi和Liu（1985）与Chi（1988）的两篇主要的论文理论与TWOSEX软件，你必须至少引用下面2篇文献和1个软件说明：

- Chi H, Liu H, 1985. Two new methods for the study of insect population ecology. Bulletin of the Institute of Zoology, Academia Sinica, 24: 225–240.

- Chi H, 1988. Life-table analysis incorporating both sexes and variable development rates among individuals. Environmental Entomology, 17: 26-34.

- Chi H, **2024**. TWOSEX-MSChart: a computer program for the age-stage, two-sex life table analysis.（https://www.faas.cn/cms/sitemanage/index.shtml?siteId= 810640925913080000）（必须注明使用版本的年份）.

在你论文的前言与讨论部分可引用下面的重要文献（请务必认真阅读）：

- 齐心, 傅建炜, 尤民生, 2019. 年龄-龄期两性生命表及其在种群生态学与害虫综合治理中的应用. 昆虫学报, 62(2): 255-262.

- Chi H, You M S, Atlıhan R, Smith C L, Kavousi A, Özgökçe M S, Güncan A, Tuan S R, Fu J W, Xu Y Y, Zheng F Q, Ye B H, Chu D, Yu Y, Gharekhani G, Saska P, Gotoh P, Schneider M I, Bussaman P, Gökçe A, Liu T X, 2020. Age-stage, two-sex life table: An introduction to theory, data analysis, and application. Entomologia Generalis, 40(2): 103-124.

- Chi H, Güncan A, Kavousi A, Gharakhani G, Atlıhan R, Özgökçe M S, Shirazi J, Amir-Maafi M, Maroufpoor M, Taghizadeh R, 2022. TWOSEX-MSChart: the key tool for life table research and education. Entomologia Generalis, 42(6): 845-849.

- Chi H, Kavousi A, Gharekhani G, Atlihan R, Özgökçe M S, Güncan A, Gökçe A, Smith C L, Benelli G, Guedes R N C, Amir-Maafi M, Shirazi J, Taghizadeh R, Maroufpoor M, Xu Y Y, Zheng F Q, Ye B H, Chen Z Z, You M S, Fu J W, Li J Y, Shi M Z, Hu Z Q, Zheng C Y, Luo L, Yuan Z L, Zang L S, Chen Y M, Tuan S J, Lin Y Y, Wang H H, Gotoh T, Ullah M S, Botto-Mahan C, De Bona S, Bussaman P, Gabre R M, Saska P, Schneider M I, Ullah F, Desneux N, 2023. Advances in theory, data analysis, and application of the age-stage, two-sex life table for demographic research, biological control, and pest management. Entomologia Generalis, 43(4): 705-732.

在使用TWOSEX时，可能会出现程序错误提示。若运行时提示错误信息52，为文件名错误。因此，不要将非文本字符（non-ASCII character）用于生命表文档名称和文件夹名称，也不要在生命表文档中使用非文本字符（例如：℃或中文）。文件名称不宜太长，同时避免使用中文字符。

第二节　TWOSEX 的基本使用方法

如果安装没有问题，并能打开，便可依下列步骤运行TWOSEX。

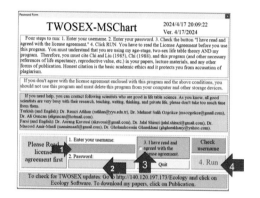

按照顺序进行，先输入你的英文名，然后输入密码"WorldPeace"，勾选"I have read and agreed with the license agreement"选择框，再点击"Run"开始运行。如果你的版本太旧，请下载新版本使用。如果密码正确，登录成功后就可以看到主页。

点击"Age-Stage, Two-Sex Life Table Analysis""Licensee：XXXXX""Problems with female age-specific life tables"等位置就可以看到下列各图所示的简介或说明（请自行尝试）。

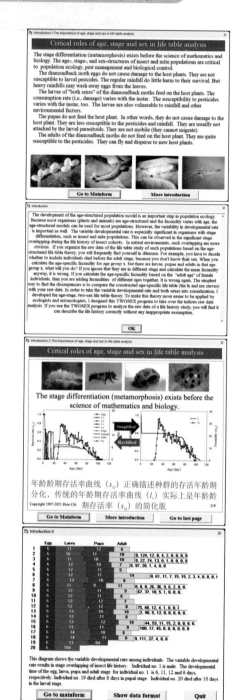

第三节　生命表数据范例

一、数据输入

你可以用下面的数据练习。数据格式说明见第二章。建议在输入数据文档时，每行不要超过30个资料，这样便于阅读，且容易侦错；特别要注意，每行行尾要按Enter。由于生命表分析结果可能多达200个输出档案，请务必将每个生命表文件档保存在专门的文件夹中。为了避免路径太长，可以将此文件夹置于桌面。文件夹名称原则上应用英文与数字，避免用特殊符号（%、&等）。

```
"Example of life table raw data"
"Chi, H."
"25C"
20
3,4
F,Egg,Larva,Pupa,Female
M,Egg,Larva,Pupa,Male
N,Egg,Larva,Pupa,Unknown
Larva, Pupa
1,M,6,11,12,6
2,F,6,10,11,10,0,124,12,0,4,2,-1
3,F,6,11,10,10,0,22,74,13,0,1,-1
4,F,6,12,10,7,0,97,28,1,4,0,-1
5,M,6,12,11,5
6,F,6,12,11,14,0,61,11,7,15,15,2,3,4,-1
7,M,6,13,10,8
8,F,6,11,9,11,0,0,0,26,36,9,6,2,-1
9,F,6,12,11,9,67,37,10,5,1,-1
10,M,6,12,11,6
11,M,6,12,12,7
12,F,6,12,12,8,75,48,12,4,1,-1
13,F,6,13,10,10,2,90,5,12,-1
14,M,6,13,11,8
15,F,6,13,12,10,44,53,11,15,2,-1
16,F,6,13,11,9,100,17,45,8,-1
17,M,6,14,10,6
18,F,6,14,11,6,9,111,27,4,-1
19,N,6,13,-8
20,N,6,-10
```

书写生命表数据文件时，必须使用文本文档编辑器，例如记事本、Notepad或WordPad，并将其存放在一个单独的文件夹中。如果使用NotePad产生错误，建议使用WordPad。

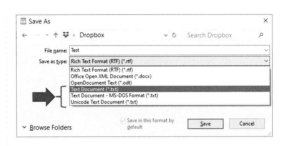

二、TWOSEX软件设计逻辑

实验数据的原始详细资料十分重要。种群生命表原始实验数据记录本中应记录每个个体每天的存活状态及龄期状态，以及雌成虫每天的产卵数。若某个个体的卵期是3天，幼虫期是5天，蛹期是6天，成虫期是32天，则原始实验记录本中记录为"E, E ,E, L, L, L, L, L, P, P, P, P, P, P, A, A, A, A, A, A, A, A, A, A, A, A, A, A, A, A, A, A, A, A, A, A, A, A, A, A, A, A, A, A, A"，如下图的原始数据所示。这种原始数据不便输入计算机，为了方便数据输入，且避免输入时出错，使用者必须将生命表原始数据按照龄期汇总，然后输入TWOSEX。TWOSEX读取文件后会将数据还原为与原始记录一样的详细数据，再进行生命表分析。由于TWOSEX分析的结果可能多达200多个的文件，因此再次提醒使用者，每一个生命表必须用单独的文件夹保存。

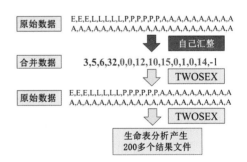

三、生命表文件侦错

如果你使用非文本文档编辑器（如Word或Excel），容易产生错误，会出现空行、多余的引号，额外的问号等，如下图所示。必须更正错误，重新分析。

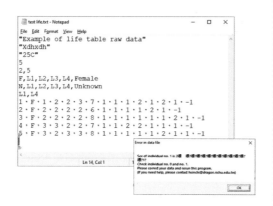

有时你使用非文本文档编辑器（如Word或Excel）仍能完成生命表基本分析，但可能在输出的文档中产生错误，例如有多余的引号，额外的问号等。这些问题将导致无法将分析结果进行处理间比较，或输出的文档无法使用CONSUME或TIMING软件。

> " ?Project: Diaphania angustalis"""

爱因斯坦有句名言是"Anyone who has never made a mistake has never tried anything new."。发现错误，尝试自己解决问题，是科学研究中重要的学习过程。数据文件有错误时，使用者应先自行依照本书或网页的使用说明侦错。有问题时，使用者与自己的教授必须先尽力自行解决。尝试很多次（>30）后，仍找不出数据的问题，才可以请密码首页所列的专家帮忙。不可以将自己的工作丢给其他人。

以下介绍几种侦错的方法：

1. 用鼠标侦错

在记事本中，如果使用鼠标拖选数据，

可能会看到数据文件中有一些"额外"空格（使用Excel或Word准备数据文档时会发生这种情况）。若有这种情况，你必须删除这些空格，然后重新分析。

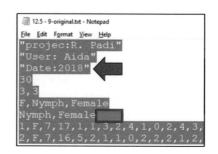

2. 利用文件资源管理器预览窗口侦测错误

文件编码错误时，会导致预览窗口中出现"额外"空行，如下图红色箭头所示。

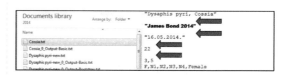

若使用Excel编辑生命表文档，则可能出现许多空行，如下图所示。

更改前述错误后，预览窗口中就能看到正确的格式，如下图所示。

第四节 生命表数据分析步骤

一、个体饲养生命表分析

点击"A1"按钮开启生命表文档。

选择并打开数据文档。

生命表文档是不是常规生命表（不含饲养费用）？若无饲养费用，请选择"是"。

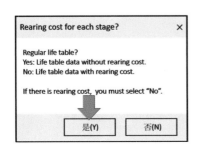

打开文档时若显示错误信息，则必须依据信息指示去修正文档。例如下面的错误信息提醒我们第1个个体的发育历期是0。使用者就必须检查并改正错误，再重新分析。

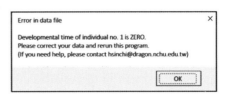

下面的错误信息是"第2个个体的性别是M或F，但没有成虫期。如果一个个体没有发育为成虫，则应为N型。"使用者必须检查并改正错误，再重新分析。

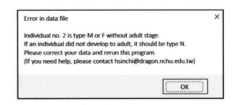

因为错误的类型很多，软件有时也无法判断所有的错误（即使AI也无法判断所有错误），本书不详细列举，请使用者依据错误类型与说明逐个修改。如前节所述，你与你的教授必须先尽力自行侦错。

若没有错误，TWOSEX会询问种群的繁殖方式。TWOSEX可以分析两性种群生命表与孤雌种群生命表。预设选项是"1: Two-sex reproduction."，如果是两性生命表点击"OK"即可。如果是孤雌生殖，则将"1"改为"2"，选择"2: Parthenogenetic reproduction."，然后点击"OK"。"3: 3D life table analysis." 是分析子代性比率随雌虫年龄变化的生命表（3D life table analysis），此进阶功能多数使用者不需要。若有需要请阅读 Huang 和 Chi（2012）的论文，再学习使用方法。

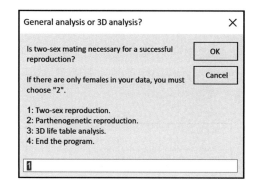

进行 A2. 基本分析（Basic Run）。

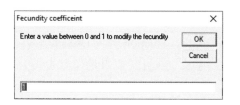

下图是让使用者选择在分析过程中使用的繁殖率系数，预设值为1，在生命表分析中就使用实际的产卵数。在大多数情况下，单击"OK"（如果输入0.5，你可以模拟将繁殖率降低50%后生命表参数将会有什么变化）。

下一步是输入时间单位，如果生命表观察的时间单位是天，我们就接受默认值1。

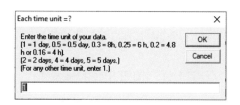

如果每天观察2次，就输入0.5，则下图的第1只雄虫卵期的6代表6个半天，幼虫期的11代表11个半天，蛹期的12代表12个半天，成虫期的6代表6个半天。第2只雌虫的繁殖率则代表第1个半天的繁殖率为0，第2个半天的繁殖率为124，以此类推。

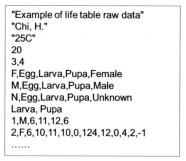

如果每天观察3次（8小时观察1次），就输入0.3，则下图的第1只雄虫卵期的6代表6个8小时，幼虫期的11代表11个8小时，蛹期的12代表12个8小时，成虫期的6代表6个8小时。第2只雌虫的繁殖率则代表第1个8小时的繁殖率为0，第2个8小时的繁殖率为124，以此类推。

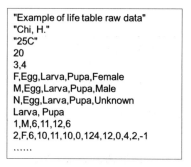

下图的信息是询问是否需要看详细的选项，一般选择"No"。

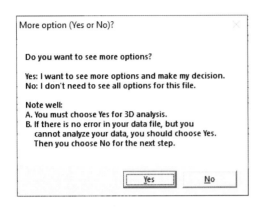

在极少数的情况中，生命表的格式没有错误，却不能分析，此时就必须选择"Yes"。然后在下面一步选择"No"就可以继续完成生命表的分析。

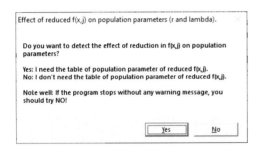

若你选择要看详细的选项，下面这一步你可设定分析的精密度。此按钮可查看精密度水平对r和λ估计的影响，它仅用于教学。我们建议一般使用者直接点击"OK"即可。

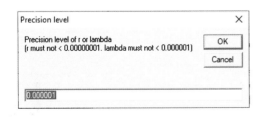

下面的选项是让你设定自我重复取样时，选择保留某个特定年龄的"存活率的变异性"，软件会依据你的数据给出预设值（例如21），软件会将100 000次重复取样的

该年龄的存活率保存在一个档案中（每次均有），档案名称为"… _Effect Boot-U2_lx-at age 21.txt"（可以用这个档案比较不同处理间年龄21的存活率是否有差异）。我们建议使用者直接点击"OK"即可。

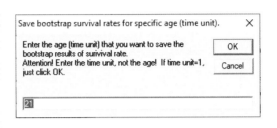

如果你投稿时，审稿人要求你描述或用统计分析年龄存活率曲线（l_x）的变异性，或要求你使用韦伯函数（Weibull function）拟合年龄存活率曲线，你可以用此功能选择关键存活率的年龄分析，并说明如何正确描述或比较年龄存活率曲线。需要注意的是，Atlihan等（2017）、Tuan等（2017）、Chi等（2023）都已经说明没有必要使用韦伯函数拟合年龄存活率曲线，也会导致错误。如果你要分析多个关键年龄的存活率，你必须重复生命表分析，每次选择一个关键年龄。

下面的选项是让你设定自我重复取样时，你希望保留某个特定存活率的"年龄的变异性"，预设值是0.5（50%存活率），软件会将100 000次重复取样时，每次的0.5存活率的年龄保存在一个档案中，档案名称为"… _Effect Boot-U1_Age of 0.5 lx.txt"（可以用这个档案比较不同处理间的50%存活率的年龄是否有差异）。

基本分析完成时，在软件信息后面可以看到生命表的存活率曲线图。软件会询问是否只分析生命表，选择"Yes"则完成分析。如果选择"No"，则可以读取取食量或捕食率（c_{xj}）的数据，c_{xj}文件在捕食率文件夹中（编号17）。初次分析生命表数据时，都应选择"是"。我们鼓励研究人员将生命表研究与捕食率研究相结合，以便进一步研究生物防治。

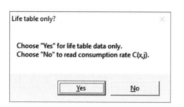

TWOSEX兼具研究与教学功能。使用过程中，软件会适时提出不同的问题。例如：你能计算你的生命表种群中的雌虫数吗？

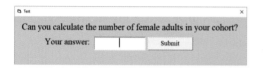

读者看到这些问题时，切勿忽视或回避，务必认真思考，输入答案。输入答案后，可按"Submit（提交）"进行核对。软件会显示正确的答案，并说明计算的理论。

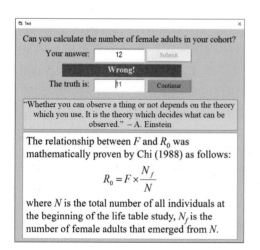

此外还会有下列这些问题：净增殖率在哪个年龄实现？你会计算种群的总产卵数吗？你会计算雌虫在每个产卵天中的平均产卵数吗？

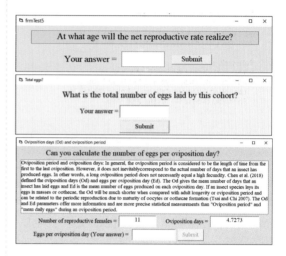

请读者看到这些问题时，切勿忽视或回避，务必认真思考，再看答案。TWOSEX具数据分析与教学双重功能。独立研究与明辨是非是科学家必须具备的能力，唯有通过不断学习与思考才能培养这种能力。

回答问题后，你可以看到下图，生命表的基本分析已完成。

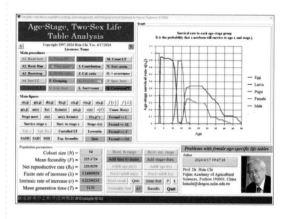

基本分析完成后，必须利用Bootstrap技术估计种群参数的标准误。将于第四章中详细说明。

二、群体饲养生命表分析

点击"B. Read N, F"按钮以开启群体饲养生命表文档。

此时TWOSEX会询问你,你的群体饲养生命表是否含有捕食率,如果含有捕食率,选择"是",不含捕食率则选择"否",选择"取消"则程序结束。

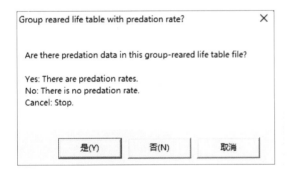

接着打开数据文档。

下一步是输入时间单位,如果生命表观察的时间单位是天,我们就接受默认值1。

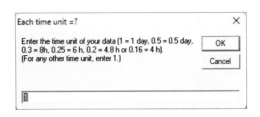

接着会询问是否需要将群体生命表拆分为个体生命表?如果你想尝试将群体饲养拆分为个体饲养,选择"Yes"继续;选择"No"则分析在此步结束。

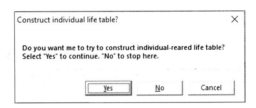

点击"Yes",则会弹出下面的信息,提醒你用TWOSEX运行软件制备的两个龄期的群体生命表"_0A3_Group-reared Life Table_2 Stages.txt"文档,以建构个体生命表,请点击"OK"。

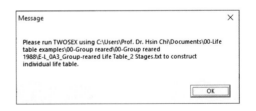

接着会弹出信息,要求你将分析输出的"_0A3_Group-reared Life Table_2 Stages.txt"文档复制到一个新的文件夹,请点击"确定"。接下来会询问你,你想要合并龄期吗?你想要把两个或多个龄期合并成一个吗?如果需要,点击"是"。

此时，我们就看到了程序分析结束后出现的年龄龄期存活率曲线。

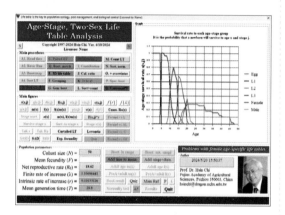

分析结束，点击Quit关闭程序。请将"_0A3_Group-reared Life Table_2 Stages.txt"文档复制到一个新的文件夹中，并将文件名缩短。再点击"B. Read N, F"按钮以开启两个龄期的群体生命表文档。

此时所有操作与前述步骤相同。

接下来的信息询问哪种情况对你的数据有效？分为4种情况，0：蛹期和繁殖期没有重叠；1：蛹期和成虫期之间存在重叠，但重叠期间没有死亡率；2：蛹期和成虫期之间存在重叠，但重叠期间有死亡率；3：不要尝试构建个体生命表。根据你的数据，软件会给出建议，使用者应接受建议，点击"OK"。

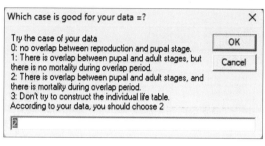

下面的信息通知你，个体生命表数据已准备好，请复制这个文件到一个新的文件夹。你可以用一般个体生命表分析步骤分析，也可以继续转换为3个龄期的生命表。

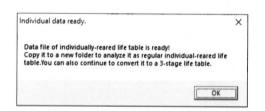

点击"OK"后，我们就看到了转换为2个龄期的群体生命表的年龄龄期存活率曲线。

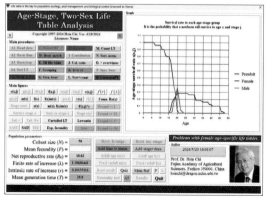

你必须将"_0A2_Individual Life Table.txt"个体生命表文档进行A1与A2分析。分析后必须确认"_0A2_Individual Life Table.txt"分析结果文档中的N矩阵与"_0A3_Group-reared Life Table_2 Stages.txt"分析结果文档中的N矩阵完全相同。若完全相同，就代表转换过程没有错误，可将此个体生命表进行下一步A3的分析。

若有差异，就必须将"_0A2_Individual Life Table.txt"个体生命表文档进行调整修正，直到获得相同的N矩阵。然后才能将此个体生命表进行下一步A3分析。详细的群体生命表分析与转换请参考Chi等（2023）与Ma等（2024）的论文。

第五节　生命表研究的时间单位

生命表研究可以用较大或较小的时间单位吗？因为生命表研究既费时又费力，可以每2天、每4天，甚至每5天记录一次生命表数据，这样也可以减少对昆虫的干扰。对于成虫前期较长的昆虫来说，这是可以的，对种群参数（R_0、r、λ、T）的影响不显著，但对APOP、TPOP、产卵期可能有些影响（Zheng et al., 2016）。发育较快的种群（例如：蚜虫、寄生蜂、螨类）可能必须使用较小的时间单位（例如12小时、8小时、6小时、4.8小时或4小时）收集。这些数据都可以使用TWOSEX来分析。

生命表分析的时间单位，这里输入的是实际试验时观察的时间单位。如图，观察时间为1天。

如果你以0.5天为时间单位，你必须输入0.5。

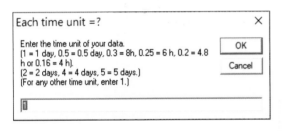

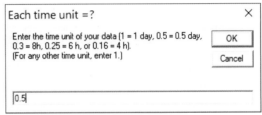

如果是以1天为时间单位，那你观察到的数据就是每天有一个点。

此时你观察到的数据就是每天有两个点，如下图所示。

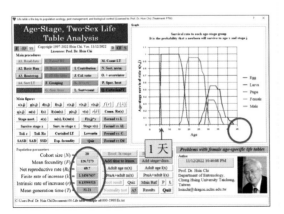

1天

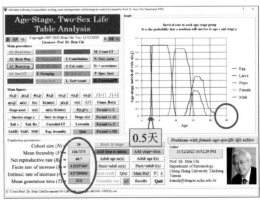

0.5天

第六节　生命表龄期的合并

有些昆虫的龄期很多，若希望将所有幼虫期合并为一个龄期，可以使用按钮"F. Grouping"将生命表中的龄期合并，制作一个新的生命表。例如，若详细的生命表将幼虫分为四个龄期（L1、L2、L3、L4），则可用此功能将各幼虫期合并为一个单一幼虫期的新生命表（文档名为"…_0_Grouped stage_life table.txt"）。用此功能也可以将成虫前各个龄期合并为成虫前期。TWOSEX 提供合并的功能是为了节省使用者的时间，并避免人为错误。

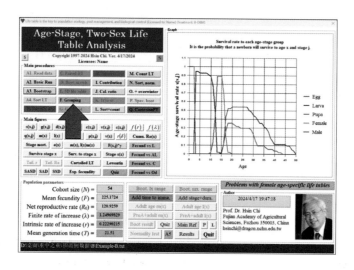

第四章　种群参数

我们都知道，牛顿通过观察从树上掉下来的苹果而发现万有引力定律。换句话说，因为万有引力让我们看到苹果从树上掉下。爱因斯坦曾说："Whether you can observe a thing or not depends on the theory which you use. It is the theory which decides what can be observed."，说明我们所看到的现象背后都有理论；也是理论决定了我们能看到的现象。年龄龄期两性生命表理论正确地解释了龄期分化，唯有使用两性生命表理论，我们才能将从实验记录看到的种群龄期分化现象用正确的方法分析。

生命表是有系统的大数据，它包含原始生命表数据（存活率、发育历期、繁殖率、性比、龄期分化、孵化率等），这些数据分析所依据的理论包含生命表理论和数学与统计理论，生命表理论包含净增殖率、内禀增长率、期望寿命、繁殖值等公式；数学与统计理论则有自我重复取样技术、中心极限定理、多项式定理等。无论科学教科书还是论文，都应使用正确的公式，每个公式的所有参数都应定义明确，如果公式中有上下标，也应该要标明范围。本章将讨论用数学表述生命表的基本理论，并详细列出生命表的主要公式。

第一节　年龄龄期存活数矩阵 (N) 与存活率矩阵 (S)

如果我们用 $n_{0,1}$ 个卵或新生个体开始生命表研究，存活到年龄 x 龄期 j 的个体数为 n_{xj}，则可以用年龄龄期存活数矩阵 (N) 表示种群的发育与存活历程。右图的 N 矩阵有 43 行（年龄 0 ~ 42），N 矩阵的 $n_{0,1} = 20$，第 16 天时有 18 只幼虫，$n_{16,2} = 18$，第 27 天时有 15 个蛹，$n_{27,3} = 15$。请问第 19 天有几只幼虫（请务必自行找出正确答案）？

由于传统雌性年龄生命表的年龄存活率（l_x）无法描述龄期分化，为了考虑龄期分化，Chi 和 Liu（1985）将只考虑年龄的存活率拆分为 g_{xj}（从 n_{xj} 到 $n_{x+1,j}$ 的概率）与 d_{xj}（从 n_{xj} 到 $n_{x+1,j+1}$ 的概率）。两性生命表软件 TWOSEX-MSChart 依据原始记录计算 g_{xj} 与 d_{xj}，然后再计算兼顾年龄与龄期的存活率 s_{xj}。由于透过 g_{xj} 与 d_{xj} 计

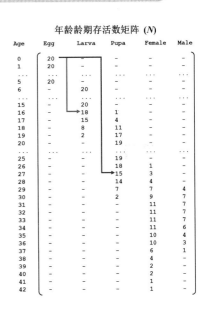

年龄龄期存活数矩阵 (N)

Age	Egg	Larva	Pupa	Female	Male
0	20	-	-	-	-
1	20	-	-	-	-
...					
5	20	-	-	-	-
6	-	20	-	-	-
...					
15	-	20	-	-	-
16	-	18	1	-	-
17	-	15	4	-	-
18	-	8	11	-	-
19	-	2	17	-	-
20	-	-	19	-	-
25	-	-	19	-	-
26	-	-	18	1	-
27	-	-	15	3	-
28	-	-	14	4	-
29	-	-	7	7	4
30	-	-	2	9	7
31	-	-	-	11	7
32	-	-	-	11	7
33	-	-	-	11	7
34	-	-	-	11	6
35	-	-	-	10	4
36	-	-	-	10	3
37	-	-	-	6	1
38	-	-	-	4	-
39	-	-	-	2	-
40	-	-	-	2	-
41	-	-	-	1	-
42	-	-	-	1	-

算s_{xj}的过程较为复杂，目前一般两性生命表论文的材料与方法大多引用Chang等（2016）介绍的简化公式。虽然使用下面的简化公式并没有错，但我们建议读者应研读Chi和Liu（1985）的论文，以了解完整的理论。

$$s_{xj} = \frac{n_{xj}}{n_{0,1}}$$

所有s_{xj}构成年龄龄期存活率矩阵S如下图所示。

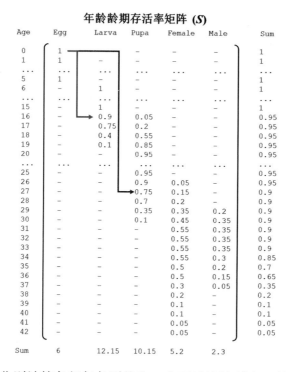

年龄龄期存活率矩阵 (S)

Age	Egg	Larva	Pupa	Female	Male	Sum
0	1	–	–	–	–	1
1	1	–	–	–	–	1
...	...	...	...	...	...	...
5	1	–	–	–	–	1
6	–	1	–	–	–	1
...	...	...	...	...	...	...
15	–	1	–	–	–	1
16	–	0.9	0.05	–	–	0.95
17	–	0.75	0.2	–	–	0.95
18	–	0.4	0.55	–	–	0.95
19	–	0.1	0.85	–	–	0.95
20	–	–	0.95	–	–	0.95
...	...	...	...	...	...	...
25	–	–	0.95	–	–	0.95
26	–	–	0.9	0.05	–	0.95
27	–	–	0.75	0.15	–	0.9
28	–	–	0.7	0.2	–	0.9
29	–	–	0.35	0.35	0.2	0.9
30	–	–	0.1	0.45	0.35	0.9
31	–	–	–	0.55	0.35	0.9
32	–	–	–	0.55	0.35	0.9
33	–	–	–	0.55	0.35	0.9
34	–	–	–	0.55	0.3	0.85
35	–	–	–	0.5	0.2	0.7
36	–	–	–	0.5	0.15	0.65
37	–	–	–	0.3	0.05	0.35
38	–	–	–	0.2	–	0.2
39	–	–	–	0.1	–	0.1
40	–	–	–	0.1	–	0.1
41	–	–	–	0.05	–	0.05
42	–	–	–	0.05	–	0.05
Sum	6	12.15	10.15	5.2	2.3	

依据矩阵S可以分别计算各行与各列的和，也可以计算所有s_{xj}的总和。例如：卵期的s_{xj}总和是6，幼虫期的s_{xj}总和是12.15，蛹期的s_{xj}总和是10.15，雌成虫期的s_{xj}总和是5.2，雄成虫期的s_{xj}总和是2.3。所有s_{xj}的总和是：

$$\sum_{x=0}^{42}\sum_{j=1}^{5} s_{xj} = 35.8$$

思辨

请问计算这些和有意义吗？如果你认为没有意义，请说明的理由。如果你认为有意义，请说明这些和的含义。请先思考，再继续阅读。

若忽略龄期，只考虑整个种群存活到年龄x的概率，就可以将同一年龄不同龄期的s_{xj}相加，这就是传统雌性年龄生命表的年龄存活率（l_x），计算公式如下：

$$l_x = \sum_{j=1}^{m} s_{xj}$$

而所有年龄存活率（l_x）的总和也是：

$$\sum_{x=0}^{42} l_x = 35.8$$

因此，传统雌性年龄生命表的年龄存活率（l_x）实际上是两性生命表 s_{xj} 的"简化"结果，因为"简化"而忽略了龄期分化。所有 s_{xj} 的总和与所有年龄存活率（l_x）的总和都是种群所有个体的平均寿命，也是 $n_{0,1}$ 的期望寿命。

卵期的 s_{xj} 总和是 6，这是所有生命表个体 $n_{0,1}$ 在卵期的天数。幼虫期的 s_{xj} 总和为 12.15，这是 $n_{0,1}$ 在幼虫期的天数（请注意：有些幼虫会在发育到蛹期前死亡）。蛹期的 s_{xj} 总和为 10.15，这是所有 $n_{0,1}$ 在蛹期的天数，雌成虫期的 s_{xj} 总和 5.2 是 $n_{0,1}$ 在雌成虫期的天数，雄成虫期的 s_{xj} 总和 2.3 是 $n_{0,1}$ 在雄成虫期的天数。6 + 12.15 + 10.15 + 5.2 + 2.3 ＝ 35.8，这也正是种群所有个体的平均寿命。

第二节　年龄龄期繁殖总数矩阵（F_{total}）与繁殖率矩阵（F）

如果我们用 $n_{0,1}$ 个卵或新生个体开始生命表研究，存活到年龄 x 龄期 j 的个体数为 n_{xj}，这些 n_{xj} 个体的总产卵量是 E_{xj}，这些则可以用繁殖总数矩阵（F_{total}）表示。由于一般种群中只有雌成虫会产卵，其他龄期不会产卵，矩阵（F_{total}）中除了雌成虫外，其他各列均为零。

年龄龄期与繁殖总数矩阵（F_{total}）

Age	Egg	Larva	Pupa	Female	Male
0	0	–	–	–	–
1	0	–	–	–	–
...	...	...	...	...	...
5	0	–	–	–	–
6	–	0	–	–	–
...	...	...	...	...	...
15	–	0	–	–	–
16	–	0	0	–	–
17	–	0	0	–	–
18	–	0	0	–	–
19	–	0	0	–	–
20	–	–	0	–	–
...	...	...	...	...	...
25	–	–	0	–	–
26	–	–	0	0	–
27	–	–	0	0	–
28	–	–	0	146	–
29	–	–	0	278	0
30	–	–	0	440	0
31	–	–	–	158	0
32	–	–	–	258	0
33	–	–	–	68	0
34	–	–	–	35	0
35	–	–	–	4	0
36	–	–	–	3	0
37	–	–	–	4	0
38	–	–	–	0	–
39	–	–	–	0	–
40	–	–	–	0	–
41	–	–	–	0	–
42	–	–	–	0	–
Sum	0	0	0	1394	0

雌虫在年龄 x 的平均繁殖率为：

$$f_{x4} = \frac{E_{x4}}{n_{x4}}$$

利用存活数矩阵（N）与繁殖总数矩阵（F_{total}）计算繁殖率矩阵（F）的概念如下图所示。

$$
\text{Matrix } F_{total} \qquad\qquad \text{Matrix } F
$$

$$
\begin{array}{cccccc}
\text{E} & \text{L} & \text{P} & \text{F} & \text{M} & \\
\end{array}
$$

$$
\begin{bmatrix}
0 & - & - & - & - \\
0 & 0 & - & - & - \\
0 & 0 & - & - & - \\
0 & 0 & 0 & - & - \\
- & 0 & 0 & - & - \\
- & - & 0 & f_{5,total} & 0 \\
- & - & 0 & f_{6,total} & 0 \\
- & - & - & f_{7,total} & 0 \\
- & - & - & f_{8,total} & 0 \\
- & - & - & f_{9,total} & 0 \\
- & - & - & f_{10,total} & 0
\end{bmatrix}
\rightarrow
\begin{bmatrix}
0 & - & - & - & - \\
0 & 0 & - & - & - \\
0 & 0 & - & - & - \\
0 & 0 & 0 & - & - \\
- & 0 & 0 & - & - \\
- & - & 0 & f_{5,total}/n_{5,4} & 0 \\
- & - & 0 & f_{6,total}/n_{6,4} & 0 \\
- & - & - & f_{7,total}/n_{7,4} & 0 \\
- & - & - & f_{8,total}/n_{8,4} & 0 \\
- & - & - & f_{9,total}/n_{9,4} & 0 \\
- & - & - & f_{10,total}/n_{10,4} & 0
\end{bmatrix}
$$

年龄龄期繁殖率矩阵如下图所示。

年龄龄期与繁殖率矩阵 (F)

Age	Egg	Larva	Pupa	Female	Male
0	0	-	-	-	-
1	0	-	-	-	-
...	...	...	...	...	...
5	0	-	-	-	-
6	-	0	-	-	-
...	...	...	...	...	...
15	-	0	-	-	-
16	-	0	0	-	-
17	-	0	0	-	-
18	-	0	0	-	-
19	-	0	0	-	-
20	-	-	0	-	-
...	...	...	...	...	...
25	-	-	0	-	-
26	-	-	0	0	-
27	-	-	0	0	-
28	-	-	0	36.5	-
29	-	-	0	39.7143	0
30	-	-	0	48.8889	0
31	-	-	-	14.3636	0
32	-	-	-	23.4545	0
33	-	-	-	6.1818	0
34	-	-	-	3.1818	0
35	-	-	-	0.4	0
36	-	-	-	0.3	0
37	-	-	-	0.6667	0
38	-	-	-	0	-
39	-	-	-	0	-
40	-	-	-	0	-
41	-	-	-	0	-
42	-	-	-	0	-

所有雌成虫的平均繁殖率（F）的计算公式为：

$$F = \frac{\sum_{x=1}^{N_f} E_x}{N_f}$$

其中 E_x 是第 x 只雌成虫的总产卵量，N_f 是总雌成虫数。

请注意，繁殖率矩阵、平均繁殖率与统计学的 variance ratio 都用 F 代表，在论文中若同时使用，务必以介量全名加括号的方式明确说明，例如：繁殖率矩阵（F）、平均繁殖率（F）、variance ratio（F）。同样地，r 在生命表中代表内禀增长率，在统计学中代表相关系数，使用也最好用介量全名称加括号的方式说明，例如：小菜蛾的内禀增长率（r）是 $0.2229 \, \mathrm{d}^{-1}$。

第三节　净增殖率（R_0）与累计净增殖率（R_x）

净增殖率（R_0）的定义是种群中平均个体（包含雌虫、雄虫，以及在成虫前期死亡者）一生中所产生的子代总数（包含雌虫、雄虫，以及在成虫前期死亡者）。净增殖率（R_0）计算公式如下：

$$R_0 = \sum_{x=0}^{\infty} \sum_{j=1}^{m} s_{xj} f_{xj} = \sum_{x=0}^{\infty} l_x m_x$$

其中 l_x 为 $n_{0,1}$ 中存活到 x 的概率，m_x 为种群在年龄 x 的繁殖率，其公式如下：

$$l_x = \sum_{j=1}^{m} s_{xj}$$

$$m_x = \frac{\sum_{j=1}^{m} s_{xj} f_{xj}}{\sum_{j=1}^{m} s_{xj}}$$

Chi（1988）证明了净增殖率与繁殖率间的关系为：$R_0 = \dfrac{N_f}{N} F$，这种关系适用于两性种群与孤雌生殖的种群。

累计净增殖率（R_x）的计算公式为：

$$R_x = \sum_{i=0}^{x} \sum_{j=1}^{m} s_{ij} f_{ij} = \sum_{i=0}^{x} l_i m_i$$

R_x 是种群到年龄 x 时累计的子代数，如下图所示。

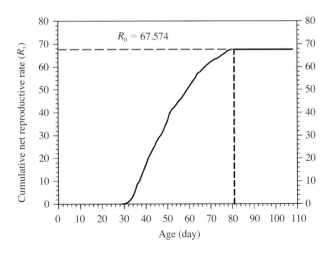

从图上可以看出种群在年龄81时已达到净增殖率R_0，此后不再增加。在研究大量饲育与收获时，年龄81以后的个体可以抛弃，以节省时间、空间、饲料与人力。

第四节　内禀增长率（r）与周限增长率（λ）

内禀增长率（r）和周限增长率（λ）是种群重要的参数，内禀增长率是利用微积分，而周限增长率是利用矩阵，在数学中这是很常见的，用不同的方法可以得到相同的结果。内禀增长率的主要研究者为数学家Euler与Lotka（Euler，1760；Lotka，1907，1913）（Lotka有很多很好的著作，请读者自行阅读）。而周限增长率的主要研究者为Lewis与Leslie，他们利用矩阵研究种群的增长（Lewis，1942；Leslie，1945）。若种群的年龄为0～n，则得出以下矩阵。

$$M = \begin{bmatrix} f_0 & f_1 & \cdots & f_{n-1} & f_n \\ s_0 & 0 & \cdots & 0 & 0 \\ 0 & s_1 & \cdots & 0 & 0 \\ \cdots & \cdots & & \cdots & \cdots \\ 0 & 0 & \cdots & s_{n-1} & 0 \end{bmatrix}$$

此矩阵称为Lewis-Leslie矩阵，其中f_x是年龄x的繁殖率，s_x是从年龄x存活到年龄$x+1$的概率。Lewis-Leslie矩阵的特性方程式为：

$$|M - \lambda I| = 0 \quad \text{(real number zero)}$$

$$\lambda^{n+1} - f_0\lambda^n - s_0 f_1 \lambda^{n-1} - s_0 s_1 f_2 \lambda^{n-2} - \cdots - s_0 s_1 \cdots s_{n-2} f_{n-1}\lambda - s_0 s_1 \cdots s_{n-1} f_n = 0, \quad f_x \geqslant 0, \quad s_x > 0$$

此方程式的唯一正根就是周限增长率（λ）。详细的理论请参考Lewis（1942）、Leslie（1945）与Chi等（2023）的论文。

内禀增长率的公式是Euler-Lotka方程式，应用此公式时起始年龄应为0（Gooodman，1982），公式为：

$$\sum_{x=0}^{\infty} e^{-r(x+1)} l_x m_x = 1$$

Chi等（2023）详细论述了生命表应从0开始较好的原因，请读者详细阅读该论文。

内禀增长率（r）与周限增长率（λ）都是当时间趋近无穷大（$t \to \infty$）且种群达到稳定年龄龄期分布（stable age-stage distribution，SASD）时的种群增长率。种群总数将以每时间单位e^r或λ的倍率增加。内禀增长率可以用下列任一公式：

$$\sum_{x=0}^{\infty} \left(e^{-r(x+1)} \sum_{j=1}^{m} s_{xj} f_x \right) = \sum_{x=0}^{\infty} e^{-r(x+1)} l_x m_x = 1$$

$$\sum_{x=0}^{\infty} \left(e^{-r(x+1)} \sum_{j=1}^{m} s_{xj} \frac{\sum_{j=1}^{m} s_{xj} f_x}{\sum_{j=1}^{m} s_{xj}} \right) = \sum_{x=0}^{\infty} \left(e^{-r(x+1)} \sum_{j=1}^{m} s_{xj} f_x \right) = 1$$

$$\sum_{x=0}^{\infty} e^{-r(x+1)} l_x m_x = 1$$

下图为周限增长率的分析概念，详细的二分法请参考Chi（1982）的论文。读者在分析生命表档案时，可以在完成基本分析后点击TWOSEX中的$f(\lambda)$按钮看到函数曲线。

$$f(\lambda) = \lambda^{n+1} - f_0\lambda^n - s_0 f_1 \lambda^{n-1} - s_0 s_1 f_2 \lambda^{n-2} - \ldots - s_0 s_1 \ldots s_{n-2} f_{n-1} \lambda - s_0 s_1 \ldots s_{n-1} f_n$$

图中曲线与$f(\lambda) = 0$的交点就是周限增长率。

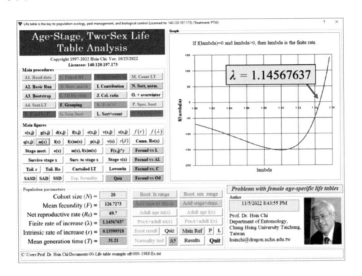

为了更好地显示特性方程式函数，我们另外用SigmaPlot作图如下，红色曲线与$f(\lambda) = 0$的交点（蓝色点）的λ就是周限增长率。

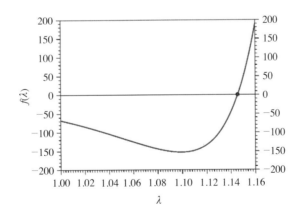

下图则是内禀增长率的分析概念，读者在分析生命表档案时，可以点击TWOSEX中的$f(r)$按钮看到此函数曲线。

$$f(r) = \sum_{x=0}^{\infty} e^{-r(x+1)} l_x m_x$$

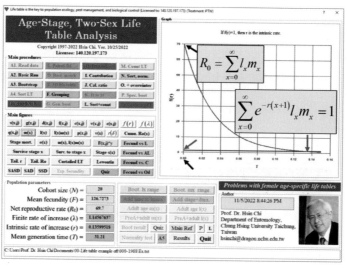

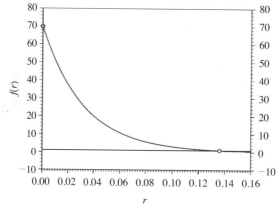

图中红色曲线是$f(r)$，而蓝色直线是$f(r)=1$，两者交点的r就是内禀增长率。红色曲线与y轴的交点就是净增殖率（R_0）。

$$f(r) = \sum_{x=0}^{\infty} e^{-r(x+1)} l_x m_x$$

若 $r=0$，$f(r) = \sum_{x=0}^{\infty} l_x m_x = R_0$

周限增长率与内禀增长率的关系如下所示：

$$\lambda = e^r$$

当时间接近无穷大并且种群趋近稳定年龄龄期分布（SASD）时，种群也同时趋近稳定年龄分布（SAD）与稳定龄期分布（SSD）。

一、内禀增长率与周限增长率的单位

根据以往的论文，曾经使用过的r的单位有雌虫/雌虫/天（female/female/day）、雌虫/天（female/day）、1/天（1/day或d^{-1}）。究竟哪一个是正确的？用简单的单位分析法说明如下：

$$\frac{dN}{dt} = rN$$

若以 [ ] 标示变数的单位，N 的单位是个体数，t 的单位是时间，则上式可以写成：

$$\frac{[\text{individual}]}{[\text{time}]} = [r][\text{individual}]$$

使用消去法后 r 的单位为：

$$[r] = \frac{1}{[\text{time}]}$$

因此 r 和 λ 的正确单位均为 1/天（1/day 或 d^{-1}）。利用单位分析法，可以检验公式是否正确且有意义。

二、r 和 λ 的小数点精确度

由于多数内禀增长率小于 1 甚至小于 0.1，如果只报告一位小数，则会导致错误。例如，某文章中报道的净增殖率 R_0 为 23.3，内禀增长率 r 为 0.2，依据周限增长率与内禀增长率的关系，周限增长率应为 $\lambda = e^{0.2} = 1.22$。此外，依据平均世代时间的公式计算出 $T = (\ln 23.3)/0.2 = 15.7$，但该文章中的 λ 为 1.3，而 T 为 13.0。因此所报道的 T 与 λ 不符合生命表理论。出现这种问题是因为作者报道的内禀增长率、周限增长率的有效数字太少。我们建议应至少报道 3 ~ 4 位小数。由于有些审稿者与编辑不理解生命表理论，可能要求作者只标写两位小数。若读者遭遇此问题，应设法引用生命表理论说服审稿人与编辑，以免发表的论文中有错误。有关论文中应报道 r 和 λ 小数点精确度，Chi 等（2023）的论文中有详细说明。对于快速增长的昆虫与螨类，内禀增长率 >1（Bussaman et al., 2017），建议也报道 3 ~ 4 位小数。

三、净增殖率 R_0、周限增长率 λ、内禀增长率 r 的关系

依据 Lotka（1913）、Lewis（1942）、Leslie（1945）与 Birch（1948）的著作可知，若净增殖率 $R_0 > \leqslant 1$，则周限增长率 $\lambda > \leqslant 1$ 且内禀增长率 $r > \leqslant 0$，反之亦然，但三者的变化幅度不同。R_0、r、λ 的关系如下：

$$R_0 > 1, r > 0, \lambda > 1$$
$$R_0 = 1, r = 0, \lambda = 1$$
$$R_0 < 1, r < 0, \lambda < 1$$

第五节　平均世代时间（T）

平均世代时间（T）是在 SASD、SAD 与 SSD 时种群增加到 R_0 倍的时间，也就是 $\lambda^T = R_0$ 或 $e^{rT} = R_0$，因此平均世代时间的长短并不能反映种群增长的速率。T 的计算公式为：

$$T = \frac{\ln R_0}{r} = \frac{\ln R_0}{\ln \lambda}$$

Birch（1948）的论文介绍两种计算内禀增长率的方法。第 1 种为估算法，先用下式估

算平均世代时间：

$$T = \frac{\sum x l_x m_x}{\sum l_x m_x}$$

然后再用下式计算 r：

$$r = \frac{\ln R_0}{T}$$

从公式可以看出，这个估算平均世代时间的公式所计算的数值不是真正的平均世代时间，而是雌成虫产卵的平均年龄。请读者尝试用单位分析法证明这简单的方法是错误的。

第六节　期望寿命（e_{xj}）

期望寿命（e_{xj}）是个体在年龄 x 与龄期 j 时预期仍可存活的时间，公式如下：

$$e_{xj} = \sum_{i=x}^{} \sum_{y=j}^{m} s'_{iy}$$

其中 s'_{iy} 是假设 $s_{xj} = 1$，重新计算年龄 x 和龄期 j 的个体存活到年龄 i 和龄期 y 的概率（Chi and Su，2006）。由于许多论文中期望寿命公式有错误，我们建议读者务必使用下图左边的 e_{xj} 公式。公式中用 m 代表龄期数，若读者使用 k 或其他符号，则必须将其修改为所使用的符号。

正确的公式	错误的公式
$e_{xj} = \sum_{i=x}^{\infty} \sum_{y=j}^{m} s'_{iy}$	$e_{xj} = \sum_{i=x}^{\infty} \sum_{y=1}^{m} s'_{iy}$　　$e_{xj} = \sum_{i=x}^{\infty} \sum_{j=y}^{m} s'_{ij}$

读者若在论文中报道 e_{xj}，必须引用下面这篇文献：

- Chi H, Su H Y, 2006. Age-stage, two-sex life tables of *Aphidius gifuensis*（Ashmead）（Hymenoptera: Braconidae）and its host *Myzus persicae*（Sulzer）（Homoptera: Aphididae）with mathematical proof of the relationship between female fecundity and the net reproductive rate. Environmental Entomology, 35: 10-21.

第七节　繁殖值（v_{xj}）

繁殖值（v_{xj}）是个体在年龄 x 龄期 j 对未来种群的贡献，计算公式为：

$$v_{xj} = \frac{e^{r(x+1)}}{s_{xj}} \sum_{i=x}^{} e^{-r(i+1)} \sum_{y=j}^{m} s'_{iy} f_{iy}$$

由于许多论文中繁殖值公式有错误，我们请读者务必使用下图左边的 v_{xj} 公式。公式中用 m 代表龄期数，若读者使用 k 或其他符号，则必须修改。

$$v_{xj} = \frac{e^{r(x+1)}}{s_{xj}} \sum_{i=x}^{\infty} e^{-r(i+1)} \sum_{y=j}^{m} s'_{iy} f_{iy}$$

正确的公式

$$v_{xj} = \frac{e^{-r(x+1)}}{s_{xj}} \sum_{i=x}^{\infty} e^{-r(i+1)} \sum_{y=j}^{m} s'_{iy} f_{iy}$$

错误的公式

如果你论文中有报道 v_{xj}，则必须引用以下2篇参考文献：

- Tuan S J, Lee C C, Chi H, 2014a. Population and damage projection of *Spodoptera litura* (F.) on peanuts (*Arachis hypogaea* L.) under different conditions using the age-stage, two-sex life table. Pest Management Science, 70(5): 805–813.
- Tuan S J, Lee C C, Chi H, 2014b. Erratum: Population and damage projection of *Spodoptera litura* (F.) on peanuts (*Arachis hypogaea* L.) under different conditions using the age-stage, two-sex life table. Pest Management Science, 70: 1936.

雌性首次繁殖的年龄对种群增长有重要影响，以往许多研究人员用成虫年龄绘制雌成虫的繁殖值曲线，将产卵前期定义为雌成虫羽化到首次产卵之间的时间（APOP），忽略了成虫前期的发育历期和个体间成虫前期的差异。总产卵前期（TPOP）是雌性从出生到首次繁殖的时间计算的产卵前期。所有丝光绿蝇雌性的平均TPOP通常接近繁殖值峰值的年龄。因此，TPOP是揭示第一育龄对种群增长率影响的参数（Gabre et al., 2005；Chi et al., 2019）。

粗繁殖率（GRR）忽略了存活率随年龄降低的现象，而给不同年龄的繁殖率相同的权重，GRR不是一个好的统计介量，建议撰写文章时不要使用。若你在论文中报道GRR，建议你指出此问题（Yu et al., 2005）。

第八节　生命表公式的顺序逻辑

在生命表的研究论文中，必须报道的种群参数包括：种群大小（N）、雌成虫数（N_f）、雄成虫数（N_m）、种群成虫前期存活率（s_a）、平均雌虫繁殖率（F）、内禀增长率（r）、周限增长率（λ）、净增殖率（R_0）和平均世代时间（T）。可以报道的曲线图包括：年龄龄期存活率曲线（s_{xj}）、特定年龄存活率（l_x）、雌成虫年龄龄期繁殖率（f_{xj}）、种群繁殖力（m_x）、种群年龄净增殖率（$l_x m_x$）、年龄龄期期望寿命曲线（e_{xj}）和年龄龄期繁殖值曲线（v_{xj}）。

无论是种群参数的书写还是曲线的绘制，它们在论文中出现是有一定的先后逻辑顺序的，不可随意违背理论的顺序。种群参数计算公式的排列顺序一般就是计算的顺序。因此，在论文中以正确的顺序列出公式十分重要。有些作者在论文中先列出计算平均时代时间（T）的公式，然后再列出计算内禀增长率（r）的公式，这种顺序就不合逻辑。

$$T = \frac{\ln R_0}{r}$$

$$\sum_{x=0}^{\infty} e^{-r(x+1)} l_x m_x = 1$$

生命表分析中，必须先列出 s_{xj} 与 f_{xj} 的计算公式，然后才能计算 l_x 与 m_x，之后就能计算 R_0 与 r。R_0 与 r 的公式没有先后顺序关系。若用精确的计算方法，必须先求得 R_0 与 r，才能计算 T。因此，T 的公式不能写在 R_0 或 r 的公式之前。

$$m_x = \frac{\sum_{j=1}^{m} s_{xj} f_{xj}}{\sum_{j=1}^{m} s_{xj}}, \quad l_x = \sum_{j=1}^{m} s_{xj}$$

$$R_0 = \sum_{x=0}^{\infty} l_x m_x, \quad \sum_{x=0}^{\infty} e^{-r(x+1)} l_x m_x = 1$$

$$\lambda = e^r$$

$$T = \frac{\ln R_0}{r}$$

$$e_{xj} = \sum_{i=x}^{\infty} \sum_{y=j}^{m} s'_{iy}$$

$$v_{xj} = \frac{e^{r(x+1)}}{s_{xj}} \sum_{i=x}^{\infty} e^{-r(i+1)} \sum_{y=j}^{m} s'_{iy} f_{iy}$$

若引用 Lewis-Leslie 矩阵的方法，公式的顺序如下图所示：

$$R_0 = f_0 + s_0 f_1 + s_0 s_1 f_2 + \cdots + s_0 \cdots s_{n-2} f_{n-1} \lambda + s_0 s_1 . . s_{n-1} f_n$$

$$|M - \lambda I| = 0$$

$$\lambda^{n+1} - f_0 \lambda^n - s_0 f_1 \lambda^{n-1} - \ldots - s_0 s_1 . . s_{n-2} f_{n-1} \lambda - s_0 s_1 . . s_{n-1} f_n = 0$$

$$r = \ln \lambda$$

$$T = \frac{\ln R_0}{r} \quad \text{or} \quad T = \frac{\ln R_0}{\ln \lambda}$$

$$e_{xj} = \sum_{i=x}^{\infty} \sum_{y=j}^{m} s'_{iy}$$

$$v_{xj} = \frac{e^{r(x+1)}}{s_{xj}} \sum_{i=x}^{\infty} e^{-r(i+1)} \sum_{y=j}^{m} s'_{iy} f_{iy}$$

其中 $|M - \lambda I| = 0$ 是 Lewis- Leslie 矩阵的特性方程式，而 $\lambda^{n+1} - f_0 \lambda^n - s_0 f_1 \lambda^{n-1} - \ldots - s_0 s_1 . . s_{n-1} f_n = 0$ 是展开式。依据笛卡尔符号法则（Descartes' Sign Rule），此式只有一个正根，可以用二分法（bisection method）求解。许多论文中都会提及二分法，我们建议读者可以学习一些基本的数值分析法（numerical analysis）以了解生命表分析的细节。当使用 $\sum_{x=0}^{\infty} e^{-r(x+1)} l_x m_x = 1$ 计算 r 时，也可以用二分法。由于周限增长率（λ）、内禀增长率（r）、稳定年龄龄期分布（SASD）、稳定龄期分布（SSD）、稳定年龄分布（SAD）都是在 $t \to \infty$ 才达到，而且除了 $\lambda = 1$ 与 $r = 0$ 外，周限增长率（λ）与内禀增长率（r）均为无理数，因此正确的说法是"估算"而非"计算"。

第五章 自我重复取样技术

第一节 自我重复取样的概念

一般的生物统计分析，是以个体为单位，例如我们收集54只瓢虫的寿命与捕食率，我们可以用54只个体的数据，计算平均寿命（longevity）与捕食率（predation rate）平均值、方差和标准误。如下面两个图所示（纵轴为不同寿命与捕食率的虫数）。

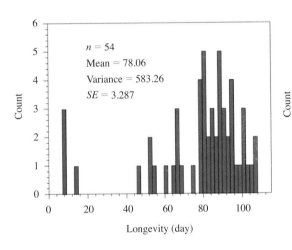
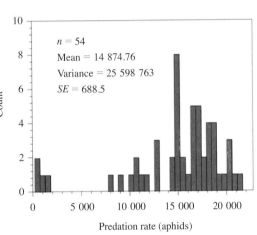

昆虫学、生物学与生态学等研究中，大部分数据不是完美的正态分布（Hesterberg et al., 2005；Fay and Gerow, 2013）。一般会采用转换方法以使数据分布正态化，但是这些方法往往有缺点，得到的结果依然不是很理想，甚至缺乏理论依据。在使用任何转换方法（transformation）之前，必须了解转换的理论依据与可能造成的错误。Spain（1982）指出一些转换的陷阱，使用转换时务必谨慎。

由于生命表研究需要花费很长的时间以及人力和经费，因此生命表研究不采用一般重复的方法研究多个生命表。但是利用50个个体收集的生命表只有1个净增殖率（R_0）与1个内禀增长率（r），我们如何计算标准误？如何找到置信区间？为了比较不同处理间的差异，我们需要方差、标准误和置信区间。此外，在模拟种群增长时，我们也必须能模拟种群增长的变异性。

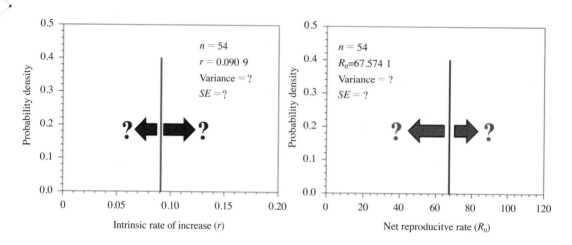

上图中，左右箭头的长度不同，我们借此提醒读者不是所有分析结果都是正态分布。

为了估算种群参数的标准误，Meyer 等（1986）以假设的10个雌性个体的生命表为例，利用Jackknife 与 Bootstrap 技术计算种群增长率的标准误。他们的结论是Jackknife 比Bootstrap 更有效率；若利用Bootstrap 技术，500～1 000 次 Bootstrap 重复取样即能降低两次分析间信赖区间的变异性。此外，他们也建议报道内禀增长率应限于小数点两位。但是，我们认为这些结论与建议是错误的，因为他们用极小的假设种群（n = 10）进行模拟。对于真实的生命表数据，500～1 000 次 Bootstrap 重复取样远不足以得到精确的估计值，而且报道内禀增长率与周限增长率时，最好报道小数点后4位（至少3位）才够精确。若只报道小数点后2位，会造成与理论矛盾的结果。Chi 等（2023）对这些问题进行了详细讨论。

早期（1985年前），由于个人计算机的性能较差，使用Bootstrap 技术计算种群增长率的标准误需要非常长的时间，因此使用较多的是Jackknife 方法（Chi and Getz，1988）。为了帮助科学家使用年龄龄期两性生命表分析生命表数据，Chi（1988）设计了计算机程序LIFETABL，用于MS-DOS 系统中运行。当年完成单个生命表的基本分析需要一个多小时。运行Jackknife 分析甚至需要一天多的时间。若使用 Bootstrap 技术计算种群增长率的标准误需要数日的时间。Huang 和Chi（2012b，2013）证明Jackknife 方法用于生命表研究会导致错误，所得到的结果也明显不是正态分布（如右图所示）。详细的论述请参考Huang 和Chi（2012b）、Jha 等（2012b）、Huang 和Chi（2013）的原论文。

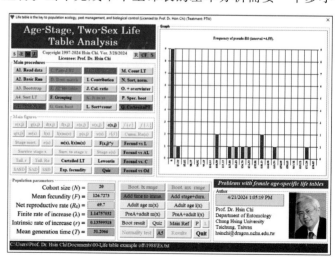

随着计算机运行性能的提升和Windows操作系统的进步，LIFETABL改为使用Visual BASIC设计的TWOSEX-MSChart程序（Chi，1997；Chi and Yang，2003；Chi et al.，2022）。计算机性能的提升，让生命表分析更便于使用Bootstrap技术。Huang和Chi（2012b，2013）建议使用Bootstrap技术进行100 000次重复取样，以获得标准误的可靠估计值。随后，TWOSEX软件开放Bootstrap技术让所有使用者使用，而不再让一般研究者使用Jackknife方法。目前Jackknife方法只提供教学用，而Bootstrap技术也已经成为目前生命表研究普遍采用的技术。

第二节 自我随机归还重复取样

Bootstrap是一个通用的工具，用来估计偏差、标准误和置信区间。自从Efron和Tibshirani（1993）较为系统地介绍了Bootstrap技术的理论成果，该技术已在金融、经济、生物和医学等领域被研究学者普遍采用（Li et al.，2022）。

在使用Bootstrap技术计算两性生命表种群参数时，从n个个体组成的种群生命表档案中利用归还取样随机抽n个个体计算生命表全部参数，其中n通常就是生命表种群的起始个体数。因为是归还取样，每次抽样时，一个个体的数据可能被反复选取，也有些个体可能没有被选到，其概念如下图所示。

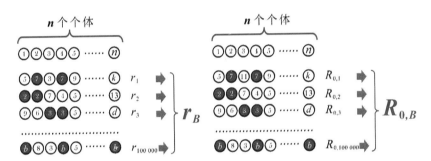

取到n个个体后，计算出该Bootstrap样本的$R_{0,i}$或r_i。重复这个过程B次（若$B = 100\,000$，即$i = 1 \sim 100\,000$），然后计算B个bootstrap的均值（r_B）、方差（s_B^2）和标准误[$SE(r_B)$]。

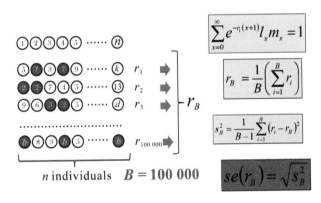

自我重复归还取样（random sampling with replacement）的步骤如下：

（1）从种群中随机抽取 n 个个体的样本，计算 s_{xj}、f_{xj}，再计算 l_x 和 m_x。

（2）计算此样本（第 i 次）的 r_i。

$$\sum_{x=0}^{\infty} e^{-r_i(x+1)} l_x m_x = 1$$

（3）重复此过程 B 次（例如 $B = 100\ 000$），计算 B 个 r_i 的平均值。

$$r_B = \frac{1}{B}\left(\sum_{i=1}^{B} r_i\right)$$

（4）计算方差。

$$s_B^2 = \frac{1}{B-1}\sum_{i=1}^{B}(r_i - r_B)^2$$

（5）计算标准误。

$$se(r_B) = \sqrt{s_B^2}$$

Efron 和 Tibshirani（1993）写道："the bootstrap estimate of standard error is the standard deviation of the bootstrap replications."，这句英文读起来有些拗口，但却有深意。他说明"所有 Bootstrap 重复的标准偏差（SD），就是采用 Bootstrap 技术估计的标准误差（SE）。"如下图所示。

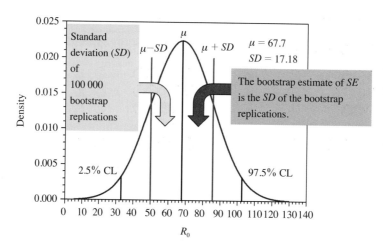

由于 Bootstrap 结果的分布是"均值的分布"，因此不可使用一般统计软件与方法来比较 Bootstrap 结果。

如果 Bootstrap 结果不是正态分布，则 R_0 的 t 置信区间可能与 R_0 的定义矛盾（例如：$-0.208 \sim 2.087$）。因为 R_0 的最小值是 0，所以它永远不可能是负数。在这种情况下，应使用 R_0 的百分位置信区间（例如：$0.42 \sim 2.4$）。Bootstrap 不受限于正态性假设，这是此技术的优点之一。

如果 Bootstrap 结果不是正态分布，TWOSEX 完成 Bootstrap 分析时屏幕显示结果如下图所 [为 100 000 次重复取样的净增殖率（R_0）频度分布，样本数（n）为 50，最小值为 0.42，平均值为 1.08，最大值为 4.6，方差（Variance）为 0.342 4，标准误（SE）为 0.585]。此时，有些种群参数不宜用 Mean $\pm$ SE 的方式呈现，应用 Bootstrap 结果的百分位置信区间（PCI: percentile confidence interval）。

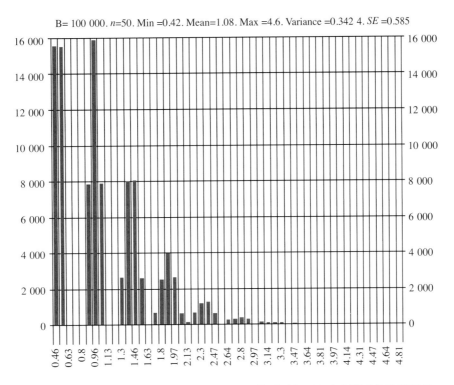

此时应详细阅读"…_0B_Bootstrap_Output.txt"文档。论文写作时不可写 $R_0 = 0.94 \pm 0.59$，因为 t 置信区间的 0.25 下界是 $-0.206\ 97$，实际 100 000 次取样结果的下界是 0.42。

```
Table of bootstrapping results of population parameters (TWOSEX mating: Yes)
============================================================================
              r          lambda       R0           T          GRR        F          Nf/N
ORIGINAL      -0.001486  0.998515     0.94         41.635     1.46       23.5       0.04
Original n    50         50           50           50         50         2          50

B             100000     100000       100000       100000     100000     100000     100000
Boot. max     0.038672   1.039429     4.6          47.103     8.58       26         0.2
Boot. mean    -0.001399  0.998686     1.0824       41.882     1.68       23.5       0.0461
Boot. min     -0.018417  0.981751     0.42         37.19      0.53       21         0.02
Variance      0.000169   0.000169     0.34245      14.166     0.85       3.59       0.0006
S.E.          0.01302    0.013005     0.58519      3.764      0.92       1.895      0.0247

0.025 PCI     -0.01842   0.981751     0.42         37.191     0.605      21         0.02
0.975 PCI     0.02166    1.021897     2.4          47.103     3.885      26         0.1

0.025 TCI     -0.027     0.973024     -0.20697     34.258     -0.343     19.786     -0.0084
0.975 TCI     0.02403    1.024006     2.08697      49.012     3.265      27.214     0.0884
```

第三节 第1次执行 Bootstrap 操作步骤

基础分析完成后，要进一步利用自我重复取样技术（Bootstrap technique）估算所有种群参数的标准误（SEs）。

1.使用按钮"A3. Bootstrap"

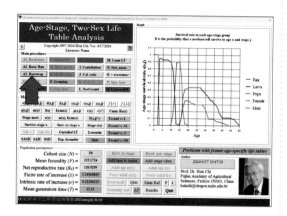

2.设定有效样本条件

使用自我重复取样技术时，若所得的样本中没有能繁殖的成虫，无法计算内禀增长率和周限增长率，则此样本为无效样本。下图的选项是让你设定有效样本（effective bootstrap sample）的标准，预设值为1，也就是至少有1对成虫（两性生殖）或1只可育雌虫（孤雌生殖）的随机取样样本才会被视为有效样本，否则会重新取样。有关可育与不育样本的讨论请参考Chi等（2022）与Chi等（2023）的论文。一般分析直接使用默认预设值，点击"OK"即可。

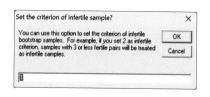

3.是否使用相同的Bootstrap样本

如果是初次分析这个生命表档案，选择"否"。

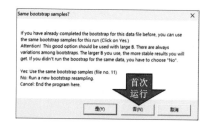

4.是否储存所有的Bootstrap结果

接着会询问你，是否储存所有的Bootstrap结果。一般选择"否"，若选择"是"，则会储存一个很大的档案。如果使用者想要看所有的结果，则可以选择"是"。

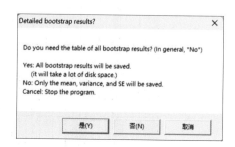

5.有效样本还是所有样本

接着是决定只要有效样本还是要所有样本，若你只需要有效样本则选"是"。

6.决定自我重复取样次数（B）

接着决定自我重复取样次数（B），我们建议选择100 000次。如果你想了解不同取样次数对结果的影响，可自行输入取样次数（例如100、1 000、10 000等），并单击"OK"（建议使用者尝试不同的B值来了解自我重复取样技术）。

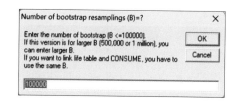

7.决定每次取样的样本数（n）

接着要决定每次取样的样本数（n）。软件会显示你的生命表所使用的虫数。我们建议使用生命表所用的虫数，直接点击"OK"即可（如果想了解样本数对自我重复取样结果的影响，可以自行尝试不同的样本数）。

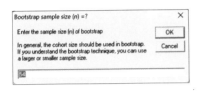

8.软件开始取样

接着软件开始取样，此时可以看到样本数的变化。由于两性生命表占用较大的内存，建议不要同时运行其他软件，也不要触碰鼠标。

若不小心碰到鼠标，程序显示未响应（程序不再显示已完成的取样数，但程序仍在运行中），此时应等待程序运行结束。

9.后续是否要用快速步骤继续分析

程序会询问你后续是否要用快速步骤

继续分析，建议初学者选择"否"，可以得到完整的输出档案。若使用者已有经验，不需要更多的输出文档，可以选择"是"。

10.重复取样已完成

当你看到下图的信息时，表示自我重复取样已完成。自我重复取样的样本记录是储存在编号11（…._11_Bootstrap samples-2024-4-17-19-49.txt）的文档中，此文档名称记录了你分析时的详细时间（日期与时间），方便之后查看。这个档案可供未来使用（例如用相同的样本重复分析或者与捕食率结合分析）。

分析结束，我们可以看到一个 100 000 次样本的频率分布图。此信息同时提醒使用者务必认真阅读"0A_Life Table_Output.txt"文档。

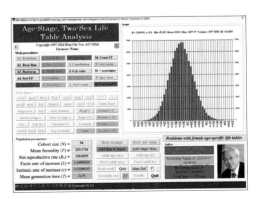

第四节　第2次执行Bootstrap操作步骤

第2次重新分析生命表时，若选择使用相同的Bootstrap样本时，就会看到以下信息，询问是否再次保存Bootstrap样本记录。

1.是否再次保存Bootstrap样本记录

若选择"是"，软件会再保存1次取样记录。一般使用者可以选"否"。若TWOSEX提醒你，上次的记录是用旧格式储存的，建议选择"是"，TWOSEX会用新的格式保存相同的记录。

2.使用相同的Bootstrap样本（开启前次分析编号11的档案）。

如果拟使用相同的Bootstrap样本时，需开启前次编号11的档案，继续分析，后续操作步骤同上（但仍应阅读各步骤的详细说明）。

第五节　选择所有样本

当你的生命表数据中种群存活率低或雌虫数很少时，若选择有效样本，会增加可育雌性个体被选取的概率。此时选择"有效样本"（effective bootstrap）可能会导致偏差或出现错误的分析结果。注意，若研究生命表使用的个体数较少，不足以反映种群的变异性，即使使用较大的Bootstrap样本数（n）也无法反映种群的变异性。

若种群存活率低或雌虫数少，在回答"只要有效样本还是所有样本"时，应选择"否"，以了解无效样本的比率。有关于无效样本的论述，请参考Chi等（2022）和Chi等（2023）的论文。

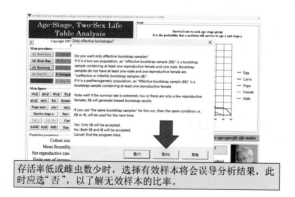

存活率低或雌虫数少时，选择有效样本将会误导分析结果，此时应选"否"，以了解无效样本的比率。

后续步骤与选取有效样本类似，请详细阅读信息说明。

第六节 自我重复取样次数（*B*）的影响

自我重复取样次数*B*值越大，每只昆虫被取到的概率越平均，即被取到次数的*SD*/Mean越小。若以本书附录的范例A为例，如果我们使用的自我重复取样数较小，例如*B* = 100，每只昆虫在100个Bootstrap样本中出现的次数差异较大，如下图所示。

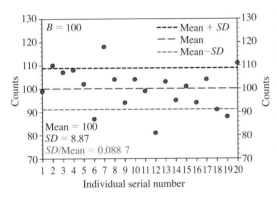

如果我们使用稍大的自我重复取样数，例如*B* = 1 000，每只昆虫在1 000个Bootstrap样本中出现的次数差异缩小，如下图所示。

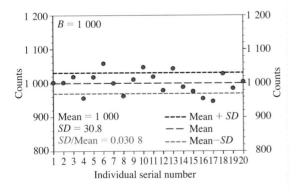

如果我们将自我重复取样数增大到*B* = 10 000，每只昆虫在10 000个Bootstrap样本中出现的次数差异会进一步缩小，如下图所示。

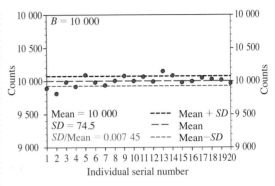

如果我们将自我重复取样数增大到*B* = 100 000，每只昆虫在100 000个Bootstrap样本中出现的次数差异极小，如下图所示。

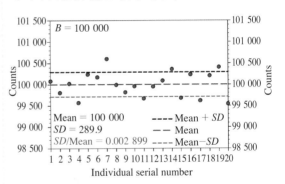

*B*值越大，每只昆虫被取到的概率越平均，亦即被取到次数的*SD*/Mean越小。

请注意：如果在执行TWOSEX-MSChart的Bootstrap时，要求软件只用有效样本（Bootstrap样本中的个体必须能繁殖后代），但雌虫比率极低时，每只昆虫被取到的概率就不相同（详述请见本章第五节）。

TWOSEX的特殊版本可运行*B* = 500 000（Ding et al., 2021）。此外，利用累计取样技术（cumulative/additive bootstrap）也可以无限制地增加取样数（Chi et al., 2023），然而，许多绘图与统计软件无法处理那么大的数据。

B = 500 000的正态分布图如下所示。

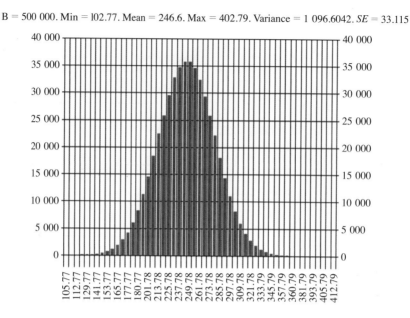

B = 500 000. Min = l02.77. Mean = 246.6. Max = 402.79. Variance = 1 096.6042. *SE* = 33.115

如下图所示，同一个种群生命表，相同的取样次数（$B = 1\,000$），两次Bootstrap取样可能有小图A与B的结果，标准误有些差异，图形也有明显差异。若用较大的B（例如：$100\,000$）两次Bootstrap取样可能如小图C与D的结果，两次的标准误差异缩小，图形的差异也较小。由于Bootstrap是计算机模拟取样，每次自我重复取样结果都不相同。因此在分析生命表数据时，我们保留同一个Bootstrap抽样结果文档（编号11），但前提条件是B足够大。读者可能会问，多大是"够大"？有没有最优的B值？答案是：没有最优的B值。B值的大小取决于你的数据。就目前的计算机能力而言，$100\,000$是一个好的开始。

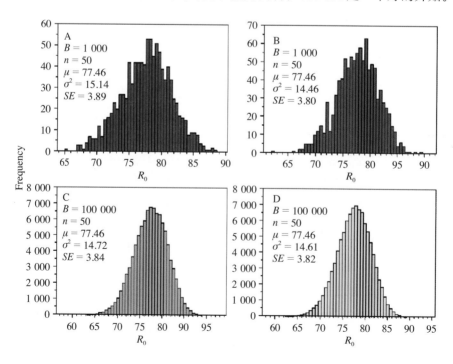

使用Bootstrap技术时，若$B = 1\,000$，两次重复的差异较为明显（A与B）；若$B = 100\,000$，两次重复的结果较为相似（C与D）。

第七节　样本数（n）对取样结果的影响

下图是种群数为54只昆虫（范例B）的$100\,000$次随机取样的散点图。在这张图中我们可以看到抽样样本中R_0的随机变化，靠近平均值的密度较高。

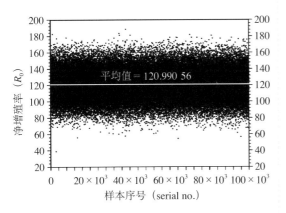

同时在TWOSEX输出文档中，我们可以找到"…_J1a_Bootstrap_Sorted R0.txt"文档，此文档是TWOSEX将$100\,000$个R_0排序的结果，将此数据绘成图如下所示。

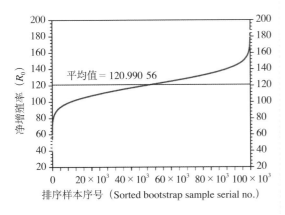

$100\,000$次的随机样本中，有些样本具有相同的R_0值，TWOSEX将$100\,000$次抽样值的各数值频数统计结果输出在"…_J1b_Boot_Sorted R0_grouped_counts.txt"文

档中，我们用此数据可以绘制出如下的Bootstrap频数散点图。

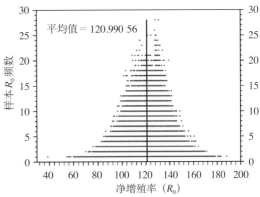

此图显示有许多靠近R_0平均值的样本也只被取到1次。此外，种群数为54只昆虫的Bootstrap样本变化很大（个体间的差异较大）。

若将上图绘制成频数分布直方图，则如下图所示。

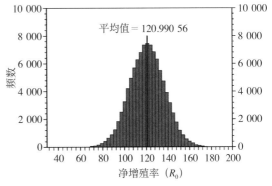

此直方图类似TWOSEX运行完"A3. Bootstrap"后显示的直方图。

下图是种群数为32只昆虫$100\,000$次随机取样的散点图。在这张图中我们也可以看到每个样本R_0的随机变化，靠近平均值的密度较高。

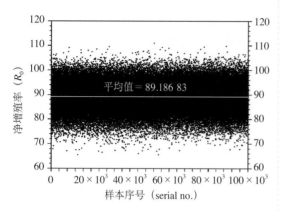

同样地，在TWOSEX输出文档中，我们可以找到"…_J1a_Bootstrap_Sorted R0.txt"文档，此文档是TWOSEX将100 000个R_0排序的结果，将此数据绘成图如下所示。

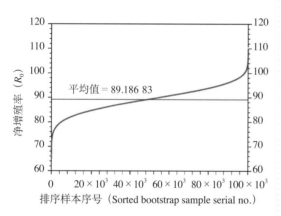

其100 000次抽样结果的频数散点图如下所示。

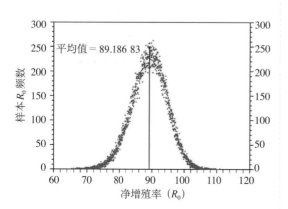

若将上图绘制成频数分布直方图则如下图所示。

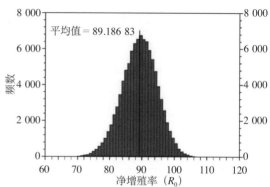

当生命表样本为100个个体时，用精确的多项式定理计算100^{100}，取样方法有$100^{100} = 1 \times 10^{200}$种，取样结果共有$4.527\,43 \times 10^{58}$项（即$4.527\,43 \times 10^{58}$种不同个体组成）。用Bootstrap技术时，$B = 100\,000 = 1 \times 10^5 <<< 4.527\,43 \times 10^{58} <<< 100^{100}$，因此Bootstrap技术所观察到的结果只是极微小的一部分。当生命表种群为50个个体时，用精确的多项式定理计算50^{50}，取样方法有$50^{50} = 8.881\,78 \times 10^{84}$种，取样结果共有$5.044\,57 \times 10^{28}$项（即$5.044\,57 \times 10^{28}$种不同的个体组成），用Bootstrap技术时，$B = 100\,000 = 1 \times 10^5 <<< 5.044\,57 \times 10^{28}$。上述的讨论显示，Bootstrap技术模拟取样的结果远小于使用多项式定理计算的理论取样数。

种群个体间的变异性决定频数散点图的样貌。对于数量少的种群与个体间变异小的种群而言，R_0的散点图比较接近正态曲线。

第八节 生命表的变异性

利用 100 000 个 Bootstrap 的样本建构的 R_0 和 λ 的第 2.5 个和第 97.5 个百分位生命表可用于描述存活率和繁殖值曲线中的变异性，也可用于预测种群增长的不确定性。生命表本身的变异性是野外种群波动的重要原因，环境的影响因子则有非生物和生物因素，如温度、降雨、捕食者、寄生虫等。

一般来说，0.025 和 0.975 λ 的样本与 0.025 和 0.975 r 的样本相同。在极少数情况下，0.025 或 0.975 λ 的样本与 0.025 或 0.975 r 的样本不同，但雌性个体相同，或者有些雌性个体的繁殖率和发育

```
Kd_Life Table_0.025 lambda-sample_3415.txt   ◄── 基于λ的
Kd_Life Table_0.975 lambda-sample_7649.txt   ◄──   生命表
Ke_Life Table_0.025 r-sample_3415.txt        ◄── 基于r的
Ke_Life Table_0.975 r-sample_7649.txt        ◄──   生命表
Kf_Life Table_0.025 R0-sample_6072.txt       ◄── 基于R₀
Kf_Life Table_0.975 R0-sample_6450.txt       ◄──   的生命表
```

数据完全相同。因此，将有多个具有相同种群参数的 Bootstrap 样本。

如果论文中引用或使用 0.025 与 0.975 百分位生命表，必须引用下面这篇论文：

- Huang H W, Chi H, Smith C L, 2018. Linking demography and consumption of *Henosepilachna vigintioctopunctata* (Coleoptera: Coccinellidae) fed on *Solanum photeinocarpum*: with a new method to project the uncertainty of population growth and consumption. Journal of Economic Entomology, 111(1): 1-9.

较大的 Bootstrap 取样数会生成更稳定的方差、标准误差和置信区间。

再强调一遍，Efron 和 Tibshirani（1993）说明"所有 Bootstrap 重复的标准偏差（SD），就是采用 Bootstrap 技术估计的标准误差（SE）"。由于 Bootstrap 结果的分布是"均值的分布"，因此不宜使用一般统计方法来分析或比较 Bootstrap 结果。

在 Bootstrap 技术普及之前，曾有学者重复生命表研究 3 次，再用一般的方法计算标准误。利用重复的方式研究生命表的变异性也可以，但是，若将 3 个生命表合并为一个较大的种群生命表，再使用 Bootstrap 可以得到更具代表性的结果，因为所有样本取自更大的种群，这个大种群包含三个重复的所有个体，它生成了更真实的方差和标准误差。因为某些特殊值只出现在一个重复中，3 个生命表合并后再使用 Bootstrap 技术，异常值（离群值）的影响被削弱。有些研究者在分析资料时会抛弃异常值，这是不妥的。如果没有科学理由，我们不应该丢弃实验中实际观察到的异常值。在使用 Bootstrap 技术时，我们不需要抛弃异常值。

Bootstrap 技术有许多优点（Li et al., 2022），但也仍有些缺点。例如：Bootstrap 技术完全依赖计算机随机取样，每次结果均不同，必须用较大的重复取样数以获得较精确的估计值，但重复取样数又受限于计算机 CPU 与内存容量的限制；此外，当 Bootstrap 样本中仅含雄性个体时，Bootstrap 样本无法计算内禀增长率，若抛弃这种样本，又忽略了不育样本，这也是 Bootstrap 的缺点之一。使用多项式定理可以得到比 Bootstrap 更精确的结果（Ding et al., 2021；Li et al., 2022）。第九章中将介绍如何用多项式定理研究生命表。

第六章　配对自我重复取样差异比较

第一节　配对自我重复取样的概念

利用配对自我重复取样差异比较（paired bootstrap test）可以比较不同处理间的差异，准确显示同一种群不同处理间的差异或不同种群间的差异。在TWOSEX中检验的结果以下列3种方式呈现：①t置信区间（假设结果是正态分布）；②Bootstrap percentile（百分位置信区间）（基于实际取样结果）；③P值：基于Bootstrap样本中差异显著的Bootstrap样本数。

因为t置信区间是基于正态分布假设的，而Bootstrap百分位置信区间是基于随机取样的，所以它们可能是不同的。虽然大多数生物学和生态学数据不是完美的正态分布，但是当B足够大时，Bootstrap样本均值的分布一般接近正态。因此，需要大量的重复取样（$B = 100\,000$）才能保证估算值的稳定。如果Bootstrap结果是正态分布，则t置信区间与Bootstrap置信区间将非常相近。一般而言，3种方法的显著性检验结果是一致的。只有在极端情况下才会出现不一致的结果。当3种结果不一致时，研究人员必须依据数据妥善判断与解释（Wei et al., 2020）。

下图是paired bootstrap test的示意图。两个生命表（处理A与处理B）分别利用100 000次自我随机归还取样分析后，各有R_0、r、λ、F、APOP、TPOP等100 000个估计值。这些估计值是随机取样的结果，没有经过排序。下图以周限增长率（λ）为例说明。

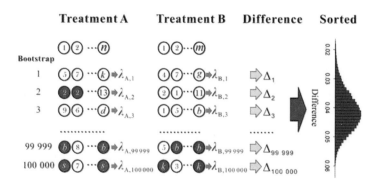

将A处理第1个样本的周限增长率（$\lambda_{A,1}$）与B处理第1个样本的周限增长率（$\lambda_{B,1}$）相减，得到两个的差 Δ_1。再将A处理第2个样本的周限增长率（$\lambda_{A,2}$）与B处理第2个样本的周限增长率（$\lambda_{B,2}$）相减，得到两个的差 Δ_2。由于这些是未排序的数据，他们能反映100 000次随机取样两处理间的各种可能差异。下图中显示50 020 ～ 50 030随机样本间差异的变化。红色圆点代表处理A，蓝色三角形代表处理B。

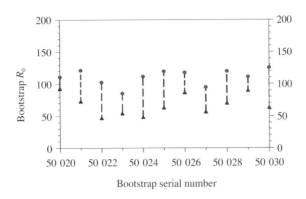

计算所有（100 000个）差后，将他们排序，找出0.025下界与0.975上界。下图是利用本书的生命表范例Eg-A与Eg-B分析的结果。

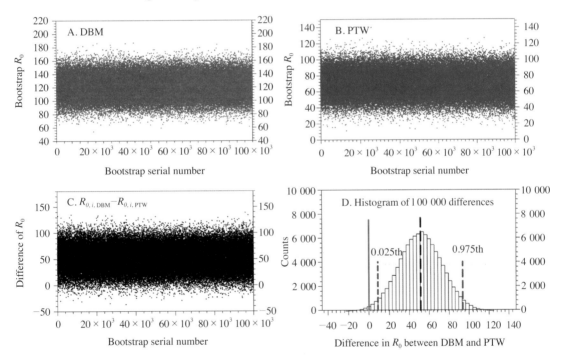

若100 000个差的0.025下界在0（上图D中的红色垂直线）的右边，就代表两处理间有显著差异。若100 000个差的0.025下界在0（D中的红色垂直线）的左边，就代表两处理间没有显著差异。

撰写文章时如果用到"paired bootstrap test"建议引用以下文献：

- Wei M F, Chi H, Guo Y F, et al., 2020. Demography of *Cacopsylla chinensis* (Hemiptera: Psyllidae) reared on four cultivars of *Pyrus bretschneideri* and *P. communis* (Rosales: Rosaceae) pears with estimations of confidence intervals of specific life table statistics. Journal of Economic Entomology, 113(5): 2343–2353.

- Smucker M D, Allan J, Carterette B, 2007. A comparison of statistical significance tests for information retrieval evaluation. Conference on information and knowledge management: 623-632.
- Hesterberg T, Moore D S, Monaghan S, et al., 2005. Bootstrap methods and permutation tests. In D. S. Moore & G. P. McCabe (Eds.), Introduction to the Practice of Statistics (5th ed.). New York: W. H. Freeman and Company.

第二节 操作步骤

使用"C. Paired BT"具体操作步骤如下所示，点击"C. Paired BT"按钮。

此时输入需要对比的文档（处理）数，若有四个处理，请输入4。

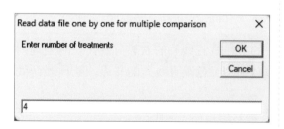

接着依据弹出窗口左上角的提示"Input treatment 1"选择第1个文档。

接着依据弹出窗口左上角的提示"Input treatment 2"选择第2个文档。

选择完毕后，软件会自动进行"paired bootstrap test"，结束后我们会在界面看到"paired bootstrap test"的简单分析结果，详细结果保存在"24-Paired boot test…….txt"文档中。

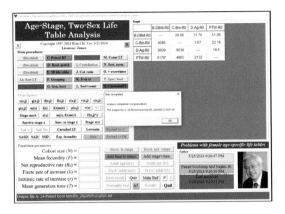

如果还需要比较其他参数的差异性，就选择"是"继续重复上述操作进行分析；如果分析结束，点击"否"结束TWOSEX-MSChart程序。

在输出文档"24-Paired boot test-…txt"可以读取详细的比较结果。

```
Comparison between B-DBM-R0 vs PTW-R0
Number of bootstrap resamplings (B)= 100000
===================================================================
                        B-DBM-R0                    PTW-R0
-------------------------------------------------------------------
Original =              120.925925925926            69.7

Bootstrap mean =        120.949357037037            69.688302500001
Variance =              257.212458148772            213.812445667954
SE =                    16.0378445605628            14.6223269580445
n                       54                          20
-------------------------------------------------------------------
Difference 1 = 51.225925925926
   Difference 1 is the difference of two original values.

Difference 2 = 51.2610545370362
   Difference 2 is the difference of two bootstrap means.

Difference 3 = 51.2610545370368
   Difference 3 is the mean of all paired bootstrap differences.
With the increase of B, diff. 2 and 3 will close to diff. 1.
-------------------------------------------------------------------
SE of 100000 differences = 21.6430190269188
```

如前面所述，TWOSEX-MSChart完成"paired bootstrap test"后，将每一对比较的结果以下列3种方式呈现：①t置信区间（假设结果是正态分布）；②Bootstrap percentile（百分位置信区间）（基于实际取样结果）；③显著性概率（P值）：基于Bootstrap样本中差异显著的Bootstrap样本数。

```
********************************************************************
* t confidence intervals of differences (paired bootstrap test): *
* 95% CI:            Lower                    Upper               *
*                    8.84151639296099         93.6805926811127    *
* Signif. diff. btw. B-DBM-R0 and PTW-R0.                         *
* If the CI does not include 0, there is significant difference.  *
------------------------------------------------------------------
#                                                                 #
# Percentile confidence intervals of paired bootstrap test differences:#
# 95% CI:            Lower                    Upper               #
#                    8.833333333333           93.853703703704     #
# Signif. diff. btw. B-DBM-R0 and PTW-R0.                         #
# If the CI does not include 0, there is significant difference.  #
#-----------------------------------------------------------------#
# Number of insignif. diff.   1761                                #
# Number of signif. diff.     98239                               #
# P-value (based on 100000  bootstrap samples) = 0.01761          #
```

"Paired bootstrap test"结果以不同的表格展示，下表的右上角（红色三角形）为各处理比较的P值，数值右侧有"＊"的，表示两处理间有显著差异。例如：B-DBM-R0与

PTW-R0间的 P 值为0.017 6，表示两处理间有显著差异；而C-Bm-R0与D-Ag-R0间的 P 值为0.903 8，两处理间无显著差异。

左下角（蓝色三角形）则为两处理间的差。数值右侧有"﹡"的，表示两处理间有显著差异，例如：B-DBM-R0与PTW-R0间的差值为51.261 1；而C-Bm-R0与PTW-R0间的差值为23.176 7，两处理间没有显著差异。

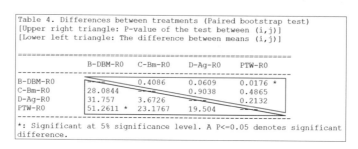

根据各处理间的显著性，使用者可以依据各个表标记处理间的差异。为了让使用者多思考判断，TWOSEX只标示前两个的差异。

```
Table 7. Preliminary table of differences between treatments.
You can use the following table to mark the differences between treatments.
Only the differences between the first few treatments are marked for you.
Note well! If this table is not completed, you have to complete the rest " "
yourself. Attention! Not every " " needs to be filled with a letter.
This is a good practice of "critical thinking".
Note well: "Thinking is the most important thing in science".

Treatment      Original      n      SE                    Difference
B-DBM-R0       120.925925925926    54     16.0378445605628      a___
C-Bm-R0        92.85         40     30.0117243118348      a___
D-Ag-R0        89.1875       32     5.43091193104277      ___
PTW-R0         69.7          20     14.6223269580445      ___
```

由于计算机科技进步飞速，使用者将实验数据输入计算机后，很容易获得各种统计分析结果。许多人（包含研究人员）盲目依赖计算机，对相关的理论却完全不了解。如果使用者自己无法判断是否使用了正确的统计方法，或者不能理解计算机分析的结果，这不是使用计算机的正确态度。

数十年前，许多研究人员使用"Duncan's multiple range test"。后来这个方法被指出有缺陷，有些期刊甚至要求作者不可使用此方法。多重比较迄今仍有一些争议，Mead（1992）曾指出一些不应使用多重比较的情形。使用任何统计方法都应谨慎，Bootstrap技术有许多优点，建议读者学习并妥善利用。

本章介绍的"paired bootstrap test"依赖Bootstrap技术，Bootstrap技术是依据计算机模拟的，每次的结果都会不同，需使用较大的重复取样数（例如：$B = 100\,000$）才能得到稳定的结果。Chi等（2022）利用"Cartesian product"（Chartrand et al., 2008）发明创新了"Cartesian paired test"，由于该技术较难，且受限于计算机的容量与计算能力，在本书中不详细说明，有兴趣的读者请阅读论文。

第七章 TWOSEX输出文档

TWOSEX运行会输出很多结果文档，具体文档与说明见本章末的文档表。

在此特别提醒，在输出的文档"_0A_Life table_Output.txt"中，有输入的数据与所有分析结果。请务必详细阅读，确保已经了解所有的分析结果，并在论文中依据生命表理论解释阐述重要的、特别的结果。下面将说明一些重要文档的内容与用途。

第一节 0A_Life Table_Output.txt

TWOSEX分析的主要结果在"0A_Life Table_Output.txt"中，此文档名称前有输入的档案名。这是详细的生命表数据输出文档，里面有两性生命表的所有矩阵。读者务必详细阅读，了解所研究的生命表的特性，以撰写文章以及了解生命表理论。文档中的最后一个表有各龄期虫数、各龄期发育历期、总发育历期、平均寿命、APOP、TPOP、繁殖率、产卵天数等参数。

怎样阅读"_output.txt"文档？为了以对齐的行列格式读"Example_output.txt"文档，必须选择"Courier New"字体（通常情况下不需要更改它）。如果看到"_output.txt"文档中的格式未对齐，则应该更改字体格式为"Courier New"。为了使用者方便阅读，"_output.txt"文档中的数据只列出有限的位数，但是在绘图数据文档"Example_sxj.txt"与分析文档"Example _Effect Boot-A1a-R0.txt"中，则列出更多的位数。

以下介绍此"Output.txt"中的主要表与矩阵。详细理论请参考Chi和Liu（1985）的论文。

1. Table 1. Number of time units spent by each individual in each stage, preadult and total longevity

表1是生命表原始资料的基本统计表。使用者务必将此表与原始生命表记录比对，以确保在准备生命表档案时没有错误。例如：如果表1中有某个个体的某一历期异常，使用者就可以检查生命表档案是否有错。表中的标准误是利用一般统计方法计算的。论文中报道的标准误请用Bootstrap的结果（例如下节介绍的"0B_Bootstrap_Output.txt"）。

2. Table 2. Age-specific fecundity of each individual based on "adult age"

此表为以"成虫年龄"开始计算的年龄繁殖率，这是以往的学者常用的计算方法，这也是第一章中讨论的传统雌性年龄生命表的主要错误之一。请仔细阅读文档中该表下面的说明。

3. Table 3. APOP（or APRP）and TPOP（or TPRP）of each reproduced female

此表为每只雌虫的成虫产卵前期（APOP）与总产卵前期（TPOP）。一般昆虫学教科书中对产卵前期定义是"从成虫羽化到第1次产卵的时间间隔"，APOP未能显现成虫前期对种群增长的影响。Gabre等（2015）首次使用 TPOP 的统计值显示雌虫从出生到第1次产卵的时间对种群增长率的影响。胎生的昆虫可以使用 APRP（adult pre-reproductive period）与 TPRP（total pre-reproductive period）。

4. Table 4. Age-specific fecundity of each female individual from age 0

此表的年龄繁殖率从雌虫的卵期（age = 0）开始计算，这是真正且正确的年龄繁殖率，由此表可以看出各雌虫开始产卵年龄的差异。利用这个数据才能正确分析繁殖率数据与种群介量，也才能正确模拟种群的增长。

5. Table 5. Age-stage-specific survival - Actual number（Matrix N）

此矩阵是从种群生命表研究开始时所用的 $n_{0,1}$ 个卵的成长与龄期分化过程。这也是实验记录中每天的详细龄期结构变化。矩阵 N 的元素可以写成 $n(x, j)$ 或 n_{xj}。

6. Table 7. Age-stage-specific growth probability $g(x,j)$

此矩阵是年龄 x 龄期 j 的个体（n_{xj}）经过 1 天后仍存活且在同一龄期的概率（从 n_{xj} 到 $n_{x+1,j}$ 的概率）。矩阵 G 的元素可以写成 $g(x, j)$ 或 g_{xj}。读者也可以尝试用 N 矩阵来计算 G 矩阵。

7. Table 9. Age-stage-specific development probability $d(x,j)$

此矩阵是年龄 x 龄期 j 的个体（n_{xj}）经过 1 天后仍存活且发育到下一龄期的概率（从 n_{xj} 到 $n_{x+1, j+1}$ 的概率）。矩阵 D 的元素可以写成 $d(x, j)$ 或 d_{xj}。读者也可以尝试用 N 矩阵计算 D 矩阵。

8. Table 12. Age-stage-specific fecundity $f(x,j)$

此矩阵是年龄 x 龄期 j 的个体（n_{xj}）的年龄龄期繁殖率。矩阵 F 的元素可以写成 $f(x, j)$ 或 f_{xj}。由于一般种群中只有雌成虫会产卵，其他龄期不会产卵，矩阵中除了雌成虫外，其他各列均为零。

9. Table 13. Age-stage-specific total fecundity（Matrix $Ft(x, j)$）

此矩阵是年龄 x 龄期 j 个体（n_{xj}）的年龄龄期总繁殖数（产卵数）。这也是在第 x 天时所有雌成虫的总产卵数。由于一般种群中只有雌成虫会产卵，其他龄期不会产卵，矩阵中除了雌成虫外，其他各列均为零。矩阵 Ft 的元素可以写成 $ft(x, j)$ 或 ft_{xj}。将 $Ft(x, j)$ 除以 $n(x, j)$ 就可以得到 $f(x, j)$。

10. Table 18. Survival rate to each age-stage interval（Matrix S）

此矩阵是 $n_{0,1}$ 的新生个体存活到年龄 x 龄期 j 的概率。矩阵 S 的元素可以写成 $s(x, j)$ 或 s_{xj}。读者可以尝试用 N 矩阵、G 矩阵与 D 矩阵计算 S 矩阵。详细步骤请参考 Chi 和 Liu（1985）的论文。比较容易的方法是利用 N 矩阵与下式直接计算 S 矩阵：

$$s_{xj} = \frac{n_{xj}}{n_{0,1}}$$

矩阵 S 所有元素的和（$\sum\limits_{x=0}^{\infty}\sum\limits_{j=1}^{m} s_{xj}$）就是种群所有个体的平均寿命。年龄 x 各龄期的 s_{xj} 的和就是 $n_{0,1}$ 的新生个体存活到年龄 x 的概率 l_x，即 $l_x = \sum\limits_{j=1}^{m} s_{xj}$。

11. Table 19. Mortality of each age-stage-interval（Matrix Q）

此矩阵是年龄x龄期j的个体（n_{xj}）经过1天后会死亡的概率。矩阵Q的元素可以写成$q(x, j)$或q_{xj}。

12. Table 20. Distribution of mortality（Matrix P）

此矩阵是$n_{0,1}$的新生个体在年龄x龄期j死亡的概率。矩阵P的元素可以写成$p(x, j)$或p_{xj}。读者可以尝试用S矩阵与Q矩阵计算P矩阵：

$$p_{xj} = q_{xj} \times s_{xj}$$

13. Table 24. $P(j)$: Distribution of mortality to each stage

$p(j)$是$n_{0,1}$的新生个体在龄期j的死亡概率，也就是龄期j的所有p_{xj}的和：

$$p(j) = \sum_{x=0}^{\infty} p_{xj}$$

14. Table 27. Age-stage specific life expectancy（Matrix E）

此矩阵是n_{xj}的个体的期望寿命。矩阵E的元素可以写成$e(x, j)$或e_{xj}。$n_{0,1}$的新生个体的期望寿命$e_{0,1}$也是所有个体的平均寿命：

$$e_{0,1} = \sum_{x=0}^{\infty} \sum_{j=1}^{m} s_{xj}$$

15. Table 28. Age-stage specific reproductive value（Matrix V）

此矩阵是$n_{x,j}$的个体的繁殖值。

16. Table 29. Stable age-stage-distribution（SASD）（Newborn = 1）

此矩阵是将新生个体设定为1的稳定年龄龄期分布矩阵。

17. Table 30. Stable age-stage-distribution（SASD）（in percentage）

此矩阵是稳定年龄龄期分布时各年龄龄期所占的百分比，所有元素的和等于100。

18. Table 31. Stable age-stage-distribution（SASD）（Matrix B2）（sum = 1）

此矩阵是假设种群总数等于1时，各年龄龄期所占的比率，总和等于1。

19. Table 34. Stable stage distribution in percentage（Total population = 100）

此矩阵是稳定龄期分布，假设种群总数为100时各龄期所占的比率。

20. Table 35. Stable stage distribution（First stage = 1）

此矩阵是假设第1个龄期等于1时，各龄期在稳定龄期分布中所占的比率。

21. Table 36. Age-specific life table

此表为生命表各年龄的存活率（l_x）、繁殖率（m_x）、稳定年龄分布（SAD）、期望寿命（e_x）、繁殖值（v_x）的综合表。在此表中v_x的栏位名称是$R(x)$。此表下方有重要的说明。请用范例生命表档案试用TWOSEX并详细阅读。

22. Table 38. Basic Statistics of Life History Data

此表中有各龄期发育历期的统计资料，有分性别的各龄期发育历期的统计资料，也有生命表档案第九行的龄期合并发育历期的统计资料。例如：若第九行为Larva、Pupa（将幼虫期与蛹期合并计算发育历期），此表中就有Larva-Pupa发育历期的统计资料。若第九行为L1、L4（将幼虫期第1龄至第4龄合并计算发育历期），此表中就有L1-L4（整个幼虫期）的发育历期统计资料。此表中也有繁殖率、APOP、TPOP、产卵天数（oviposition days, 缩写为Ovi. days）等数据。

第二节　Bootstrap分析结果

1. Example_0B_Bootstrap_Output.txt

TWOSEX将重要种群参数的Bootstrap分析结果列表，以方便读者撰写论文时使用。表中有原始种群的参数、样本数、Bootstrap结果的平均值，如果读者需要其他Bootstrap结果可以自行准备。

"Example_0B_Bootstrap_Output.txt"是自我重复取样重要的输出文档，里面有内禀增长率、周限增长率、净增殖率、平均世代时间等参数及其标准误数据。

```
Table of bootstrapping results of population parameters
=====================================================...==========================
            r          lambda      R0           T      ...  F          Nf/N     Longevity
------------------------------------------------------...--------------------------------
ORIGINAL    0.135995   1.145676    69.7         31.208 ...  126.73     0.55     35.8
Original n  20         20          20           20     ...  11         20       20

B           100000     100000      100000       100000 ...  100000     100000   100000
Boot. max   0.156139   1.168989    126.5        33.079 ...  160.6      0.95     39.4
Boot. mean  0.135219   1.144818    69.6883      31.215 ...  126.69     0.5501   35.8
Boot. min   0.076341   1.079331    11.05        29.556 ...  91.75      0.1      28.95
Variance    0.000054   0.00007     213.81245    0.152  ...  51.11      0.0124   1.49
S.E.        0.00733    0.008365    14.62233     0.39   ...  7.149      0.1113   1.222

0.025 PCI   0.11878    1.126117    41           30.454 ...  112.455    0.35     33.1
0.975 PCI   0.14733    1.158735    98.1         31.983 ...  140.6      0.75     37.8

0.025 TCI   0.12164    1.129281    41.04024     30.443 ...  112.715    0.3319   33.405
0.975 TCI   0.15035    1.162072    98.35976     31.974 ...  140.739    0.7681   38.195
=====================================================...==========================
```

2. Example_0C_Bootstrap_Stage mean_Output.txt

此文档是各龄期发育历期均值及其标准误数据。此表为所有个体的统计表。如果读者想比较不同性别的发育历期（例如：雌雄的蛹期）的差异，可以用paired bootstrap test比较"…Effect Boot-Z1_Stage mean_Sex_F_3_Pupa.txt"与"…Effect Boot-Z2_Stage mean_Sex_M_3_Pupa.txt"，就可以比较雌雄的蛹期差异，同时得到标准误等数据。

3. Example_0D_Bootstrap_APOP and TPOP_Output.txt

此文档是APOP和TPOP自我重复取样输出文档，里面有APOP、TPOP、不同性别虫数、成虫前期存活率（s_a）、产卵天数（O_d）的平均值及其标准误数据。成虫前期存活率（s_a）是生命表的重要参数，建议在论文中报道。产卵天数（O_d）能正确反映雌虫实际的产卵次数（天数）。产卵天数（O_d）比一般使用的产卵期更能正确反映雌虫的产卵次数，若以蟑螂为例，两次产卵鞘之间，可能经过数周的时间。蟑螂的产卵天数（O_d）就是所产的卵鞘数目（Tsai and Chi, 2007）。

4. Example_0E_Bootstrap_Distrib. of stage mortality_Output.txt

此文档是各龄期死亡率分布输出文档，死亡率的分布可以显示大量死亡出现在哪个龄期。

第三节 画图数据文档

文档名中有"Fig"的均为画图数据文档。若生命表文档名为"Example.txt",则会产生下列的绘图档案。

1. Example _1_Fig_Sxj.txt

"Example _1_Fig_Sxj.txt"用于绘制年龄龄期存活率(s_{xj})曲线。可以导入绘图软件 SigmaPlot、Origin 等制作生命表曲线图。在此特地提醒使用者,绘图时原则上应使用直线(straight line),不可使用平滑线(smoothed line),使用平滑线会造成存活率上升的错误。

2. Example _2_Fig_Lx-Fxf-Mx-LxMx.txt

"Example _2_Fig_Lx-Fxf-Mx-LxMx.txt"用于绘制种群年龄存活率(l_x)、雌成虫繁殖率(f_{xj})、种群繁殖力(m_x)和净增殖率曲线($l_x m_x$)。

3. Example-B_3_Fig_Exj.txt

"Example _3_Fig_Exj.txt"用于绘制种群期望寿命(e_{xj})曲线。

4. Example-B_4_Fig_Vxj.txt

"Example _4_Fig_Vxj.txt"用于绘制繁殖值(v_{xj})曲线。

输出文档中还有更多有"Fig"的文档,请读者自行学习。

第四节 计算机模拟文档

"Example _15_For_TIMING_1 control.txt"文档用于计算机模拟种群增长。编号15的文档有很多个,每个文档都有各自的用途,读者自行参考 Chi(1990)的论文与 TIMING-MSChart 学习。

```
Example-B_15_For_TIMING_1 control.txt
Example-B_15_For_TIMING_1 control-2 ETs.txt
Example-B_15_For_TIMING_1 control-3 ETs.txt
Example-B_15_For_TIMING_2 controls.txt
Example-B_15_For_TIMING_3 controls.txt
Example-B_15_For_TIMING_5-harvest.txt
```

第五节 比较处理间差异的文档

所有"…_Effect Boot-…txt"文档都可用于 paired bootstrap test 分析不同处理间差异。有关于 paired bootstrap test 的分析已于第六章中说明。

```
Example-B_Effect Boot-A1d_Nf.txt
Example-B_Effect Boot-A1e_Fecundity(NFr).txt
Example-B_Effect Boot-A1f_Nfr.txt
Example-B_Effect Boot-A2a-r.txt
Example-B_Effect Boot-A2b-r-with SN.txt
Example-B_Effect Boot-A3a-lambda.txt
```

```
Example-B_Effect Boot-A3b-lambda-with SN.txt
Example-B_Effect Boot-A4-T.txt
Example-B_Effect Boot-A1a-R0.txt
Example-B_Effect Boot-A1b-R0-with SN.txt
Example-B_Effect Boot-A1c_Fecundity(Nf).txt
Example-B_Effect Boot-A1c2_Fecundity(Nf)-with SN.txt
```

TWOSEX 输出的档案文件较多（一般＞150），而且会随软件更新增加新的输出文档，下表为 TWOSEX 输出文档说明。

<h3 style="text-align:center">TWOSEX 输出文档说明</h3>

文档名	说明
0A_Life Table_Output.txt	生命表基础运算结果文档
0A3_Group-reared life table-4 stages.txt	生命表合并为群体饲养格式文档
0B_Bootstrap_Output.txt	Bootstrap 种群参数及其标准误
0C_Bootstrap_Stage mean_Output.txt	各龄期发育历期 Bootstrap 结果文档
0D_Bootstrap_APOP and TPOP_Output.txt	APOP、TPOP 及 s_a 的 Bootstrap 输出文档
0E_Bootstrap_Distrib.of stage mortality_Output.txt	每个龄期的死亡率分布文档
0H_Boot individual counts.txt	每个个体在 Bootstrap 结果出现的次数
1_Fig_Sxj.txt	s_{xj} 的绘图数据文档
2_Fig_Lx-Fxf-Mx-LxMx.txt	l_x、f_x、m_x、$l_x m_x$ 的绘图数据文档
2b_Fig_Fxj.txt	f_{xj} 的绘图数据文档
3_Fig_Exj.txt	e_{xj} 的绘图数据文档
4_Fig_Vxj.txt	v_{xj} 的绘图数据文档
5_Fig_SASD_in proportion.txt	SASD 曲线的绘图数据文档
5_Fig_SASD_in_percentage.txt	SASD 曲线（%）的绘图数据文档
5a_Fig_SSD_in proportion.txt	SSD 曲线的绘图数据文档
5b_Fig_SSD_in percentage.txt	SSD 曲线（%）的绘图数据文档
11_Bootstrap samples-2024-4-18-10-46.txt	Bootstrap 抽样样本记录文档
15_For_TIMING_1 control.txt	1 次防治的种群计算机模拟文档
15_For_TIMING_1 control-2 ETs.txt	1 次防治有 2 个经济阈值的种群计算机模拟文档
15_For_TIMING_1 control-3 ETs.txt	1 次防治有 3 个经济阈值的种群计算机模拟文档
15_For_TIMING_2 controls.txt	2 次防治的种群计算机模拟文档
15_For_TIMING_3 controls.txt	3 次防治的种群计算机模拟文档
15_For_TIMING_5-harvest.txt	种群增长过程中有收获的模拟文档
All Boot-lambda.txt	所有 Bootstrap 样本的 λ 输出文档
All Boot-r.txt	所有 Bootstrap 样本的 r 输出文档
All Boot-R0 with SN.txt	所有 Bootstrap 的 R_0 输出文档（有样本编号）
All Boot-R0.txt	所有 Bootstrap 样本的 R_0 输出文档
All Boot-r-with SN.txt	所有 Bootstrap 的 r 输出文档（有样本编号）

（续）

文档名	说明
All Boot-T.txt	所有 Bootstrap 样本的 T 输出文档
Effect Boot-A1a-R0.txt	可用于不同处理的 R_0 比较
Effect Boot-A1b-R0-with SN.txt	可用于绘图显示各次 Bootstrap 取样的变异
Effect Boot-A1c_Fecundity（Nf）.txt	可用于不同处理的产卵量比较
Effect Boot-A1c2_Fecundity（Nf）-with SN.txt	可用于绘图显示各次 Bootstrap 取样的变异
Effect Boot-A1d_Nf.txt	可用于不同处理的雌成虫数的比较
Effect Boot-A1e_Fecundity（NFr）.txt	有繁殖能力的雌虫产卵量的 Bootstrap 结果
Effect Boot-A1f_Nfr.txt	有繁殖能力的雌虫数的 Bootstrap 结果
Effect Boot-A2a-r.txt	可用于不同处理的 r 的比较
Effect Boot-A2b-r-with SN.txt	可用于绘图显示各次 Bootstrap 取样的变异
Effect Boot-A3a-lambda.txt	可用于不同处理的 λ 的比较
Effect Boot-A3b-lambda-with SN.txt	可用于绘图显示各次 Bootstrap 取样的变异
Effect Boot-A4-T.txt	可用于不同处理的 T 的比较
Effect Boot-A5-doubling time.txt	可用于不同处理的种群加倍时间文档
Effect Boot-B1_Total longevity.txt	可用于不同处理的种群所有个体总寿命文档
Effect Boot-B3_APOP.txt	可用于不同处理的 APOP 的比较
Effect Boot-B4_TPOP.txt	可用于不同处理的 TPOP 的比较
Effect Boot-U1_Age of 0.5 lx.txt	各 Bootstrap 样本存活率为 50% 的年龄
Effect Boot-U2_lx-at age… .txt	各 Bootstrap 样本在年龄…时的存活率
Effect Boot-W1_Oviposition periods.txt	可用于不同处理的产卵期的比较
Effect Boot-W2_Oviposition days.txt	可用于不同处理的产卵天数的比较
Effect Boot-W3_Preadult survival（sa）.txt	可用于不同处理的成虫前期存活率的比较
Effect Boot-W5_Stage-spec mort_… .txt	可用于不同处理的不同龄期死亡率的比较
Effect Boot-W6_Stage-spec surv_… .txt	可用于不同处理的不同龄期存活率的比较
Effect Boot-W7_Mort distrib in_… .txt	Bootstrap 的不同龄期死亡率分布
Effect Boot-W8_Nf to adults ratio.txt	各 Bootstrap 的雌成虫数与成虫数的比率
Effect Boot-W8_Nf to N ratio.txt	各 Bootstrap 的雌成虫数与种群总数的比率
Effect Boot-W8_Nf to Nm ratio.txt	各 Bootstrap 的雌雄成虫比率（F:M）
Effect Boot-W8_Nfr to N ratio.txt	各 Bootstrap 中 N_{fr} 与种群总数比率
Effect Boot-W8_Nfr to Nf ratio.txt	各 Bootstrap 中 N_{fr} 与 N_f 的比率
Effect Boot-W9_Nm to N ratio.txt	各 Bootstrap 中 N_m 与种群总数比率
Effect Boot-W9_Nm to Nf ratio.txt	各 Bootstrap 的雌雄成虫比率（M:F）
Effect Boot-W9_Nm.txt	各 Bootstrap 样本雄成虫数量
Effect Boot-W10_Nn to N ratio.txt	各 Bootstrap 样本 N_n 与种群总数的比率

（续）

文档名	说明
Effect Boot-W10_Nn.txt	各 Bootstrap 样本 N_n 数
Effect Boot-X1_Egg-to-Larva.txt	各 Bootstrap 样本的卵+幼虫发育历期
Effect Boot-X1_PreAdult duration.txt	各 Bootstrap 样本的成虫前期
Effect Boot-X1_total longevity.txt	各 Bootstrap 样本的总寿命
Effect Boot-Y1_Sex_F_Egg-to-Larva_Time.txt	各 Bootstrap 样本的雌性卵+幼虫发育历期
Effect Boot-Y1_Sex_F_PreAd_Time.txt	各 Bootstrap 样本的雌性成虫前期
Effect Boot-Y1_Sex_F_total longevity.txt	各 Bootstrap 样本的雌性总寿命
Effect Boot-Y2_Sex_M_Egg-to-Larva_Time.txt	各 Bootstrap 样本的雄性卵+幼虫发育历期
Effect Boot-Y2_Sex_M_PreAd_Time.txt	各 Bootstrap 样本的雄性成虫前期
Effect Boot-Y2_Sex_M_total longevity.txt	各 Bootstrap 样本的雄性总寿命
Effect Boot-Y3_Sex_N_Egg-to-Larva_Time.txt	各 Bootstrap 样本的 N 型卵+幼虫发育历期
Effect Boot-Z0_Stage mean_... .txt	各 Bootstrap 样本的各龄期平均发育历期
Effect Boot-Z1_Stage mean_Sex_F_... .txt	各 Bootstrap 样本的雌性各龄期平均发育历期
Effect Boot-Z2_Stage mean_Sex_M_... .txt	各 Bootstrap 样本的雄性各龄期平均发育历期
Effect Boot-Z3_Stage mean_Sex_N_... .txt	各 Bootstrap 样本的 N 型各龄期平均发育历期
Fig_age-specific total fecundity.txt	特定年龄日繁殖率绘图文档
Fig_CumuR0-and-IntrinR.txt	累计 R_0 和 r 的绘图数据文档
Fig_Dxj.txt	d_{xj} 的绘图数据文档
Fig_Ex.txt	e_x 的绘图数据文档
Fig_Exj.txt	e_{xj} 的绘图数据文档
Fig_Gxj.txt	g_{xj} 的绘图数据文档
Fig_Lx.txt	l_x 的绘图数据文档
Fig_Mx.txt	m_x 的绘图数据文档
Fig_SAD_in percentage.txt	SAD 曲线的绘图数据文档
Fig_SAD_in proportion.txt	SAD 曲线（%）的绘图数据文档
Fig_Vx.txt	v_x 的绘图数据文档
G_APOP and TPOP of female.txt	每只雌虫的 APOP 和 TPOP
G_APOP.txt	每只雌虫的 APOP
G_Egg per day during oviposition period.txt	每只雌虫在产卵天数的平均产卵量
G_Oviposition days.txt	产卵天数文档
G_Oviposition period.txt	产卵期文档
G_Post-oviposition period.txt	产卵后期文档
G_total fecundity all females.txt	所有雌成虫繁殖率文档
G_total fecundity of rep females.txt	有繁殖能力的雌成虫繁殖率文档

（续）

文档名	说明
G_Total longevity-all.txt	种群所有个体寿命文档
G_Total longevity-female.txt	种群雌性个体寿命文档
G_Total longevity-Male.txt	种群雄性个体寿命文档
G_Total longevity-N type.txt	种群成虫前期死亡者个体寿命文档
G_TPOP.txt	每只雌虫的TPOP
H_Stage duration-All adult.txt	所有个体成虫期文档
H_Stage duration-Egg.txt	所有个体卵期文档
H_Stage duration-Female adult.txt	雌性个体成虫期文档
H_Stage duration-Larva.txt	所有个体幼虫期文档
H_Stage duration-Male adult.txt	雄性个体成虫期文档
H_Stage duration-Pupa.txt	所有个体蛹期文档
H_Stage-Begin-End-duration-All adult.txt	所有个体成虫期开始与结束年龄文档
H_Stage-Begin-End-duration-Egg.txt	所有个体卵期开始与结束年龄文档
H_Stage-Begin-End-duration-Female adult.txt	雌性个体成虫期开始与结束年龄文档
H_Stage-Begin-End-duration-Larva.txt	所有个体幼虫期开始与结束年龄文档
H_Stage-Begin-End-duration-Male adult.txt	雄性个体卵期开始与结束年龄文档
H_Stage-Begin-End-duration-Pupa.txt	所有个体蛹期开始与结束年龄文档
H_Stage-duration-preadult-all sexes.txt	所有个体成虫前期文档
H_Stage-duration-preadult-F.txt	所有雌性个体成虫前期文档
J1a_Bootstrap_Sorted R0.txt	Bootstrap排序后R_0的数据（含样本序号）
J1b_Boot_Sorted R0_grouped_counts.txt	Bootstrap样本的R_0排序与频数统计文档
J1c_Boot_0.025 and 0.975 percentile-R0.txt	0.025、0.5、0.975 R_0的Bootstrap样本的详细资料
J2a_Boot_Sorted lambda.txt	Bootstrap排序后λ的数据（含样本序号）
J2c_Boot_0.025 and 0.975 percentile-lambda.txt	0.025、0.5、0.975 λ的Bootstrap样本的详细资料
J3a_Boot_Sorted r.txt	Bootstrap排序后r的数据（含样本序号）
J3c_Boot_0.025 and 0.975 percentile-r.txt	0.025、0.5、0.975 r的Bootstrap样本的详细资料
J4a_Boot_Sorted T.txt	Bootstrap排序后T的数据（含样本序号）
J4c_Boot_0.025 and 0.975 percentile-T.txt	0.025、0.5、0.975 T的Bootstrap样本的详细资料
J6a_Boot_Sorted Fecundity.txt	Bootstrap排序后繁殖率数据（含样本序号）
J6b_Boot_Sorted Fecundity_counts-new.txt	Bootstrap样本的繁殖率排序与频数统计文档
J7a_Boot_Sorted Longevity.txt	Bootstrap排序后平均寿命的数据（含样本序号）
J7c_Boot_Sorted Female proportion.txt	Bootstrap排序后雌性比数据（含样本序号）
J8a_Boot_Sorted Fecundity（Fr）.txt	Bootstrap排序后F_r的数据（含样本序号）
J8b_Boot_Sorted Fecundity（Fr）-count.txt	Bootstrap样本排序后的F_r与频数文档

（续）

文档名	说明
Ka_boot_0.025 lambda-sample_53359.txt	Bootstrap的0.025λ的抽样样本文档
Ka_boot_0.975 lambda-sample_33204.txt	Bootstrap的0.975λ的抽样样本文档
Kb_boot_0.025 r-sample_53359.txt	Bootstrap的0.025r的抽样样本文档
Kb_boot_0.975 r-sample_33204.txt	Bootstrap的0.975r的抽样样本文档
Kc_boot_0.5 R0-sample_39193.txt	Bootstrap的0.5R_0的抽样样本文档
Kc_boot_0.025 R0-sample_37564.txt	Bootstrap的0.025R_0的抽样样本文档
Kc_boot_0.975 R0-sample_96647.txt	Bootstrap的0.975R_0的抽样样本文档
Kd_Life Table_0.025 lambda-sample_53359.txt	Bootstrap的0.025λ的生命表文档
Kd_Life Table_0.975 lambda-sample_33204.txt	Bootstrap的0.975λ的生命表文档
Ke_Life Table_0.025 r-sample_53359.txt	Bootstrap的0.025r的生命表文档
Ke_Life Table_0.975 r-sample_33204.txt	Bootstrap的0.975r的生命表文档
Kf_Life Table_0.5 R0-sample_39193.txt	Bootstrap的0.5R_0的生命表文档
Kf_Life Table_0.025 R0-sample_37564.txt	Bootstrap的0.025R_0的生命表文档
Kf_Life Table_0.975 R0-sample_96647.txt	Bootstrap的0.975R_0的生命表文档

第八章　结合生命表理论与多项式定理

前面讨论了自我随机归还取样技术（Bootstrap technique）与以其为基础的配对检验（paired bootstrap test）。自我随机归还取样技术不需假设数据为正态分布，由于其优点众多，已广泛应用于很多科学研究领域。Ding 等（2021）、Zhao 等（2021）、Taghizadeh 和 Chi（2022）与 Chi 等（2023）将多项定理应用于生命表研究，以计算所有 Bootstrap 样本的理论概率，并考虑不育样本的问题。

第一节　可育与不育之样本

由 n 个个体构成的种群是一个集合 P：

$$P = \{a_1, a_2, \cdots, a_n\}$$

其中 a_1, a_2, $\cdots$, a_n 代表 n 个不同的个体。集合 P 的元素数目为 $|P|$，显然 $|P| = n$。P 集合中所有具生育能力的雌虫也是一个集合 P_F：

$$P_F = \{a_x : a_x \in P \text{ and } a_x \text{ is a fertile female}\}$$

同样的，P 集合中所有具生育能力的雄虫也是一个集合 P_M：

$$P_M = \{a_x : a_x \in P \text{ and } a_x \text{ is a fertile male}\}$$

所有在成虫前期死亡的个体、不育雌虫与不育雄虫则构成不育集合 P_N：

$$P_N = \{a_x : a_x \in P \text{ and } a_x \text{ is an infertile individual}\}$$

集合 P 就是 P_F、P_M 与 P_N 的联集：

$$P = P_F \cup P_M \cup P_N$$

每一个利用 Bootstrap 技术取得的样本也是一个集合：

$$P_b = \{a_{x_1}, a_{x_2}, \cdots, a_{x_n}\}$$

其中 $a_{x_i} \in P$ 且 $1 \leqslant i \leqslant n$。由于自我随机归还取样技术基于计算机模拟取样，每个个体都可能被重复选取，也就是可能有 $a_{x_i} = a_{x_k}$。若自种群 P 使用 $B = 100\,000$ 次随机抽样，则这 100 000 个样本也是一个集合 P_A：

$$P_A = \{P_1, P_2, \cdots, P_B\}$$

集合 P_A 的元素数目为 $|P_A| = 100\,000$。

如果种群需两性交配才能繁殖，而样本全部为雌虫或在成虫前期死亡的个体，则是一

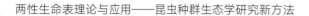

个不育样本：

$$P_{b,FN} = \{\{a_{x_1}, \cdots, a_{x_n}\} : a_{x_i} \in P_F \text{ or } a_{x_i} \in P_N\}$$

同理，若样本中仅有雄虫或在成虫前期死亡的个体，也是一个不育样本：

$$P_{b,FM} = \{\{a_{x_1}, \cdots, a_{x_n}\} : a_{x_i} \in P_M \text{ or } a_{x_i} \in P_N\}$$

当然，若样本中仅有在成虫前期死亡的个体，同样为不育样本：

$$P_{b,N} = \{\{a_{x_1}, \cdots, a_{x_n}\} : a_{x_i} \in P_N\}$$

所有不育样本的集合 P_I 即是 $P_{b,FN}$、$P_{b,MN}$ 与 $P_{b,N}$ 的联集：

$$P_I = P_{b,FN} \cup P_{b,MN} \cup P_{b,N}$$

所有可育样本的集合为：

$$P_E = P_A - P_I$$

孤雌生殖种群不育样本的集合为：

$$P_I = P_{b,N} = \{\{a_{x_1}, \cdots, a_{x_n}\} : a_{x_i} \in P_N\}$$

孤雌生殖种群可育样本的集合为：

$$P_E = P_A - P_I$$

第二节　多项式定理

从 n 个个体的种群中随机取 n 个个体的取样结果可以用多项定理（Ross，2006）表示：

$$(a_1 + a_2 + \cdots + a_n)^n = \sum_{\substack{(n_1, \cdots, n_n): \\ n_1 + \cdots + n_n = n}} \binom{n}{n_1, n_2, \cdots, n_n} a_1^{n_1} a_2^{n_2} \cdots a_n^{n_n}$$

$a_1^{n_1} a_2^{n_2} \cdots a_n^{n_n}$ 代表一个 Bootstrap 样本，其中 n_1 是个体 a_1 在此 Bootstrap 样本中出现的次数，n_2 是样本中个体 a_2 出现的次数，n_n 是样本中个体 a_n 出现的次数，$n_i \geqslant 0$ 且 $n_1 + n_2 + \cdots + n_n = n$。所有可能的 Bootstrap 取样方法为 n_n。多项式中的 $\binom{n}{n_1, n_2, \cdots, n_n}$ 称为多项系数，$\binom{n}{n_1, n_2, \cdots, n_n} = \dfrac{n!}{n_1! n_2! \cdots n_n!}$。

多项系数代表 $a_1^{n_1} a_2^{n_2} \cdots a_n^{n_n}$ 这个个体组合的不同排列方式，也就是不同的取样序列。每个个体出现 1 次的样本为 $a_1^1 a_2^1 \cdots a_n^1$，其多项系数为：

$$\binom{n}{1, 1, \cdots, 1} = \frac{n!}{1! 1! \cdots 1!} = n!$$

也就是有 $n!$ 种取样顺序可得到相同的样本 $a_1^1 a_2^1 \cdots a_n^1$。

若 $a_1^{n_1} a_2^{n_2} \cdots a_n^{n_n}$ 中任一 $n_x > 1$，则 $n_x! > 1$，那么必然：

$$\binom{n}{n_1, n_2, \cdots, n_n} = \frac{n!}{n_1! n_2! \cdots n_n!} < \frac{n!}{1! 1! \cdots 1!}$$

所以样本 $a_1^1 a_2^1 \cdots a_n^1$ 的多项系数是所有多项系数中最大的，也就是拿到 $a_1^1 a_2^1 \cdots a_n^1$ 的机会大于其他任意一个 $a_1^{n_1} a_2^{n_2} \cdots a_n^{n_n}$。所有多项系数之和 S_M 为：

$$S_M = \sum_{\substack{n_1, \cdots, n_n : \\ n_1 + \cdots + n_n = n}} \binom{n}{n_1, n_2, \cdots, n_n} = n^n$$

取样顺序不同也可能有相同的个体组成，由不同个体组合构成的生命表数目就是多项式右方的项数 L_n：

$$L_n = \binom{2n-1}{n} = \binom{2n-1}{n-1}$$

若 $n = 10$，$L_n = 92\,378$。自种群 P 得到的所有样本构成真正的样本空间 S：

$$S = \{\{a^{n_1}, \cdots, a^{n_n}\} : 0 \leqslant n_i \leqslant n \text{ and } n_1 + n_2 + \cdots + n_n = n\}$$

显然 $|S| = L_n$，但各样本的多项系数不同。若 $n = 10$，$B = 100\,000$，$B \ll L_n \ll n^n$。因此，使用 100 000 次随机取样所得的结果 $P_A \subset S$，P_A 无法代表样本空间的所有可能样本。

第三节　随机取样样本概率

利用 Bootstrap 技术获得任一特别个体组合 $a_1^{n_1} a_2^{n_2} \cdots a_n^{n_n}$ 的概率为：

$$P_r(a_1^{n_1} a_2^{n_2} \cdots a_n^{n_n}) = \frac{\binom{n}{n_1, n_2, \cdots, n_n}}{n^n} = \frac{\binom{n}{n_1, n_2, \cdots, n_n}}{S_M}$$

如前所述，样本 $a_1^1 a_2^1 \cdots a_n^1$ 的多项系数为所有多项系数的最大者，即 $\binom{n}{1, 1, \cdots, 1} = \frac{n!}{1! 1! \cdots 1!} > \binom{n}{n_1, n_2, \cdots, n_n} = \frac{n!}{n_1! n_2! \cdots n_n!}$，若 $a_1^{n_1} a_2^{n_2} \cdots a_n^{n_n}$ 中任一 $n_x > 1$，故 $P_r(a_1^1 a_2^1 \cdots a_n^1)$ 为所有 $P_r(a_1^{n_1} a_2^{n_2} \cdots a_n^{n_n})$ 中最大者，$P_r(a_1^1 a_2^1 \cdots a_n^1) = \binom{n}{1, 1, \cdots, 1} \Big/ n^n = \frac{n!}{n^n}$。

对 $n = 30$ 的种群而言，多项式右侧的展开项数为 $L_n = 59\,132\,290\,782\,430\,712$，而 $a_1^1 a_2^1 \cdots a_n^1$ 仅为其中一项，虽然 $P_r(a_1^1 a_2^1 \cdots a_n^1)$ 为所有 $P_r(a_1^{n_1} a_2^{n_2} \cdots a_n^{n_n})$ 中最大者，但其概率仍极为微小。

因为 $P_r(a_1^1 a_2^1 \cdots a_n^1) = \frac{n!}{n^n} = \frac{30!}{30^{30}} = 1.288\,32 \times 10^{-12}$，所以对只有 30 个个体的种群，即使使用 100 000 次随机重复取样，取到与原始种群有相同个体组合的样本概率也几乎为 0。由于不同的雌虫可能有相同的繁殖率，不同的样本可能有相同的净增殖率。因此获得与原始种群有相同净增殖率的概率高于取到与原始种群有相同个体组合的样本概率。

利用 Bootstrap 技术获得任一特别个体组合 $a_1^{x_1} a_2^{x_2} \cdots a_n^{x_n}$ 的理论概率为 $P_r(a_1^{x_1} a_2^{x_2} \cdots a_n^{x_n})$，

若在 $B = 100\,000$ 的随机样本中获得一个特别个体组合 $a_1^{x_1} a_2^{x_2} \cdots a_n^{x_n}$ 的样本，有些人会认为其概率为 $P_r(a_1^{x_1} a_2^{x_2} \cdots a_n^{x_n}) = \dfrac{1}{100\,000}$ ，这是错误的。

一般而言，彩票中奖的理论概率极低，偶尔有人中奖，纯属幸运。但一般人会误信类似的错误概率而增加购买意愿，因此通常有人中奖后，彩票的销售量会提升。

在 $B = 100\,000$ 的随机样本中，获得任何一个特别个体组合 $a_1^{x_1} a_2^{x_2} \cdots a_n^{x_n}$ 的概率，仍然必须依据样本空间 S 所有多项系数的总和计算：

$$P_r(a_1^{x_1} a_2^{x_2} \cdots a_n^{x_n}) = \frac{\binom{n}{x_1, x_2, \cdots, x_n}}{n^n} = \frac{\binom{n}{x_1, x_2, \cdots, x_n}}{S_M}$$

第四节　可育与不育样本概率

若两性生殖种群可育样本的条件是至少有一对能生育的成虫，则一个样本中全部为雌虫或在成虫前期死亡的个体（N型个体）是不育样本；同样地，全部为雄虫或N型个体的样本也都是不育样本。Chi 等（2022）指出种群中全部为雌虫或N型个体的概率为：

$$P_{r,FN} = \frac{(N_F + N_N)^n}{n^n}$$

全部为雄虫或N型个体的概率为：

$$P_{r,MN} = \frac{(N_M + N_N)^n}{n^n}$$

全部为N型个体的概率为：

$$P_{r,N} = \frac{(N_N)^n}{n^n}$$

获得不育样本的总概率为前三者之和，即：

$$P_{r,I} = P_{r,FN} + P_{r,MN} - P_{r,N}$$

获得可育样本的总概率则是：

$$P_{r,E} = (1 - P_{r,FN} - P_{r,MN} + P_{r,N}) = (1 - P_{r,I})$$

对孤雌生殖的种群而言，获得不育和可育样本的概率为：

$$P_{r,I} = P_{r,N}$$

$$P_{r,E} = (1 - P_{r,I})$$

Shi 等（2023）提出可育样本的条件为两对能生育成虫的计算方法。

第五节　使用多项定理的创新方法

为了正确应用多项式定理，必须计算所有可能的组合和他们的多项式系数。之后便可以很容易地计算出不同个体组合的生命表、种群参数以及可育和不育生命表的概率。如果 $n = 6$，则所有可能的排列数为 $6^6 = 46\ 656$，个体组合种类（L）共有 462 种。我们使用Mathematica（Wolfram Research, Inc. 2010）制备 $n = 6$ 的所有个体组成和多项式系数（请见附录七）。这些多项式系数和个体组成可用于任何 6 个个体的生命表。

为了显示多项式定理与 Bootstrap 的差异，我们先将 Jin 等（2024）的个体饲养的生命表利用 Bootstrap 技术制作 $n = 10$ 的 0.5 百分位生命表，其组成为 $N_F = 3$, $N_M = 7$, $N_N = 0$, $R_0 =$ 59.3 offspring/individual。再利用多项定理、Bootstrap 技术 $B = 100\ 000$ 与 $B = 1\ 000$ 分别分析此 0.5 百分位生命表。分析结果的各种 R_0 的概率（probability）分布如下图所示。

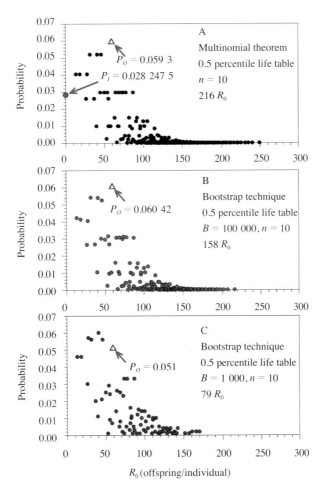

当应用多项式定理时，$n = 10$ 的取样方法有 $10^{10} = 10\ 000\ 000\ 000$ 种，不同的个体组成有 $L = 93\ 278$ 种，计算公式如下：

$$L_n = \binom{2n-1}{n} = \binom{2n-1}{n-1} = \binom{19}{10} = 92\,378$$

应用多项式定理计算可知此0.5百分位生命表共有216种 R_0，可以得到所有可育的215种（上图A中 $R_0 > 0$ 的黑点与黄色三角点）和不育的 R_0（上图A中的红点，$R_0 = 0$，其概率为0.028 247 5）。与0.5 百分位相同的生命表样本的多项系数之和为 592 950 960，其概率 P_O 为0.059 3（上图A中的黄色三角点）。当应用 Bootstrap 技术并且只接受可育的样本时，使用 $B = 100\,000$ 的Bootstrap结果（图B）忽略了所有不育个体组合和许多种可育组合，因而高估了可育样本的概率；与0.5百分位相同的生命表概率 P_O 为0.060 42。$B = 1\,000$ 的Bootstrap结果（图C）也忽略了所有不育个体组合和许多种可育组合，也高估了可育样本的概率；与0.5百分位相同的生命表概率 P_O 为0.051。100 000个Bootstrap结果（图B）能观测到158种个体组合的生命表，其分布近似多项式定理的结果。与 $B = 100\,000$ 取样相比，使用 $B = 1\,000$ 取样的结果（图C）只能观测到79种个体组合的生命表，遗漏了更多的生命表。

若利用多项式定理计算0.025百分位生命表（其组成为 $N_F = 1$，$N_M = 9$，$N_N = 0$，$R_0 = 13.2$ offspring/individual），由于只有1只雌虫，虽然不同的个体组成也仍有 $L = 93\,278$ 种，但只有10种 R_0，可育的9种（下图A中 $R_0 > 0$ 的黑点与黄色三角点）和1种不育的 R_0（下图A中的红点，$R_0 = 0$，其概率为0.348 68）。与0.025百分位相同的生命表的概率 P_O 为0.387 42（下图A中的黄色方点）。应用Bootstrap 技术并且只接受可育的样本时，使用 $B = 100\,000$ 的Bootstrap 结果只有7种 R_0（图B），也高估了可育样本的概率；与0.025百分位相同的生命表概率 P_O 为0.595 66。$B = 1\,000$ 的Bootstrap结果只有5种 R_0（图C），也高估了可育样本的概率；与0.025百分位相同的生命表的概率 P_O 为0.601。可育雌虫的比率越低，生命表的 R_0 的种类就越少。

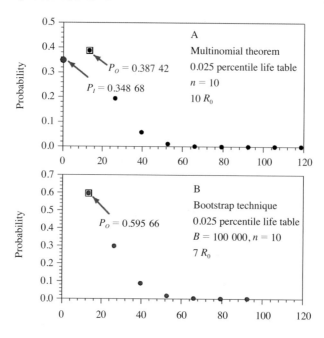

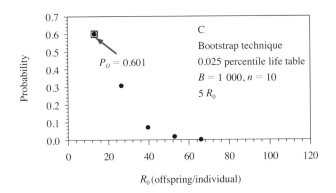

Chi等（2022）证明多项式定理可用于获得所有可能生命表（包括可育和不育组合）。当不育的组合被忽略时，Bootstrap技术会产生有偏差的结果，种群密度低时，偏差更大。Chi等（2022）论述了样本数对可育和不育组合概率的影响。样本数较小时，不育组合的比例较高。在农作物害虫入侵的初始阶段，害虫密度非常低。准确评估低密度的害虫种群存活概率与害虫治理至关重要，因此无论本地害虫或入侵害虫的风险评估都必须包含不育样本。

在计算机时代之前，计算一个数的对数十分困难。数学教科书会在附录中提供常见对数表。现在，使用智能手机或类似设备可以很容易地找到一个数的对数。然而，多项式定理和Bootstrap技术等复杂计算仍需使用计算机程序。尽管Chi等（2022）在补充材料中提供了 $n = 5$ 集合 Q 的详细多项式系数，但对大多数不会计算机编程的研究人员而言，若要在生命表分析中使用集合 Q，并不容易。

普遍性或通用性是科学理论的重要特性。勾股定理（$a^2 + b^2 = c^2$）可以应用于任何直角三角形。余弦定理（$c^2 = a^2 + b^2 - 2ab \times \cos\theta$）的通用性更高，可以用在"所有的三角形"。多项式定理也是数学理论，对同一个 n 而言，多项系数能用于任何 n 个个体的种群。勾股定理只有三个参数，多项定理有 n 个参数，正如一般人用 n 表示很多、未知或困难，多项式定理对一般研究人员而言也不容易。虽然，利用多项式定理可以计算 n 个个体的可育与不育生命表组合与各组合的概率，并能依据个体繁殖力和寿命计算各种组合的种群净增殖率、周限增长率和内禀增长率。但要计算数百个或数千个多项式系数与个体组合却十分困难。如果能提供给研究人员 n 个个体的多项式系数与个体组合，可以使多项式定理的应用更加容易，研究人员便能将多项式定理应用于生命表研究。

目前，TWOSEX-MSChart可使用6至15个个体的多项式系数分析任何生命表的精确概率。15个个体的文件是使用 TRUBA（土耳其 TÜBİTAK-ULAKBİM 高性能和网格计算中心）完成计算的，其中包含77 558 760个多项式系数和个体。由于档案极大（4.07 GB）我们将其置于"DOI 10.5281/zenodo.11257789"供使用者下载使用。此档案可以导入TWOSEX-MSChart或研究人员自行设计的超级计算机程序、集群计算程序中。

第九章　捕食率与取食量

第一节　捕食率、寄生率与取食率的重要性

捕食、寄生与取食是生态系统中种群间主要的关系。了解种群间的关系才能进一步研究群落生态学与系统生态学。捕食、寄生与取食虽然不同，但在理论上是相同的。研究捕食、寄生与取食也必须依据生命表理论，同时考虑天敌与猎物的年龄结构。一般生态学教科书中常见的捕食模型，均未考虑年龄与龄期，无法正确描述捕食作用。Hassell（1978）在其著作 *The Dynamics of Arthropod Predator-Prey System* 中明确指出"考虑捕食者与被捕食者种群的年龄结构是研究捕食作用的重要步骤"。老虎、狮子、老鹰、昆虫、螨类的捕食能力都随年龄与发育阶段而变化，为了正确地评估和比较捕食者与寄生者的生物防控能力，必须依据生命表理论，了解捕食率与寄生率随年龄与龄期的变化，才能正确研究捕食者与猎物的关系，也才能在生物防治中估计释放的天敌数量与释放时机。对害虫而言，必须收集害虫的取食率，才能正确评估害虫的危害并设置经济阈值。

生命表是种群生态学最重要的基础。使用生命表可以进行准确的种群预测，设计有效的害虫防治、大规模饲养计划等。但是，只有天敌的生命表，无法了解天敌捕食对害虫种群的影响，也就不能做好生物防治工作。研究天敌的捕食率可以了解其对害虫种群的控制能力。但是，只有天敌的捕食率，也无法了解天敌种群增长与捕食对害虫种群的影响，仍然不能做好生物防治工作，也无法研究种群间的相互作用。

因此，将捕食率与生命表结合是促进生命表科学理论研究与实际应用的重要工作。下图显示捕食者的生命表与捕食率结合后可以研究天敌对猎物种群增长的影响，而害虫的生命表与害虫取食量结合后可以研究害虫对作物的危害。这些知识是追求经济、有效、安全害虫治理的根本。本章将介绍以生命表为基础的捕食率的理论，并以实例介绍利用CONSUME-MSChart软件（以下缩写为CONSUME）分析捕食率、寄生率与取食量资料。

生物防治需要将生命表与捕食/寄生联系起来，但结合生命表与捕食率是一项困难的工作。在Chi和Liu（1985）与Chi（1988）发表年龄龄期两性命表理论后，由于两性生命表可完整描述种群本身的特性，生态学者认为了解两性生命表理论是研究种群生态学的主要工具，并开始学习两性生命表理论与数据分析，发表的论文极多。但生命表只是开始，种群生态的研究不能就此结束。Chi和Yang（2003）首次将捕食率纳入两性生命表研究，两性生命表的捕食率能准确描述捕食率随年龄与龄期的变化，将生命表与捕食率结合便能显现捕食者的生态功能。

第二节 含有捕食率的生命表记录

生命表研究中，研究人员收集了每只昆虫的发育历期与每日产卵量，如下图所示。

序号	性别	发育历期				日产卵量								
		卵	幼虫	蛹	成虫	1	2	3	4	5	6	7	8	9
1	M	6	11	12	6									
2	F	6	10	11	10	0	124	12	0	4	2			
..	..	..	..	..	..									
20	N	6	-10											

生命表研究也可以同时收集每日捕食的食饵数目或寄生的害虫数目，如下所示。

	性别	0	1	2	3	4	5	6	7	8	9	10	11	12	13	14	15	16	17
1	M	E0	E0	E0	E0	E0	E0	L3	L5	L5	L8	L7	L12	L10	L9	L8	L11	L10	P0
2	F	E0	E0	E0	E0	E0	E0	L4	L5	L5	L9	L11	L11	L15	L16	L15	L10	P0	P0
...	...	...	...	...	...	...	...												
20	N	E0	E0	E0	E0	E0	E0	L6	L8	L12	L11	L8	L7	L10	L4	L4	L0		

卵期不需要取食

捕食性瓢虫每日捕食的蚜虫数目或小菜蛾寄生蜂每日寄生的小菜蛾幼虫数目都是整数。但小菜蛾或斜纹夜蛾取食叶片时，取食叶片的面积则为非整数，其记录如下图。

	性别	0	1	2	3	4	5	6	7	8	9	10	11	12	13	14	15	16	17
1	M	E 0	E 0	E 0	E 0	E 0	E 0	L 3.2	L 5.1	L 4.1	L 8.5	L 7.3	L 12.2	L 10.5	L 9.5	L 8.4	L 11.5	L 10.4	P 0
2	F	E 0	E 0	E 0	E 0	E 0	E 0	L 4.2	L 5.4	L 5.4	L 9.6	L 11.2	L 11.4	L 15.2	L 16.5	L 15.2	L 10.4	P 0	P 0
…	…	…	…	…	…	…	…												
20	N	E 0	E 0	E 0	E 0	E 0	E 0	L 6.5	L 4	L 1	L 1.6	L 8.4	L 7.4	L 10.2	L 4.2	L 4.3	L 0		

卵期不取食　　　　　　　　　　叶片取食量为非整数

生命表研究中若收集了每只昆虫的发育历期、日产卵量与捕食率，必须分别制备生命表档案与捕食率档案。生命表文件格式已于第二章详述。捕食率档案如下图所示，其开始的基本信息以及虫数、性别数与龄期数书写均与生命表制备时完全相同，只是在输入完生命表每个个体发育历期后，不输入繁殖率，而要在其下一行输入每天的捕食量/寄生量/取食量，用"-1"来结束每个龄期的捕食数据。在输入时，若某个龄期的末尾取食量都为0，这些0可以省略，但若中间某一天的取食量为0，这个0不可省略。如第1个个体是雄性，卵、幼虫、蛹、成虫的发育时间分别为6、11、12和6天。由于卵期不进食，所以直接用"-1"来结束卵期的捕食数据。幼虫存活11天，捕食率分别为8、5、9、5、6、7、4、8、5、3、8，最后也用"-1"结束幼虫期的捕食数据。蛹期也不进食，可以直接用"-1"来结束蛹期的捕食数据。因此会有连续两个"-1"的情形。成虫存活6天，捕食率分别为17、23、17、18、19、20，最后用"-1"结束此龄期的数据。

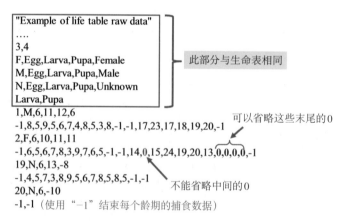

```
"Example of life table raw data"
….
3,4
F,Egg,Larva,Pupa,Female
M,Egg,Larva,Pupa,Male
N,Egg,Larva,Pupa,Unknown
Larva,Pupa
```
此部分与生命表相同

```
1,M,6,11,12,6
-1,8,5,9,5,6,7,4,8,5,3,8,-1,-1,17,23,17,18,19,20,-1
2,F,6,10,11,11
-1,6,5,6,7,8,3,9,7,6,5,-1,-1,14,0,15,24,19,20,13,0,0,0,0,-1
19,N,6,13,-8
-1,4,5,7,3,8,9,5,6,7,8,5,8,5,-1,-1
20,N,6,-10
-1,-1 （使用"-1"结束每个龄期的捕食数据）
```
可以省略这些末尾的0

不能省略中间的0

我们也为读者提供了详细的捕食者生命表范例"Eg-H-life table Hd.txt"和捕食者捕食率范例"Eg-I-predation-Hd.txt"，详细内容请见附录一的范例H和范例I。

第三节 CONSUME的分析步骤

CONSUME的安装与第三章TWOSEX安装相同，登录账号、密码也相同，登录成功后将看到下图界面。

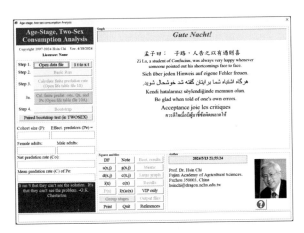

当你使用CONSUME软件时，你必须引用如下软件说明和参考文献：

- Chi H, 2024. CONSUME-MSChart: a computer program for the predation rate analysis based on age-stage, two-sex life table. National Chung Hsing University, Taichung, Taiwan. (https://www.faas.cn/cms/sitemanage/index.shtml?siteId=810640925913080000).
- Chi H, Yang T C, 2003. Two-sex life table and predation rate of *Propylaea japonica* Thunberg (Coleoptera: Coccinellidae) fed on *Myzus persicae* (Sulzer)(Homoptera: Aphididae). Environmental Entomology, 32(2): 327-333.

一、Open数据

分析数据时，首先点击"Open data file"读取数据。

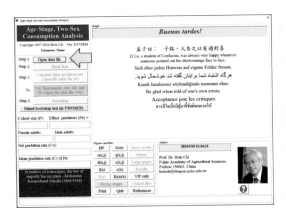

此时会弹出"Each time unit = ？（Enter the time unit of your data (1 or 0.5)"，请输入生命表记录时所用的时间单位，0.5代表每0.5天记录1次捕食率，1代表每天记录1次捕食率，然后点击"OK"。

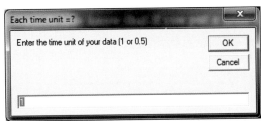

接着需要选择数据文档，选择含有捕食率/取食量的数据文档并打开。

CONSUME软件会识别出文档中的错误，请依据提示改正你的数据。例如下图信息提示：请检查第2个或第3个个体的数据，请核对后再运行。

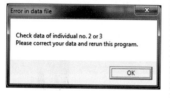

人类可能犯的错误极多，CONSUME软件不可能预测使用者可能犯的所有错误，使用者必须依据前述的数据格式，自行检查错误。使用者不宜依赖其他人的协助。唯有当使用者自行尽力尝试除错数十次后，才能寻求其他专家学者的协助。

当你的数据没有错误时，会出现下图信息，询问是否要制备0.025、0.975百分位或其他特定生命表对应的捕食率档案，如果你已经制备了0.025和0.975百分位的生命表，你可以选择"Yes"，让CONSUME为这些生命表准备相对应的含有捕食率的数据文件。如果没有制备0.025与0.975的Bootstrap生命表，则必须选择"No"。第1次分析一般选择"No"。

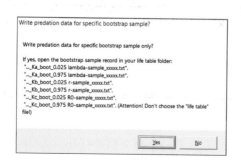

二、接着点击"Basic Run"，软件开始分析

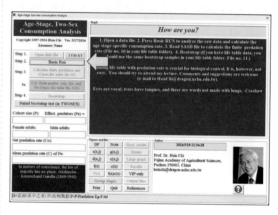

分析结束会出现小测验，请不要忽视它们，务必认真思考、计算并填写你的答案。

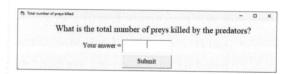

填写你的答案后，可以按"Submit"进行核对。若你给的答案是错误的，请务必详细阅读下方的解释，以确保真正掌握相关的知识与理论。

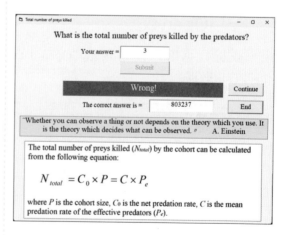

当我们看到下图时，捕食率或取食量的基本分析已完成。

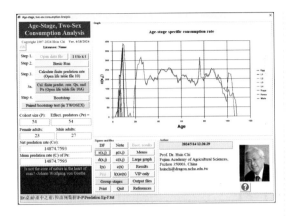

在分析的输出文档"…00_Basic_Output. txt"中有详细的数据与分析结果，使用者务必认真阅读，若有不了解之处，应阅读相关论文。在"Basic_Output.txt"中，我们可以看到年龄龄期实际数目矩阵N，这个矩阵N必须与你生命表分析中的矩阵N完全相同。若有差异，请检查你的数据档案，更正错误后重新分析。若你的生命表与捕食率是分别收集的，则两者不同；分别收集的数据也可以分析。

同时我们也会得到总捕食/取食量的矩阵T，t_{xj}是在年龄x龄期j所有个体的总取食量。

总取食量矩阵(T)

Age	Egg	Larva	Pupa	Female	Male
0	0	–	–	–	–
1	0	–	–	–	–
2	0	–	–	–	–
3	0	15	–	–	–
4	0	26	–	–	–
5	0	24	–	–	–
6	–	35	0	–	–
7	–	33	0	–	–
8	–	27	0	–	–
9	–	11	0	–	–
10	–	6	0	–	–
11	–	4	0	–	–
12	–	1	0	–	–
13	–	–	0	–	–
14	–	–	0	8	–
15	–	–	0	9	–
16	–	–	0	24	5
17	–	–	0	19	28
18	–	–	–	27	29
19	–	–	–	34	43
20	–	–	–	38	12

如果你看到矩阵T中蛹期出现了捕食率（如下图所示），请检查你的数据文件并更正错误。

年龄龄期存活数矩阵 (N)

Age	Egg	Larva	Pupa	Female	Male
0	10	–	–	–	–
1	10	–	–	–	–
2	10	–	–	–	–
3	4	6	–	–	–
4	2	8	–	–	–
5	1	9	–	–	–
6	–	9	1	–	–
7	–	9	1	–	–
8	–	8	2	–	–
9	–	4	5	–	–
10	–	3	6	–	–
11	–	2	7	–	–
12	–	1	8	–	–
13	–	–	8	–	–
14	–	–	7	1	–
15	–	–	6	1	–
16	–	–	3	3	1
17	–	–	2	3	2
18	–	–	–	3	3
19	–	–	–	3	3
20	–	–	–	3	1

总取食量矩阵(T)

Age	Egg	Larva	Pupa	Female	Male
0	0	–	–	–	–
1	0	–	–	–	–
2	0	–	–	–	–
3	0	15	–	–	–
4	0	26	–	–	–
5	0	24	–	–	–
6	–	35	0	–	–
7	–	33	0	–	–
8	–	27	0	–	–
9	–	11	0	–	–
10	–	6	0	–	–
11	–	4	4	–	–
12	–	1	0	–	–
13	–	–	0	–	–
14	–	–	0	8	–
15	–	–	0	9	–
16	–	–	0	24	5
17	–	–	0	19	28
18	–	–	–	27	29
19	–	–	–	34	43
20	–	–	–	38	12

Error!

 思辨

可否计算矩阵T的每一列或每一行的总和?

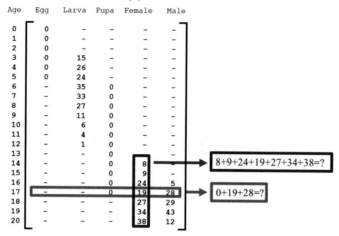

总取食量矩阵(T)

Age	Egg	Larva	Pupa	Female	Male
0	0	–	–	–	–
1	0	–	–	–	–
2	0	–	–	–	–
3	0	15	–	–	–
4	0	26	–	–	–
5	0	24	–	–	–
6	–	35	0	–	–
7	–	33	0	–	–
8	–	27	0	–	–
9	–	11	0	–	–
10	–	6	0	–	–
11	–	4	0	–	–
12	–	1	0	–	–
13	–	–	0	–	–
14	–	–	0	8	–
15	–	–	0	9	–
16	–	–	0	24	5
17	–	–	0	19	28
18	–	–	–	27	29
19	–	–	–	34	43
20	–	–	–	38	12

8+9+24+19+27+34+38=?

0+19+28=?

红色框的总和47是种群在年龄17时所有个体的总捕食率/取食量，蓝色框的总和159是所有雌成虫的总捕食率/取食量。

矩阵C是年龄龄期平均捕食率/取食量（c_{xj}），其计算公式与矩阵如下所示：

$$c_{xj} = \frac{t_{xj}}{n_{xj}}$$

年龄龄期取食率矩阵(C)

Age	Egg	Larva	Pupa	Female	Male
0	0	–	–	–	–
1	0	–	–	–	–
2	0	–	–	–	–
3	0	2.5	–	–	–
4	0	3.25	–	–	–
5	0	2.6667	–	–	–
6	–	3.8889	0	–	–
7	–	3.6667	0	–	–
8	–	3.375	0	–	–
9	–	2.75	0	–	–
10	–	2	0	–	–
11	–	2	0	–	–
12	–	1	0	–	–
13	–	–	0	–	–
14	–	–	0	8	–
15	–	–	0	9	–
16	–	–	0	8	5
17	–	–	0	6.3333	14
18	–	–	–	9	9.6667
19	–	–	–	11.3333	14.3333
20	–	–	–	12.6667	12

 思辨

计算矩阵C的每一列或每一行的总和是否合理？

年龄龄期取食率矩阵(C)

Age	Egg	Larva	Pupa	Female	Male
0	0	–	–	–	–
1	0	–	–	–	–
2	0	–	–	–	–
3	0	2.5	–	–	–
4	0	3.25	–	–	–
5	0	2.6667	–	–	–
6	–	3.8889	0	–	–
7	–	3.6667	0	–	–
8	–	3.375	0	–	–
9	–	2.75	0	–	–
10	–	2	0	–	–
11	–	2	0	–	–
12	–	1	0	–	–
13	–	–	0	–	–
14	–	–	0	8	–
15	–	–	0	9	–
16	–	–	0	8	5
17	–	–	0	6.3333	14
18	–	–	–	9	9.6667
19	–	–	–	11.3333	14.3333
20	–	–	–	12.6667	12

8+9+8+6.3333+9+11.3333+12.6667=?

0+6.3333+14=?

红色框的总和为20.333 3，蓝色框总和为64.333 3。计算矩阵C的每一列或每一行的总和是错误的，因为它忽略了个体存活到不同年龄x与不同龄期j的存活率（权重的差异）。6.333 3是3只雌虫的平均捕食率，而14是2只雄虫的捕食率。计算c_{xj}的总和与计算GRR一样是错误的，因为忽略了存活率，是没有意义的。

矩阵B是年龄龄期净捕食率矩阵，年龄龄期净捕食率b_{xj}的计算公式如下所示，这里就考虑了存活率：

$$b_{xj} = s_{xj}c_{xj}$$

用矩阵表示就是如下图所示。

年龄龄期净捕食率矩阵(B)

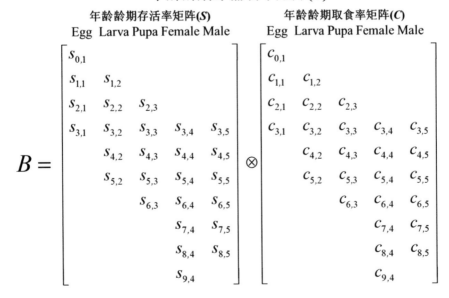

年龄龄期存活率矩阵(S) 　　　　年龄龄期取食率矩阵(C)

年龄龄期净捕食率矩阵(B)

$$B =$$

Age	Egg	Larva	Pupa	Female	Male
0	0	–	–	–	–
1	0	–	–	–	–
2	0	–	–	–	–
3	0	1.5	–	–	–
4	0	2.6	–	–	–
5	0	2.4	–	–	–
6	–	3.5	0	–	–
7	–	3.3	0	–	–
8	–	2.7	0	–	–
9	–	1.1	0	–	–
10	–	0.6	0	–	–
11	–	0.4	0	–	–
12	–	0.1	0	–	–
13	–	–	0	–	–
14	–	–	0	0.8	–
15	–	–	0	0.9	–
16	–	–	0	2.4	0.5
17	–	–	0	1.9	2.8
18	–	–	–	2.7	2.9
19	–	–	–	3.4	4.3
20	–	–	–	3.8	1.2

💡 思辨

计算矩阵 B 的每一列或每一行的总和是否有意义？

特定年龄捕食率用 k_x 表示，其公式为：

$$k_x = \frac{\sum_{j=1}^{\beta} s_{xj} c_{xj}}{\sum_{j=1}^{\beta} s_{xj}} = \frac{\sum_{j=1}^{\beta} b_{xj}}{\sum_{j=1}^{\beta} s_{xj}}$$

其中，b 是龄期数，c_{xj} 是年龄 x 龄期 j 时个体的捕食率/取食率，s_{xj} 是从出生存活到年龄 x 龄期 j 的存活率。

特定年龄净捕食率 q_x 的计算公式为：

$$q_x = k_x l_x = \frac{\sum_{j=1}^{\beta} s_{xj} c_{xj}}{\sum_{j=1}^{\beta} s_{xj}} \times \sum_{j=1}^{\beta} s_{xj} = \sum_{j=1}^{\beta} s_{xj} c_{xj} = \sum_{j=1}^{\beta} b_{xj}$$

q_x 也就是矩阵 B 的 x 行的总和，如下所示：

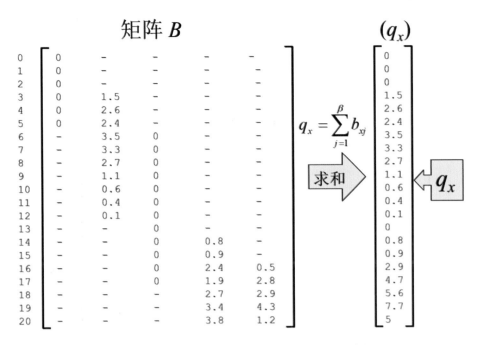

$$q_x = \sum_{j=1}^{\beta} b_{xj}$$

龄期 j 的净捕食率 z_j 是矩阵 B 每列的总和，其计算公式与矩阵如下：

$$z_j = \sum_{x=0}^{\infty} s_{xj} c_{xj}$$

年龄龄期净捕食率矩阵(B)

0	0	-		-	-
1	0	-		-	-
2	0	-		-	-
3	0	1.5		-	-
4	0	2.6		-	-
5	0	2.4		-	-
6	-	3.5	0	-	-
7	-	3.3	0	-	-
8	-	2.7	0	-	-
9	-	1.1	0	-	-
10	-	0.6	0	-	-
11	-	0.4	0	-	-
12	-	0.1	0	-	-
13	-	-	0	-	-
14	-	-	0	0.8	-
15	-	-	0	0.9	-
16	-	-	0	2.4	0.5
17	-	-	0	1.9	2.8
18	-	-	-	2.7	2.9
19	-	-	-	3.4	4.3
20	-	-	-	3.8	1.2
龄期净捕食率	0	18.2	0	15.9	11.7	z_j

　　特定年龄净捕食率 q_x 和特定龄期净捕食率 z_j 的总和都是种群净捕食率 C_0。净捕食率（或净取食率）C_0 是个体在其一生中平均取食的猎物总数。它是使用整个种群（包含雌虫、

雄虫与在成虫前期死亡的个体）计算的。

$$C_0 = \sum_{x=0}^{\infty}\sum_{j=1}^{b} s_{xj}c_{xj} = \sum_{x=0}^{\infty}\sum_{j=1}^{b} b_{xj} = \sum_{x=0}^{\infty} k_x l_x = \sum_{x=0}^{\infty} q_x$$

若生命表使用的总虫数是 N（即 $n_{0,1}$），此种群所有个体取食的猎物总数即为 NC_0。

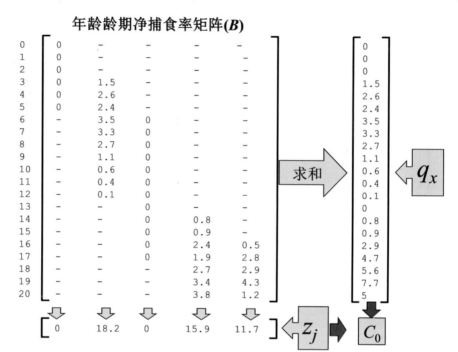

从矩阵中我们也可以看出，所有 b_{xj} 的和就是 C_0。

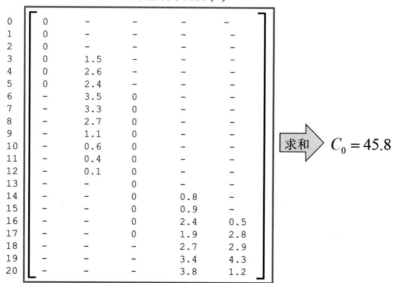

各龄期对净捕食率的贡献，可以用如下公式计算：

$$C_j = \frac{z_j}{\sum\limits_{x=0}^{\infty}\sum\limits_{j=1}^{b} s_{xj}c_{xj}} = \frac{z_j}{C_0}$$

思辨

幼虫和雌成虫哪个对净捕食率的贡献较高？如何计算 C_j 的 SE 和贡献的标准误？

累计净捕食率（C_x）的公式是：

$$C_x = \sum\limits_{i=0}^{x} l_i k_i = \sum\limits_{i=0}^{\infty}\sum\limits_{j=1}^{b} s_{ij}c_{ij}$$

C_x 是种群到年龄 x 时累计的捕食量，如下图所示。

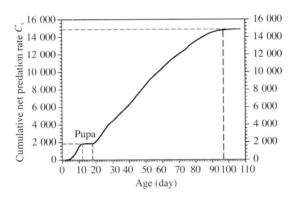

从图上可以看出种群捕食率在日龄 12 ~ 18 天之间没有大幅度增加，这是因为这段时间内大多数个体在蛹期，不进行捕食。当成虫出现后，捕食率则快速增加。日龄 97 天之后，捕食率增长较少，因为此时多数个体已经老化或死亡，捕食率极低。C_x 的曲线在生物防治中可以用来判断再度释放天敌的时机。

三、读取 SASD 以计算有限捕食率

在运行完基本分析后，可以点击"Calculate finite predation rate (Open file table file 10)"或者"Cal. Finite predate. rate, Qx and Px (Open life table file 10A)"。请注意，进行此步骤分析前，必须先用 TWOSEX 完成此捕食率的生命表文档的分析。

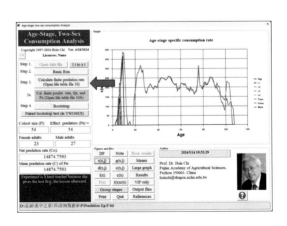

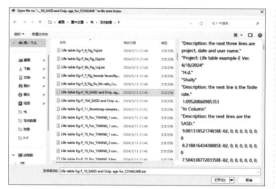

若点击"Calculate finite predation rate（Open file table file 10）"，此时会弹出文件选择框，请回到生命表的文件夹，选择此捕食率的生命表文件中编号10的文档并打开，以计算有限捕食率。

打开在生命表文件夹中分析的编号10A的文档，可以计算有限捕食率并查看$P(x)$曲线。

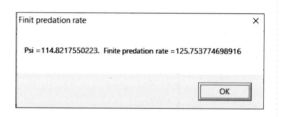

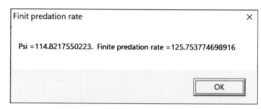

此时我们会看到稳定年龄龄期分布的捕食率Psi(ψ)和有限捕食率值（ω），并且分析结果中有一个有限捕食率的输出文件"_0A_Finite_Predation_Rate_etc.txt"。

此时我们也会看到与上一步结果相同的有限捕食率。

由于两性生命表已与捕食率结合，可以计算产生一个天敌的卵需要吃几只食饵（多少食物），这就是转化率Q_p。

$$Q_p = \frac{C_0}{R_0} = \frac{C_0 \cdot N}{R_0 \cdot N} = \frac{C_{total}}{F_{total}}$$

其中C_{total}是种群的总取食量，F_{total}是种群的子代（卵）总数。

反之，我们也可以计算净捕食率（C_0）转化为瓢虫净增殖率（R_0）的比率，或小菜蛾的净取食量（C_0）转化为小菜蛾的净增殖率（R_0）的转化率（P_c），计算公式为：

$$P_c = \frac{R_0}{C_0} = \frac{R_0 \cdot N}{C_0 \cdot N} = \frac{F_{total}}{C_{total}} = \frac{1}{Q_p}$$

其中C_{total}是种群的总取食量，F_{total}是种群的后代总卵数。

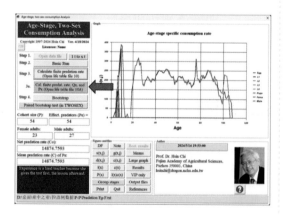

点击"Cal. Finite predate. Rate, Q_x and P_x（Open life table file 10A）"。

点击分析结果图，我们可以看到随年龄累积的$P(x)$曲线。如果累积转化率$P(x)$

110

的曲线升高后又下降，表明种群在此年龄后吃得多生得少。$P(x)$曲线降低，可以用来判断大量饲育的抛弃年龄，或释放捕食者的时间间隔，因为捕食潜力在该年龄之后会降低。

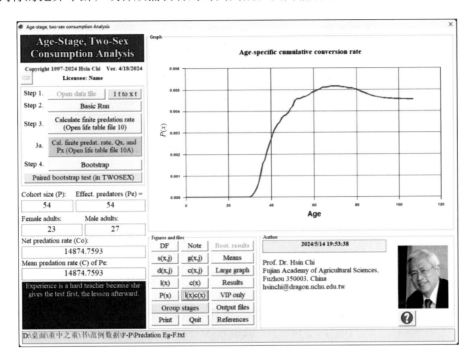

思辨

是否必须在同一个试验中收集生命表和捕食率（或取食量）数据？请读者仔细思考后再继续阅读。

在试验中为避免生命表和捕食数据之间的差异和不一致，最好在同一实验中同时研究生命表与捕食率。但是，如果同时研究很困难或无法做到，也可以分别收集生命表与捕食率，仍然可以妥善分析。理论是不变的，实验数据的收集方法可以视条件而改变。

四、使用Bootstrap样本分析捕食率

由于是计算机模拟Bootstrap技术，每次会产生不同的结果，使用较大的重复取样数（例如：$B = 100\ 000$）可以获得较稳定的结果。但是若要正确将净捕食率C_0和净增殖率R_0的分析结合，以正确估计Q_p的标准误差，我们需要将TWOSEX分析时所使用的自我随机取样样本（100 000个Bootstrap记录）用于捕食率的Bootstrap分析。TWOSEX将所有Bootstrap样本保存在文件"_11_Bootstrap samples"中。在使用Bootstrap技术分析捕食率标准误时，每个Bootstrap样本都与生命表使用的相同，如下图所示。

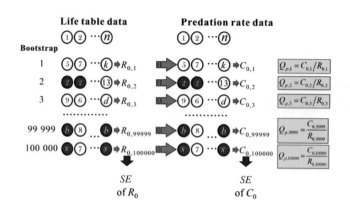

这样就可以用计算 R_0 时相同的随机样本来计算 Q_p：

$$Q_{p,b} = \frac{C_{0,b}}{R_{0,b}}$$

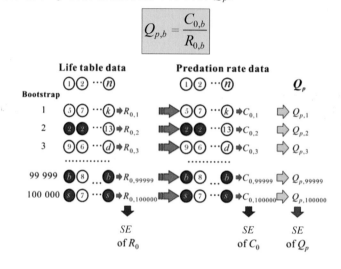

完成基本分析与有限捕食率分析后，接着点击"Bootstrap"。

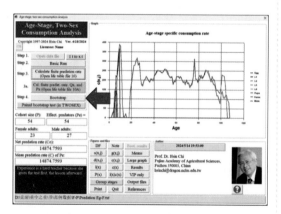

此时会询问你是否使用相同的Bootstrap样本，输入"1"是使用相同样

本，"2"是不使用相同样本，然后点击"OK"。如果你上一步选择运行了Step 3 或Step 3a，代表你曾使用Bootstrap技术分析此捕食率数据的生命表，你将被限定使用相同的Bootstrap样本，即使你输入了"2"。

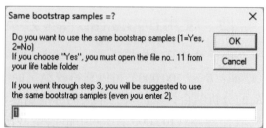

选择文档时，使用相同的Bootstrap样本，即文件名称"_11_Bootstrap samples"

的文档（在生命表文件夹中）。

点击"打开"后，Bootstrap 正在运行，请等待！

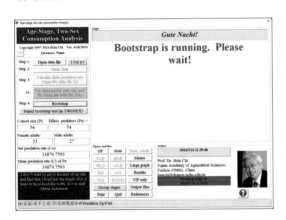

当看到下面这个"Good job"信息框时，恭喜你完成分析，你可以在保存捕食率/取食率的文件中找到所有的CONSUME输出文档和绘图文档。

点击"确定"，一般可以看到一个漂亮的正态分布图。

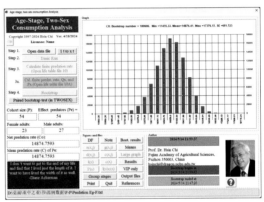

✏️ 练习

- 阅读 "_output-basic.txt" 输出文档。
- 导入绘图数据并使用 Excel 或 SigmaPlot 准备 l_x、k_x 和 q_x 曲线。
- 检验产卵率和捕食率之间的关系。

Tommasini 等（2004）研究了4种 *Orius* 在 *Ephestia kuehniella*（Zeller）和 *Frankliniella occidentalis*（Pergande）成虫上的生命表和捕食率。他们将净取食率定义为：

$$K_0 = \sum l_x K_x$$

其中 k_x 是特定年龄的捕食率，这个公式类似于Chi和Yang（2003）为年龄龄期两性生命表定义的公式（5）。然而，上式只考虑雌性个体。此外Tommasini 等（2004）计算的捕食率（k_m）为：

$$k_m = \frac{\ln K_0}{T_k}$$

其中 T_k 的计算公式为：

$$T_k = \frac{\sum l_x K_x x}{K_0}$$

在计算机普及前，计算内禀增长率十分困难，Birch（1948）介绍了估计内禀增长率的方法，是用下面的两个公式，先计算平均世代时间 T，再用估计的 T 估算 r：

$$T = \frac{\sum x l_x m_x}{\sum l_x m_x}$$

$$r = \frac{\log_e R_0}{T}$$

T 是"雌虫产卵时的平均年龄"。前面 Tommasini 等（2004）的 k_m 与 T_k 公式是模仿 Birch（1948）的概念，T_k 是"雌性捕食者捕杀猎物时的平均年龄"。因此，k_m 与 T_k 的公式与捕食率无关而且是错误的。"雌虫产卵时的平均年龄"与"雌性捕食者捕杀猎物时的平均年龄"都是很拗口的名词，这也说明 T 与 T_k 这两个公式不合逻辑。

顺便提一下，Birch（1948）的论文中也介绍了较精确的计算 r 的方法，可惜时至今日，仍有一些研究者使用简单的估算方法，先计算平均世代时间 T，再用估计的 T 估算 r。Birch（1948）的论文也已显示用估计的 T 估算的 r 值是 0.57 week^{-1}，而用较精确的方法计算的 r 值是 0.76 week^{-1}，两者差异甚大。科学研究中，若已有精确的计算方法，就应该使用，不应再用粗略的估算公式。

思辨

害虫、寄生虫和捕食者的 Q_p 之间有什么区别？

五、为什么不建议使用"功能反应"

Holling（1959a, 1959b）研究密度对天敌捕食率的影响，提出功能反应（functional response）与数量反应（numerical response）。随后昆虫学者用其方程式或修改的方程式研究不同食饵密度的捕食量的变化。在大多数功能反应的研究论文中，研究者仅收集 24 小时的捕食数据，时间太短，无法考虑到龄期间的差异，也未能考虑到较老的捕食者捕食能力降低的问题，更未能考虑捕食者在蜕皮期间不捕食的情况。在大多数情况下，功能反应仍缺乏具体的理论论证，仅仅是"曲线拟合"。科学研究中应避免没有理论依据的曲线拟合。相同的一组数据，可以找到非常多的方程式（例如：不同温度的发育速率拟合方程式），拟合结果的决定系数都很高，但其意义值得怀疑。

应结合生命表的捕食率研究，数据分析是以生命表理论为基础的，涵盖整个生活史，实用性强，并且包含两性个体与成虫前期死亡个体的捕食率。

六、连结生命表与捕食率是种群生态研究的重点

收集个体从出生到死亡的所有捕食数据，并使用CONSUME对其进行分析，这样才能正确研究捕食者与猎物间的关系。如果捕食者是群居生物，可以采用群体饲养来采集生命表数据和捕食数据，并使用TWOSEX分析数据。如果不同猎物龄期的影响很重要，则可以使用不同龄期的猎物来收集数据。例如：2龄的捕食研究、4龄的捕食研究、混合龄期猎物的捕食研究。两性生命表的捕食率也已经与TIMING计算机模拟结合，可以预测猎物和捕食者的种群增长（将于下一章中讨论）。

一个捕食者若在开始捕食前即已死亡，则是一个无效的捕食者个体，对种群的捕食率并没有贡献。如果只有N_p（或N_c）个个体发育为有效的捕食者（或取食者），则N_p个个体（或N_c的$\overline{C}$）的平均捕食率$\overline{P}$可以定义为有效捕食者的平均捕食率$\overline{P}$（或平均取食量$\overline{C}$）。

$$\overline{P} = \frac{\sum_{y=1}^{N_p}\sum_{x=0}^{a_y} p_{xy}}{N_p}, \overline{C} = \frac{\sum_{y=1}^{N_c}\sum_{x=0}^{a_y} c'_{xy}}{N_c}$$

其中a_y是个体y的最后一个年龄，p_{xy}是个体y在x年龄时的有效捕食率，c'_{xy}是有效取食量，需要注意的是c'_{xy}与c_{xj}不同。

所有有效捕食者（N_c）杀死的猎物总数（$N_c\overline{C}$）与捕食者整个种群（N）杀死的猎物总数（NC_0）是相等的。

$$N_c\overline{C} = NC_0$$

$$\frac{N_c}{N} = \frac{C_0}{\overline{C}}$$

N_c为有效捕食者数量（捕食率＞0的捕食者），N为捕食研究开始时使用的总虫数（即开始时种群个体数）。

C_0和$\overline{C}$的关系为：

$$\left.\begin{array}{l} N_c\overline{C} = NC_0 \\[2mm] \dfrac{N_c}{N} = \dfrac{C_0}{\overline{C}} \end{array}\right\} \quad \begin{array}{l} \overline{C} = \dfrac{N}{N_c} \times C_0 \\[2mm] C_0 = \overline{C} \times \dfrac{N_c}{N} \end{array}$$

如果所有个体都是有效捕食者（即$N_c = N$），则$\overline{C} = C_0$，它类似于R_0和F之间的关系。下式是净捕食率C_0与平均捕食率关系的简单证明：

$$C_0 = \sum\sum s_{xj}c_{xj} = \sum k_x l_x$$

$$NC_0 = \text{total consumed food (prey)} = N_c\overline{C}$$

这表明C_0是一个有效且合理的定义，它也表明年龄龄期两性生命表可以准确地描述捕食者与猎物的关系。

前面例子中的 Q_p 计算如下：

$$Q_p = \frac{C_0}{R_0} = \frac{14\,876.408}{67.532} = 220.287$$

表示瓢虫每产1粒瓢虫卵必须取食220.287头蚜虫。

七、如何比较捕食者与寄生蜂的生物防治效率

两种害虫，可能一种取食量高，另一种长得快，那么哪一种危害率可能较高？

同样的，两种天敌，可能一种捕食率高，另一种长得快，那么哪一种天敌较有效？

 思 辨

内禀增长率通常被用来比较害虫种群的增长潜力。我们能否依据内禀增长率判断害虫种群的危害与天敌的捕食效率，而忽略它们之间取食量与捕食率的差异？

将生命表与捕食率/取食率联系起来是种群生态学的重要一步。如果不将捕食率包含于天敌生命表研究中，就无法对天敌的捕食能力做出正确的判断。这就是为什么必须研究捕食率/取食率的原因。因此，使用两性生命表理论与TWOSEX软件，必须使用以两性生命表为基础的捕食率分析与CONSUME软件。

具有较高内禀增长率的捕食者种群可能具有较低的净捕食率。另一方面，净捕食率较高的捕食者种群却可能具有较低的内禀增长率。我们如何比较两种捕食者的效率？

为了有相同的比较基础，早期我们使用总数为1的稳定年龄龄期分布（SASD）的观念：

$$\sum_{x=0}^{\infty}\sum_{j=1}^{m} a_{xj} = 1$$

其中，a_{xj} 为SASD时年龄 x 和龄期 j 的个体在种群中的比例。稳定捕食率（ψ）是指一个种群总数为1的稳定种群每天的总捕食能力：

$$\psi = \sum_{x=0}^{\infty} \sum_{j=1}^{m} a_{xj} c_{xj}$$

然后考虑结合种群增长率的有限捕食率（$\omega = \lambda \psi$）（Chi et al., 2011；Yu et al., 2013），通过结合捕食者种群的周限增长率（λ）、年龄龄期捕食率（c_{xj}）和稳定的年龄龄期结构（a_{xj}）来描述捕食者种群的捕食潜力，其计算公式为：

$$\omega = \lambda \psi = \lambda \sum_{x=0}^{\infty} \sum_{j=1}^{m} a_{xj} c_{xj}$$

为了考虑不同种群SASD的差异，我们使用新生个体数为1的稳定的年龄龄期结构β_{xj}，$\beta_{xj} = a_{xj} / a_{01}$，且$\beta_{01} = 1$。稳定捕食率与有限捕食率则分别为：

$$\psi_{\beta} = \sum_{x=0}^{\infty} \sum_{j=1}^{m} \beta_{xj} c_{xj} \quad \omega_{\beta} = \lambda \psi_{\beta} = \lambda \sum_{x=0}^{\infty} \sum_{j=1}^{m} \beta_{xj} c_{xj}$$

利用新生个体数为1的稳定的年龄龄期结构β_{xj}计算的ψ_{β}与ω_{β}更能凸显种群间的差异。

如果使用不同的种群收集生命表和捕食率，仍然可以使用SASD、λ（在生命表文件夹中）和c_{xj}（在捕食率文件夹中）来计算有限捕食率。但用户必须审慎分析数据。

捕食率分析的输出数据主要在"_00_Basic_Output.txt"，这是完整列表的基础输出文档，由于本书的篇幅限制，我们无法将所有分析结果一一详细列出，请读者务必详细阅读。

Bootstrap分析的结果在"_0B_Boot_Output.txt"文档中，有主要捕食率参数的标准误，下表是范例"Predation rate of life table example-F"分析出的输出文档。

```
Project: Predation rate of life table example-F
User: Shally
Treatment code: H.d-p
Analyzed on : 2024/5/14 21:47:14

Table 2. Table of bootstrap samples
=================================================================
            C0        R0       Qp       Psi      FP (FC)   lambda
-----------------------------------------------------------------
Original  14874.7593  67.5741  220.1252  114.8218  125.7538  1.095209
-----------------------------------------------------------------
Mean      14876.408   67.5316  236.9561  114.8281  125.6686  1.094413
Variance  464746.71   316.163  4974.6657  4.4303   5.6921    0.000044
S.E.      681.7233    17.781   70.5313   2.1048    2.3858    0.006669
-----------------------------------------------------------------
Original parameters are calculated using all individuals.
C0: Net predation rate.    R0: Net reproductive rate.
FP: Finite predation rate.  FC: Finite consumption rate.
Psi: Stable predation rate. lambda: Finite rate of increase.
```

为什么C_0的Bootstrap结果比R_0的结果看起来更像正态分布？R_0的Bootstrap结果受雌性占种群总数N的比例的影响，由于雄性和N型不具有繁殖力，因此R_0的Bootstrap变异性较大。而大多数捕食者个体（雌性、雄性与N型）都有捕食数据，所以C_0的Bootstrap结果的变异性较小，100 000个Bootstrap样本的C_0分布更接近正态分布。

波斯哲学家Saadi Shirazi说："Two kinds of people did not gain from their efforts: One who stored but did not eat, One who learned but did not apply."，意思是"两种人没有从他们的努力中获益：一种是储存食物但没有吃所储存食物的人，一种是学习但没有将所学应用的人"。我们将它后半句延伸为"努力学习但没有将所学实际应用或用于教育的人，没有从他们的努力中获益"。

第四节 使用TWOSEX-MSChart分析具有捕食率的群体饲养数据

群体饲养的含有捕食率/取食率的原始数据记录如下所示：

龄期	年龄龄期存活数与产卵量																					
	0	1	2	3	4	5	6	7	8	9	10	11	12	13	14	15	16	17	18	19	20	21
卵	10	10	10	4	2	1																
幼虫				6	8	9	9	9	8	4	3	2	1									
蛹							1	1	2	5	6	7	8	8	7	6	3	2				
雌成虫															1	1	3	3	3	3	3	0
雄成虫																	1	2	3	3	1	0
产卵量															5	4	15	22	34	35	12	0

龄期	年龄龄期总捕食率																					
	0	1	2	3	4	5	6	7	8	9	10	11	12	13	14	15	16	17	18	19	20	21
卵	0	0	0	0	0	0																
幼虫				16	28	39	49	55	68	44	35	22	10									
蛹							0	0	0	0	0	0	0	0	0	0	0	0				
雌成虫															45	80	90	83	75	42	24	0
雄成虫																	62	28	46	22	22	0

分析时的数据格式如下所示：

```
"Example of life table raw data. Version: 2018.08.06"
"1988 Environ. Entomol."
"Chi, H."
20
3,4
F,Egg,Larva,Pupa,Female
M,Egg,Larva,Pupa,Male
N,Egg,Larva,Pupa,Unknown
"Egg",0,5
20,20,20,20,20,20,-1
"Larva",6,19
20,20,20,20,20,20,20,20,20,20,18,15,8,2
22,33,41,37,45,55,58,65,77,50,28,30,15,3
"Pupa",16,30
1,4,11,17,19,19,19,19,19,19,18,15,14,7,2,-1
"Female",26,42
1,3,4,7,9,11,11,11,11,10,10,6,4,2,2,1,1
11,13,24,37,45,55,58,65,77,50,28,30,15,12,6,6,6
"Male",29,37
4,7,7,7,7,6,4,3,1,12,18,20,22,25,15,12,7,4
"Female",26,42
0,0,146,278,440,158,258,68,35,4,3,4,0,0,0,0,0
```

含有捕食率的群体生命表分析步骤：

点击"B. Read N, F"。

此时会询问你，你分析的群体生命表是否含有捕食率？选择"是"。

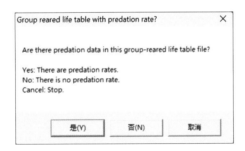

第五节　特定Bootstrap生命表捕食率档案分析

如果在两性生命表分析时要求TWOSEX准备了 0.025 和 0.975 百分位的生命表，在运行CONSUME时你可以选择"是"，让CONSUME为这些生命表准备捕食率数据文件。

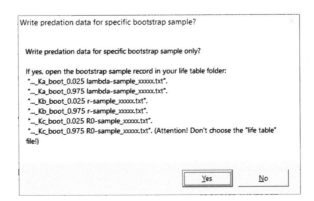

从生命表文件夹中读取 0.025 或 0.975 百分位的 Bootstrap 样本，可以选择 λ、r 或 R_0 的档案，一般而言，0.025 或 0.975 百分位的 Bootstrap λ 的档案与 r 的档案相同。

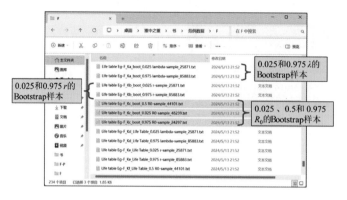

我们选择 0.975r 的生命表做示范，选择文档后点击"打开"。

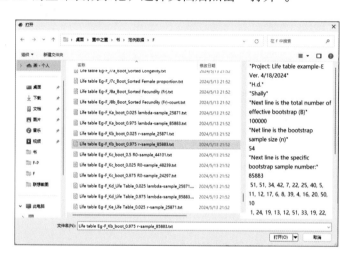

此时弹出已准备好的特定生命表捕食率数据文档，点击"确定"。

CONSUME 准备好了 0.975r 生命表的捕食率数据文档，我们可以在捕食率文件夹中找到它。

将此文件复制到新的文件夹，并将文件名更改为较短的文件名，并使用 COMSUME 对其进行分析，以获得 0.975r 生命表捕食率数据文档中编号 17c_{xj} 的文档。

再用 TWOSEX 重新分析 0.975 百分位的生命表，当软件询问是否只分析生命表时，选择"No"，读取 0.975r 生命表捕食率数据文档中编号 17c_{xj} 的文档。

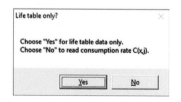

TWOSEX便会生成含捕食率的0.975百分位生命表的TIMING文件（…15_For_TIMING_4-with Cxj.txt），可以用来模拟0.975百分位生命表的种群增长过程中捕食率的变化。重复前述步骤可以制备0.025百分位生命表的捕食率数据文档、0.025百分位捕食率数据文档中编号17 c_{xj} 文档、0.025百分位生命表的TIMING文档。

第六节 寄生率分析

寄生蜂的寄生率数据的分析原理与捕食率相同。但寄生蜂有些特殊情况可以细分。例如：有些寄生蜂会取食寄主，这种捕食也会有生物防治效果；有些寄主被寄生后死亡，寄主虽然变成僵虫，但寄生蜂也会死亡；有些寄生蜂能羽化并繁殖下一代，如下图所示。寄生蜂的总致死数为有效寄生数＋无效寄生数＋取食数（Total kill= Effective parasitism + non-effective parasitism + feeding for nutrition）。

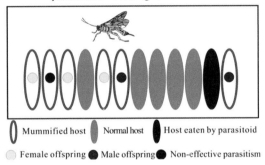

Total kill = Effective parasitism + non-effective parasitism + feeding for nutrition

因此寄生蜂的研究数据可以写成3～5个档案：

（1）有效寄生雌性子代档案，此档案中记录寄生蜂雌性子代从寄主羽化的数目。

（2）有效寄生雄性子代档案，寄生蜂雄性子代从寄主羽化的数目（孤雌生殖的寄生蜂无此档案）。

（3）无效寄生档案，此档案中记录被寄生的寄主虽然死亡，但寄生蜂未能从寄主羽化的数目。

（4）捕食率档案，寄生蜂每日捕食的寄主数目（不会捕食的寄生蜂无此档案）。

（5）致死率档案，此档案为前面四个数据合并的档案。有效寄生的档案可以写成生命表格式，用TWOSEX分析，也可以写成捕食率的格式，用CONSUME分析。致死率档案的分析结果可以用来模拟寄生蜂的防控效率。这些概念已分别发表于Chi和Su（2006）、Wang等（2016）、Xu等（2018）、Liu等（2020）、Zhao等（2021）的论文中。若需要细分寄生蜂的捕食与寄生可以参考这些论文。有效寄生率、无效寄生率、捕食率与总致死率等都可以分别用捕食率的公式表示。

由n个个体组成的孤雌生殖寄生蜂种群是集合A：

$$A = \{a_1, a_2, \cdots, a_n\}$$

其中 $a_1, a_2, \cdots, a_n$ 代表 n 个不同的个体。则各个体的一生有效寄生率是集合 E：

$$E = \{e_1, e_2, \cdots, e_n\}$$

$e_1, e_2, \cdots, e_n$ 代表各个体的一生有效寄生率（$e_i \geqslant 0$），则平均有效寄生率就是：

$$\overline{E} = \frac{\sum\limits_{i=1}^{n} e_i}{n}$$

由于种群全部个体都用于计算平均有效寄生率，净有效寄生率 E_0 也等于 $\overline{E}$。

各个体的一生无效寄生率是集合 U：

$$U = \{u_1, u_2, \cdots, u_n\}$$

$u_1, u_2, \cdots, u_n$ 代表各个体的一生无效寄生率，则平均无效寄生率就是：

$$\overline{U} = \frac{\sum\limits_{i=1}^{n} u_i}{n}$$

净无效寄生率 U_0 等于 $\overline{U}$。若此寄生蜂也能捕食寄主，各个体的一生捕食率则是集合 P：

$$P = \{p_1, p_2, \cdots, p_n\}$$

$p_1, p_2, \cdots, p_n$ 代表各个体的一生捕食率，则平均捕食率就是：

$$\overline{P} = \frac{\sum\limits_{i=1}^{n} p_i}{n}$$

净捕食率 P_0 等于 $\overline{P}$，而各个体的一生致死率是集合 D：

$$D = \{d_1, d_2, \cdots, d_n\}$$

或

$$D = E \cup U \cup P$$

$d_i = e_i + u_i + p_i$，则平均致死率就是：

$$\overline{D} = \frac{\sum\limits_{i=1}^{n} d_i}{n} = \overline{E} + \overline{U} + \overline{P}$$

显然净致死率 $D_0 = \overline{E} + \overline{U} + \overline{P} = E_0 + U_0 + P_0$。

寄生蜂的生命表与寄生率研究十分重要，正确结合寄生蜂的生命表与寄生率，才能规划经济有效的大量饲养方法，也才能正确计算必须释放的寄生蜂数量与时机。

第十章 种群增长预测

第一节 种群增长模拟原理

生命表是生态学的主要科学理论，不仅是研究种群生态学的利器，更是生态学可持续发展的必要工具。然而，生命表研究只是研究种群生态学的起点，而不是终点。研究人员不可在发表生命表论文后就停滞不前。生命表包含种群各年龄与各龄期的存活率、发育率与繁殖率的大数据，若要模拟种群的增长，却不使用生命表，则永远不可能获得正确的模拟结果。再如前章所述，天敌生命表与捕食率结合后，才能正确地进一步研究捕食者与猎物间的关系；而害虫生命表与害虫取食量结合后，才能进一步研究害虫对农作物的危害。

由于生命表是大数据，要将所有生命表、捕食率、取食量数据用于种群增长模拟预测，必须使用计算机模拟。Chi（2000）指出计算机模拟的三个必要条件是：理论、数据与计算机软件。没有理论依据的计算机模拟，无异于缘木求鱼；没有具体数据的计算机模拟则是虚拟的计算机游戏。

生态学的计算机模拟产品很多，读者在使用任何生态学模拟软件时，务必审视该软件是否依据正确的生态学理论？是否使用正确的数据？或要求使用者输入的数据是否有理论依据？

两性生命表是唯一正确的生命表理论，TWOSEX与CONSUME能正确分析生命表与捕食率数据，本章介绍的TIMING（Jha et al., 2012c；Chi, 2024c）则是结合这些数据的计算机模拟软件。本章的主要参考文献为Chi和Liu（1985）、Chi（1990）、Huang等（2018）的论文，请读者务必认真研读。史梦竹等（2023）的论文是特地为中国学者写作的中文论文，建议读者详细阅读。

若你使用TIMING软件，你必须引用下面这1篇文献和1个软件说明：

- Chi H, 1990. Timing of control based on the stage structure of pest populations: a simulation approach. Journal of Economic Entomology, 83: 1143-1150.
- Chi H, 2024. TIMING-MSChart: a computer program for the population projection based on age-stage, two-sex life table. National Chung Hsing University in Taiwan.（https://www.faas.cn/cms/sitemanage/index.shtml?siteId=8106409259130800000）（必须注明使用版本的年份）.

将生命表应用于种群增长模拟的概念如下图所示。

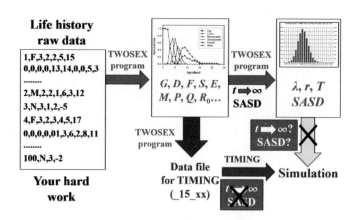

生命表原始数据经过TWOSEX程序分析，可以得到生长率矩阵（G）、发育率矩阵（D）、繁殖率矩阵（F）、存活率矩阵（S）、期望寿命矩阵（E）、死亡率矩阵（Q）、死亡率分布矩阵（P）、净增殖率（R_0）等，TWOSEX也会依据生命表理论计算种群的内禀增长率（r）、周限增长率（λ）、繁殖值矩阵（V）、稳定年龄龄期分布（SASD）、稳定年龄分布（SAD）、稳定龄期分布（SSD）、平均世代时间（T）等。

Huang和Chi（2012）指出生长率矩阵（G）、发育率矩阵（D）、繁殖率矩阵（F）、存活率矩阵（S）、期望寿命矩阵（E）、死亡率矩阵（Q）、死亡率分布矩阵（P）、净增殖率（R_0）等是基本数据，这些基本数据不受时间趋于无穷大（$t \to \infty$）与稳定年龄龄期分布的限制。而内禀增长率（r）、周限增长率（λ）、繁殖值矩阵（V）、稳定年龄龄期分布（SASD）、稳定年龄分布（SAD）、稳定龄期分布（SSD）、平均世代时间（T）等是导出数据，这些导出数据则只有在时间趋于无穷大（$t \to \infty$）与种群趋近稳定年龄龄期分布时才会实现。因此，这些导出参数不能用于种群增长模拟。相反的，生长率矩阵（G）、发育率矩阵（D）、繁殖率矩阵（F）不受时间趋于无穷大（$t \to \infty$）与稳定年龄龄期分布的限制，这些参数可用于种群增长模拟。

两性生命表的种群增长模拟依据基本数据的生长率矩阵（G）、发育率矩阵（D）与繁殖率矩阵（F），详细理论请参考Chi和Liu（1985）与Chi（1990）的论文。为了方便研究人员利用生命表的大数据进行模拟，也为了避免研究人员自行制备模拟文档造成许多错误，TWOSEX软件为使用者备妥了可以直接使用的模拟档案（编号15的各个文档），使用者可以用这些文档直接运行TIMING模拟种群增长，也可以修改这些文档进行其他模拟。

TIMING的模拟概念如下所示：

$$N_t \xrightarrow{G, D, F} N_{t+1}$$

其中N_t是种群在时间t的年龄龄期结构矩阵，利用生长率矩阵（G）、发育率矩阵（D）与繁殖率矩阵（F）可以计算$t+1$时（1天后）的种群结构N_{t+1}。

若研究人员也收集了害虫的取食率，也可以将取食率矩阵（C矩阵）并入害虫种群模拟，可以模拟害虫增长过程中对作物的危害：

$$N_t \xrightarrow{G, D, F, C} N_{t+1}$$

若研究人员收集了天敌的生命表与捕食率数据，也可以将捕食率矩阵（P矩阵）并入模拟，可以模拟天敌增长过程中对害虫捕食的情形：

$$N_t \xrightarrow{\quad G, D, F, P \quad} N_{t+1}$$

由 TWOSEX 自动准备的 TIMING 的模拟文档如下表所示：

文档名	说明
_15_For_TIMING_1 control.txt	1次防治的种群模拟文档
_15_For_TIMING_1 control-2 ETs.txt	1次防治有2个经济阈值的种群模拟文档
_15_For_TIMING_1 control-3 ETs.txt	1次防治有3个经济阈值的种群模拟文档
_15_For_TIMING_2 controls.txt	2次防治的种群模拟文档
_15_For_TIMING_2 controls-2 ETs.txt	2次防治有2个经济阈值的种群模拟文档
_15_For_TIMING_2 controls-3 ETs.txt	2次防治有3个经济阈值的种群模拟文档
_15_For_TIMING_3 controls.txt	3次防治的种群模拟文档
_15_For_TIMING_3 controls-2 ETs.txt	3次防治有2个经济阈值的种群模拟文档
_15_For_TIMING_3 controls-3 ETs.txt	3次防治有3个经济阈值的种群模拟文档
_15_For_TIMING_4-with Cxj.txt	含有捕食率（取食量）的种群模拟文档
_15_For_TIMING_4-with Cxj-2 ETs.txt	有2个经济阈值的含有捕食率的模拟文档
_15_For_TIMING_4-with Cxj-3 ETs.txt	有3个经济阈值的含有捕食率的模拟文档
_15_For_TIMING_5-harvest.txt	种群增长过程中有收获的模拟文档

表中"_4-with Cxj."的文档是含有捕食率（或取食量）的生命表分析后的输出文档，不含捕食率的生命表分析只有"_1、_2、_3、_5"的 TIMING 分析文档。在使用 TIMING 分析时，请将它们复制到新文件夹中并使用适当的档案名称，应将文件名尽量缩短。

依据年龄龄期两性生命表模拟种群增长，实际上就是重现生命表实验中观察的种群龄期结构的变化与繁殖记录。下图为种群增长过程中各年龄龄期的存活与发育的概念图示。

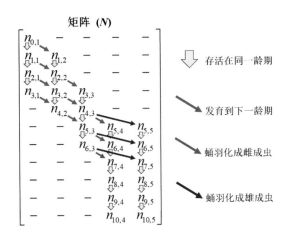

下图为时间 t 的种群产生时间 $t+1$ 的新生卵或新生个体的概念图。

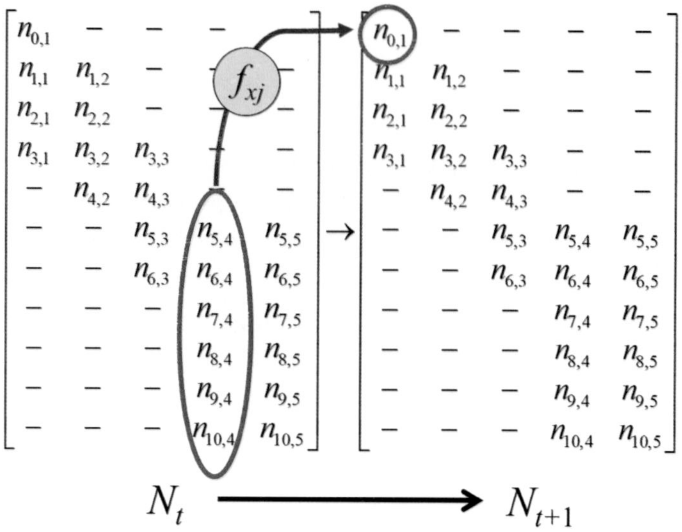

新生个体的计算公式为：

$$n_{0,1}(t+1)=\sum_{x=0}^{\infty}\sum_{j=1}^{m}n_{xj}(t)f_{xj}\ \text{or}\ n_{0,1}(t+1)=\sum_{x=0}^{\infty}n_{x\phi}(t)f_{x\phi}$$

其中 $n_{0,1}(t+1)$ 是时间 $t+1$ 时的新生个体，$n_{xj}(t)$ 是时间 t 时年龄 x 龄期 j 的个体数，f_{xj} 是个体在年龄 x 龄期 j 的年龄龄期繁殖力。由于一般只有雌成虫期会繁殖后代，左式可以简化为右式。$n_{x\phi}(t)$ 是时间 t 时年龄 x 的雌成虫数量，ϕ 是指雌成虫期，$f_{x\phi}$ 是雌成虫在年龄 x 的繁殖力。

除新生卵以外，卵期其他年龄的个体数可以用下式计算：

$$n_{x,j}(t+1)=n_{x-1,1}(t)g_{x-1,1}$$

其中 $g_{x-1,j}$ 是年龄龄期生长率，即年龄 $x-1$ 龄期 j 的个体经过一个时间单位后存活到年龄 x 并仍在龄期 j 的概率。

其他成虫前期各年龄与龄期的个体数可以用下式计算：

$$n_{x,j}(t+1)=n_{x-1,j}(t)g_{x-1,j}+n_{x-1,j-1}(t)d_{x-1,j-1}$$

其中 $g_{x-1,j}$ 是年龄龄期生长率，即年龄 $x-1$ 龄期 j 的个体经过一个时间单位后存活到年龄 x 并仍在龄期 j 的概率。$d_{x-1,j-1}$ 是年龄龄期发育率，即年龄 $x-1$ 龄期 $j-1$ 的个体在一个时间单位后存活到年龄 x 龄期 j 的概率。

雌成虫（ϕ 龄期）各年龄的个体数可以用下式计算：

$$n_{x,\phi}(t+1)=n_{x-1,\phi-1}(t)d_{x-1,\phi-1}+n_{x-1,\phi}(t)g_{x-1,\phi}$$

其中 $g_{x-1,\phi}$ 是雌成虫年龄 $x-1$ 的年龄龄期增长率，即年龄 $x-1$ 的雌成虫在一个时间单位后存活到年龄 x 的概率。$d_{x-1,\phi-1}$ 是最后一个成虫前龄期（或蛹期）的个体发育到雌成虫的年龄龄期发育率，即年龄 $x-1$ 龄期 $\phi-1$ 的个体在一个时间单位后存活到年龄 x 并发育到雌成虫期ϕ的概率。

雄成虫（δ龄期）各年龄的个体数可以用下式计算：

$$n_{x,\delta}(t+1) = n_{x-1,\delta-2}(t)d_{x-1,\delta-2} + n_{x-1,\delta}(t)g_{x-1,\delta}$$

其中$g_{x-1,\delta}$是年龄$x-1$的雄成虫的年龄龄期增长率，即年龄$x-1$的雄成虫在一个时间单位后存活到年龄x的概率。$d_{x-1,\delta-1}$是最后一个成虫前龄期的个体（$n_{x-1,\delta-2}$）发育到雄成虫的年龄龄期发育率，即年龄$x-1$龄期$\delta-2$的个体在一个时间单位后存活到年龄x并发育到雄成虫期δ的概率。

第二节 TIMING分析步骤

TIMING的安装与第三章TWOSEX安装相同，登录账号密码也相同，登录成功后将看到下图界面。

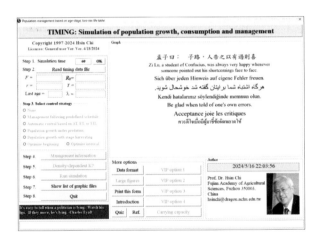

一、模拟时间

默认预设为60天，使用者也可以根据自己的需求进行更改，输入后点击"OK"。

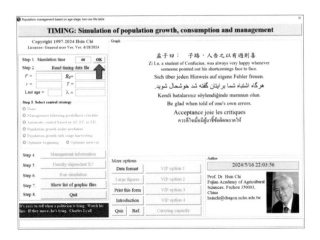

二、读取模拟数据

点击"Read timing data file"。

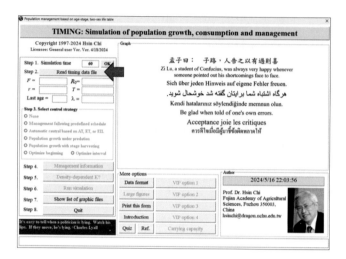

打开TWOSEX准备好的TIMING数据文档（注意！应把它们放在单独的文件夹中）。

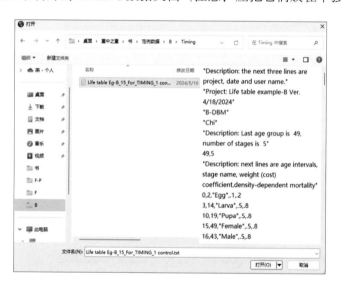

此时会询问数据文档是否包含捕食率，如果包含选择"是"，如果不包含选择"否"。

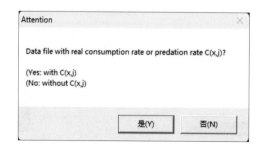

接着是时间单位选择，根据你收集的生命表时间单位来选择，如果你1天观察1次，输入1，如果每天观察2次，输入0.5。然后点击"OK"。目前TIMING只接收1与0.5。如果是其他时单位，请选择1。

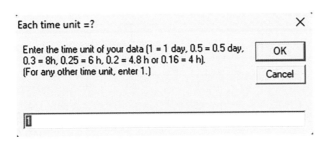

TIMING读取模拟数据后，会将生命表重要参数显示如下。

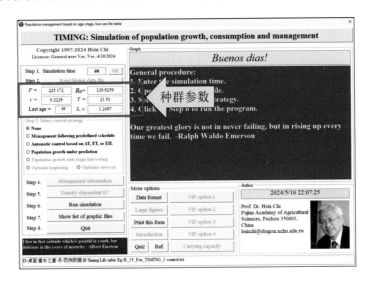

接着要选择模拟方式。TIMING提供数种模拟方式：① 无防治的种群增长模拟（None）；② 依照预定防治时程的模拟（Management following predefined schedule）；③ 依据经济阈值自动防治的模拟（Automatic control based on AT, ET, or EIL）；④ 天敌捕食下防治的模拟（Population growth under predation）。这些模拟选项已能充分满足一般使用者的需求。一般使用者无需使用其他灰色按钮。

三、无防治的种群增长模拟

建议初学者选择"None"。然后点击"Run simulation"进行种群预测模拟。以下的模拟是分别利用增长较慢的马铃薯块茎蛾与增长较快的蚜虫的资料说明。

马铃薯块茎蛾的种群（范例文件Eg-A.txt）增长如下图所示。在60天内，马铃薯块茎蛾的种群可以增加数百倍，60天时总卵数超过7 000粒。

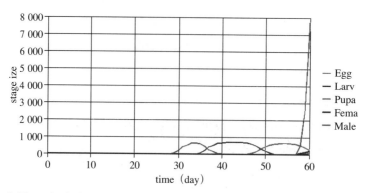

在图上点击就可以看到将种群数用对数表示的增长曲线。

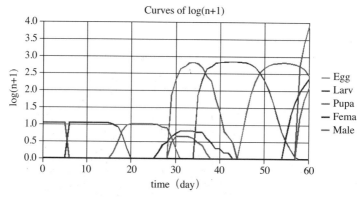

上图是种群龄期结构图，在图中可以看到龄期分化以及各龄期的增长趋势。使用年龄龄期两性生命表进行预测时，若假设繁殖率为零，可以得到与生命表实验记录和TWOSEX分析结果s_{xj}曲线完全相同的曲线。这表明年龄龄期两性生命表的理论与资料分析都是正确的。相对的，若使用传统雌性年龄生命表进行模拟，由于无法描述龄期分化，也忽略雄性个体，模拟结果将不可能与生命表记录相同。这点也证明传统雌性年龄生命表是错误的。

Chi（1990）使用log(n+1)绘制龄期结构图，来显示变化范围较大的种群动态。利用文档"1B-Fig-log Stage size.txt"可绘制下图。

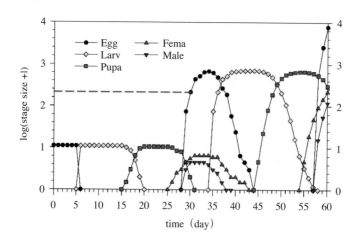

此文档中的数值均为log（龄期虫数+1），例如，若卵数为10，则此文档中为log（10+1），即1.041 39；若幼虫数为100，则文档中为log（100+1），即2.004 3。绘制此图时，y轴选择线性刻度（linear）。y轴的1实际代表10，2实际代表100，3实际代表1 000，但读者不易判断2与3之间各坐标点的数值。例如，第30天时的卵数在图中高于2.3，但读者不易判断其实际数值。

研究人员也可以利用文档"1C-Fig-Stagesizeplus1.txt"绘图。此文档中的数值均为龄期虫数+1，例如，若卵数为10，则此文档中为11；若幼虫数为100，则文档中为101。绘制此图时，y轴选常用对数刻度log（common），读者很容易判断第30天时的卵数为200多个。

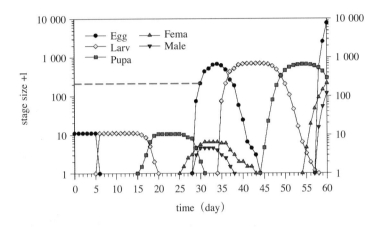

读者可自行选择合适的文档进行作图。

由于大多数害虫的生长发育很快且繁殖力高，害虫种群可以快速增加数百倍或上千倍，为显示这种变化，此图的y轴使用对数坐标。当害虫大量发生时，往往令人惊讶。计算机模拟能显示这种快速增长。

 思 辨

上图的y轴为何使用log（stage size + 1）？

使用年龄龄期两性生命表模拟种群增长时，可以看到各龄期的曲线。若开始的种群只有卵，则其他龄期均为0，为了用对数显示所有的龄期，绘图时将各龄期数+1，才能转换为对数。

在图上点击可以看到不同描述种群增长的图。例如：龄期增长率$\ln[(n_{t+1}+1)/(n_t+1)]$曲线，如下所示。此图用输出文档"-3A-Fig-Growth rate in ln.txt"数据来绘制。

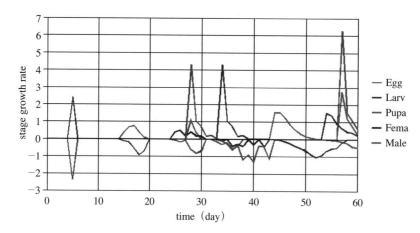

使用者可以将"-3A-Fig-Growth rate in ln.txt"导入 SigmaPlot 等绘图软件绘制高质量的图用于论文或简报，如下图所示。

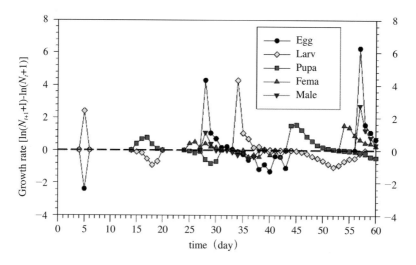

下图为时间 t 时的种群个体总数（T）、加权个体总数（W）、经济阈值（ET）、累计的加权害虫日数（$CumSD$），绘图文档为"-2B-Fig-log Total size.txt"。

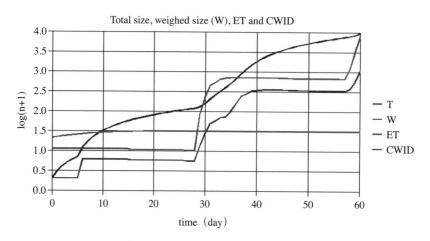

若将上图导入绘图软件，可以绘制高质量的图如下所示。

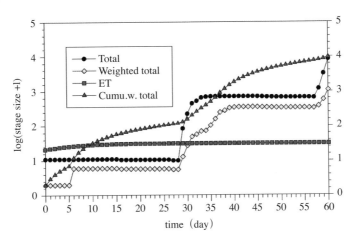

种群个体总数，可以用 T_t、$T(t)$ 或 $n(t)$ 表示，公式为：

$$T_t = \sum_{x=0}^{\infty}\sum_{j=1}^{m} n_{xj}(t), \quad T(t) = \sum_{x=0}^{\infty}\sum_{j=1}^{m} n_{xj}(t), \quad n(t) = \sum_{x=0}^{\infty}\sum_{j=1}^{m} n_{xj}(t)$$

种群个体总数是时间 t 的所有个体的总和，因为它没有显示不同龄期的比例，必须谨慎使用。由于害虫的取食率（危害潜能）通常随龄期而异，因此每个龄期可有不同的加权系数 w_j。考虑加权系数的种群个体总数能反映害虫种群的危害能力，可用于判断是否需要施药防治害虫。时间 t 时的加权种群个体总数 $n_w(t)$ 可以用下式计算：

$$n_w(t) = \sum_{x=0}^{\infty}\sum_{j=1}^{m} n_{xj}(t) \cdot w_j$$

其中 w_j 是龄期 j 的加权系数，可以依据取食量设定。此外，害虫取食农作物不会一天就造成作物损伤，往往是逐日累积的（Ruppel，1983；1984），因此累计的加权害虫日数（CumWSD）也可以作为防治参考。累计的加权害虫日数计算方式如下：

$$CumWSD(t) = \sum_{i=1}^{t} n_w(i) = \sum_{i=1}^{t}\left(\sum_{x=0}^{\infty}\sum_{j=1}^{m} n_{xj}(i) \times w_j\right)$$

下图是总种群增长率，它的绘图数据也在 "-3A-Fig-Growth rate in ln.txt" 文档中。下图显示马铃薯块茎蛾经过60天后，模拟的总种群增长仍未达到SASD。

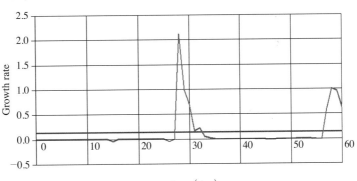

如果用增长较快的蚜虫的生命表（Eg-E-0.5.txt）模拟，总群增长很快接近指数增长，如下图所示。

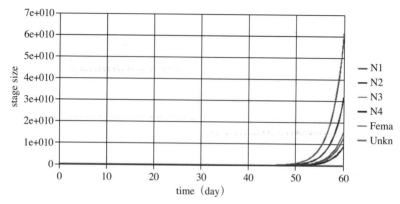

上图的结果若以对数呈现，各龄期的数量呈平行直线增长，各直线的斜率均为$\log\lambda$。

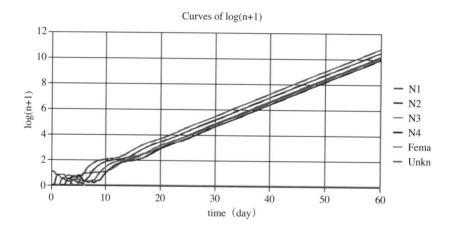

若将上图导入绘图软件，可以绘制高质量的图如下所示。

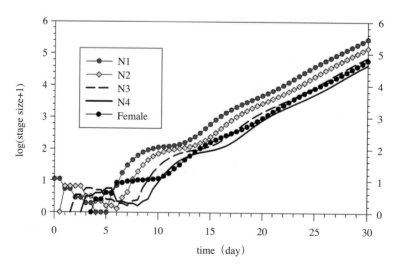

思辨

　　一般而言，低龄期在稳定龄期分布中的比率较高，上图中雌成虫的比率比4龄若蚜高，你能解释吗？

　　由于"Eg-E-0.5.txt"生命表的时间单位为0.5天，生命表分析时会将内禀增长率同时以0.5天与1天的时间单位呈现。以天为单位的内禀增长率为0.408 4 d⁻¹，以0.5天为单位的内禀增长率为0.204 2 d⁻¹。但模拟时，TIMING是模拟每0.5天的种群增长。若将各龄期的增长率以自然对数呈现，则各龄期增长率均汇合为同一直线，如下图所示。总种群的增长率会趋近0.5天的内禀增长率（0.204 2 d⁻¹）。

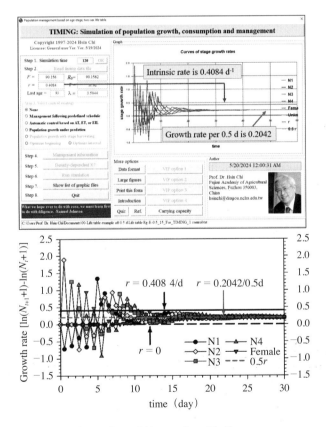

　　依据上述讨论，种群增长率可以用对数log或ln呈现：

$$\varphi_{j,t} = \log\left(\frac{n_{j,t+1}+1}{n_{j,t}+1}\right) \approx \log\left(\frac{n_{j,t+1}}{n_{j,t}}\right) \xrightarrow[\text{SASD, SAD, SSD}]{t\to\infty} \log\left(\frac{\lambda n_{j,t}}{n_{j,t}}\right) = \log\lambda$$

$$r_{j,t} = \ln\left(\frac{n_{j,t+1}+1}{n_{j,t}+1}\right) = \ln(n_{j,t+1}+1) - \ln(n_{j,t}+1) \approx \ln(e^r) = r$$

当时间趋近于无穷大时（$t \to \infty$），总种群和各龄期的增长率都将趋近该时间单位的周限增长率（λ）。如果总种群或龄期结构增长以对数函数绘制，则曲线的斜率将接近 $\log(\lambda)$。

$$N_{t+x} = N_t \lambda^x$$

$$\boxed{\begin{aligned} \log N_{t+x} &= \log N_t + \log \lambda^x \\ \log N_{t+x} &= \log N_t + x \log \lambda \end{aligned}}$$

$$y = a + bx, b = \log \lambda$$

$$\varphi_{j,t} = \log\left(\frac{n_{t+1}+1}{n_t+1}\right) \approx \log\left(\frac{n_{t+1}}{n_t}\right)$$

$$= \log(n_{t+1}) - \log(n_t) = \log(\lambda n_t) - \log(n_t)$$

$$= \log(\lambda \cdot n_t) - \log(n_t) = \log \lambda + \log n_t - \log n_t = \log \lambda$$

$$\boxed{\varphi_{j,t} = \log\left(\frac{n_{t+1}+1}{n_t+1}\right) \approx \log\left(\frac{n_{t+1}}{n_t}\right) \xrightarrow[\text{SASD,SAD,SSD}]{t \to \infty} \log\left(\frac{\lambda n_t}{n_t}\right) = \log(\lambda)}$$

下图显示 *Aphis fabae* 在四个温度的增长模拟，红色水平线为内禀增长率。低温条件下种群生长较慢，内禀增长率较低，在25℃时较快趋近SASD，各龄期的增长率都趋近种群内禀增长率。温度更高时（30℃），增长率又下降。不同昆虫对温度的适应性也不同。

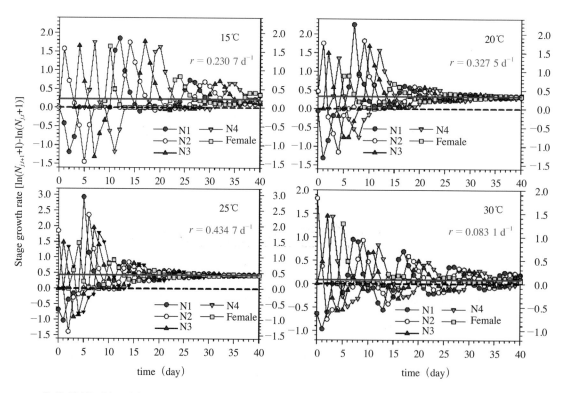

若将模拟时间延长，无论马铃薯块茎蛾、小菜蛾还是瓢虫等其他昆虫的种群增长率都会趋近于 r。

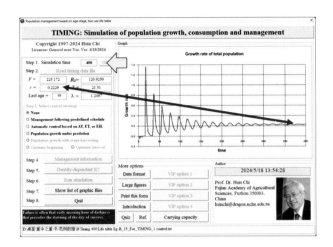

由于环境中各种条件不断变化，模拟太长的时间没有意义。

依据前述的讨论，下列的研究有助于了解全球变暖可能对害虫相的改变：

（1）对发育较快、寿命较短的昆虫（蚜虫、粉虱、介壳虫）与螨类，在田间或网室观察种群是否能快速增长而达到 SASD 与稳定增长率。

（2）因应全球变暖的议题，研究重要的经济作物害虫对温度适应性的改变，可以了解哪些害虫发生会愈来愈严重。

（3）CO_2 浓度上升也是全球议题，可以研究 CO_2 浓度上升对昆虫生命表的影响。这种研究需要密闭空间与控制 CO_2 浓度的设备。

（4）全球变暖可能导致干旱，可以研究干旱对昆虫生命表的影响。

（5）全球变暖可能导致昆虫分布向高纬度地区或高海拔地带扩张。全球变暖、生物多样性、生物信息都是热门议题，但我们不宜因为某些议题热门而盲目追随。我们必须深入学习科学理论，有了坚实的理论基础，我们随时可以投入相关研究。

四、种群中感受性个体数

TIMING 软件可模拟种群增长过程，也可计算种群中感受性个体数：

$$V(t) = \sum_{j=1}^{m} \sum_{x=0}^{\infty} v_j n_{xj}(t)$$

其中，v_j 是对某一因素（农药、高温、降水）的感受性系数，m 是龄期数，n_{xj} 是年龄 x 龄期 j 的个体数。研究者可以依据害虫特性设定其感受因子数目与各龄期的感受性系数。下图为种群增长过程中两种感受因子（$V1$ 与 $V2$）的感受种群数的变化。

Total population (T)= 2959728.46984781, vulnerable size (V), and CWID =2246810.73604092

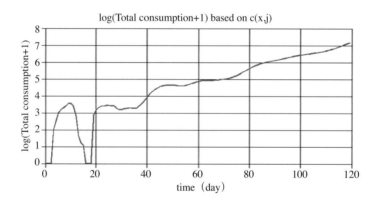

五、含捕食率（取食量）的种群增长模拟

若生命表研究中有收集捕食者的捕食率或害虫的取食量，并于生命表分析时将捕食率与取食量导入，则TWOSEX会产生数个"_4-with Cxj."文档。利用这些文档可以模拟捕食者或害虫的增长过程中种群的捕食率与取食量的变化。下图显示释放天敌卵时，必须等待卵孵化为幼虫才能捕食蚜虫，而当天敌化蛹时，捕食率降为0，成虫羽化后才能再捕食害虫。

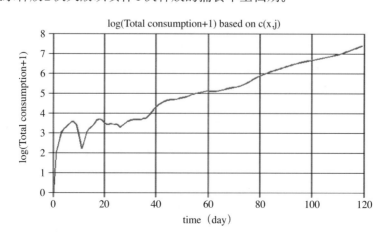

下图显示释放2次天敌以填补1次释放的捕食率空档期。

Yu等（2013a）首次介绍结合两性生命表与捕食率的计算机模拟，利用补充释放以填补捕食率的空档期。

六、依照预定防治时程的模拟

TWOSEX分析生命表时，制备了多个计算机模拟数据档案可供使用者练习，使用者也可以用这些档案作为修改模板，另行制备实际应用的模拟档案。若使用者利用"_15_For_TIMING_1 control.txt"进行模拟，并选择"2. 依照预定防治时程的模拟(Management following predefined schedule)."，则TIMING软件会模拟种群增长，并依据预设的防治时间与预设的各龄期死亡率进行1次防治。

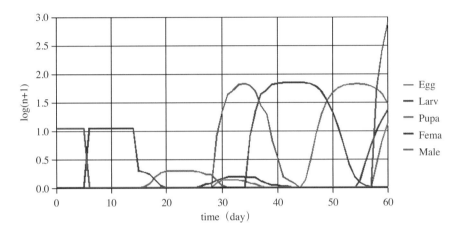

若使用者利用"_15_For_TIMING_ 2 controls.txt"模拟，则TIMING软件会依据预设的防治时间与预设的各龄期死亡率进行2次防治。

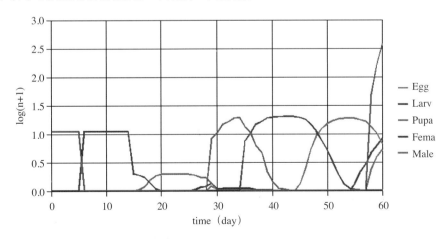

若使用者利用"_15_For_TIMING_ 3 controls.txt"进行模拟，则TIMING软件会依据预设的防治时间与预设的各龄期死亡率进行3次防治。

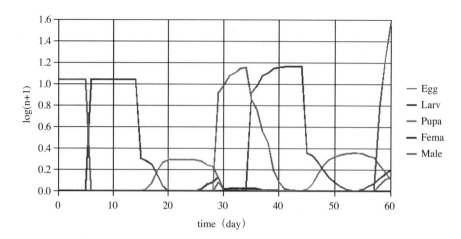

使用者可以利用这三个档案学习使用TIMING。熟练后才能自行修改模拟条件，用于实际害虫治理。

七、依据经济阈值自动防治模拟

使用者可以利用"_15_For_TIMING_1 control.txt""_15_For_TIMING_ 2 controls.txt"或"_15_For_TIMING_ 3 controls.txt"任一档案，并选择"3. 依据经济阈值自动防治的模拟（Automatic control based on AT, ET, or EIL）."，则TIMING软件会模拟种群增长，当模拟的加权种群将于时间 $t + 1$ 超过 ET 时，TIMING便自动依据预设的各龄期死亡率在 t 时间进行防治。

如果将经济阈值（ET）定义为特定龄期的加权个体数或几个龄期的加权个体数总和，则加权种群大小 $n_w(t)$ 能正确反映害虫种群的危害潜力，当加权个体数超过 ET 时即可实施防治。以下两个图是利用马铃薯块茎蛾的种群（范例文件Eg-A.txt）模拟的自动防治。

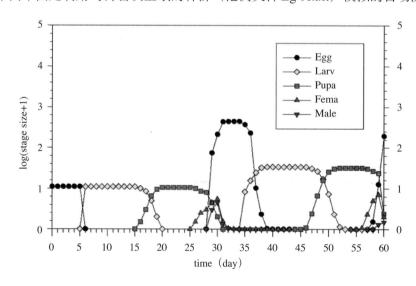

如果经济阈值降低，防治次数便会增加。

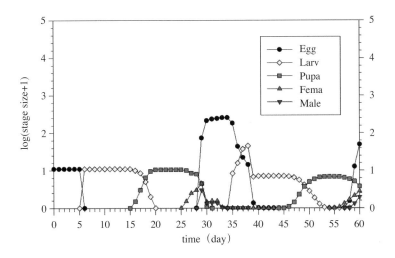

利用自动防治模拟，可以监视农药商品推荐的定期防治是否适当。

目前没有依据生命表理论建立的标准经济阈值方程式，TIMING 软件使用下式设定各时间的 ET：

$$ET(t) = a + \frac{b}{1 + c \cdot e^{d \cdot x}}$$

如果将 b 设定为 0，则 $ET(t) = a$ 是一个常数。通过更改 a, b, c 和 d 的值，使用者可以修改模拟文档自行设定不同害虫的 ET。

八、依据多个经济阈值自动防治模拟

由于不同的作物生长期对害虫的危害有不同的抵抗能力，因此可以为作物生长期设定不同的 ET。TWOSEX 软件制备了两个 ET 或三个 ET 的模拟档案。若作物生长期有两个或两个以上不同的 ET，使用者可以利用 "_15_For_TIMING_1 control-2ETs.txt" "_15_For_TIMING_ 2 controls-2ETs.txt" 或 "_15_For_TIMING_ 3 controls-2ETs.txt" 任一档案，并选择 "3. 依据经济阈值自动防治的模拟（Automatic control based on AT, ET, or EIL）."，则TIMING 软件会模拟种群增长，若模拟的种群权重将于时间 $t + 1$ 超过该期间的 ET，便自动依据档案中预设的各龄期死亡率于时间 t 进行防治。

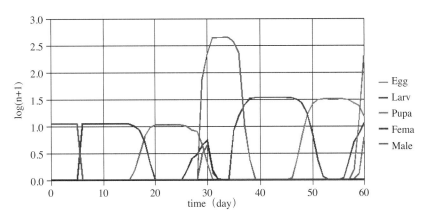

Chi和Liu（1985）已比较玻璃温室内的种群增长与计算机模拟，由于考虑实验室记录与田间的差异，他们便使用0.5、0.2、0.1与0.05的f_{xj}模拟种群增长，模拟结果与实际观察记录有相同趋势。

Lu等（2024）研究草地贪夜蛾取食玉米的生命表与取食量，参考Liu等（2021）的研究将玉米生长期设定三个ET：① 4～6叶的苗期（0～25天）的ET是25只3龄虫；② 8～10叶的喇叭口期（26～45天）的ET为35只3龄虫；③ 12～14叶的抽穗期（heading stage）（46天后）的ET为45只3龄虫。不同品种有不同的ET与防治时程。模拟时使用的繁殖力也会影响防治的次数。下图为模拟草地贪夜蛾（FAW）在SMJ和SMT玉米品种上的种群生长与防治，A与B是以完全繁殖力模拟种群增长的总种群总数$N(t)$和加权种群总数$W(t)$，C和D为繁殖力降为0.1的模拟；黑色虚线是经济阈值，黑色箭头表示施用杀虫剂［引自Lu等（2024）的论文］。

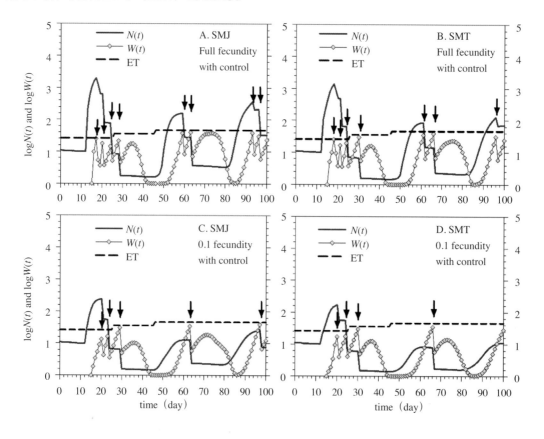

第三节　TIMING 数据格式和编辑

　　TIMING数据格式如下所示，每个数据都有用双引号标注的说明，下表中将说明行用红色标注。带双引号的项目也是描述性数据，只供使用者了解变量名称或者是定义龄期名称。由于模拟的条件变化很多，以下仅以有两个ET的模拟数据为例。为了详细说明，下表中每一项红色说明的下一行的蓝色括号是详细说明：

1	"Description: the next three lines are project, date and user name."
	（以下三行是主旨、处理代号与使用者姓名。建议使用者勿更改。）
	"Project: Life table raw data. Potato tuberworm（1988）. Ver. 5/21/2024"
	"PTW"
	"Chi, H."
2	"Description: Last age group is 42, number of stages is 5"
	（下行是生命表矩阵的最大年龄与龄期数。使用者请勿更改。）
	42,5
3	"Description: next lines are age intervals, stage name, weight (cost) coefficient, density-dependent mortality"
	（以下是各龄期的年龄范围、龄期名称、权重系数、密度死亡率系数。建议使用者勿更改。）
	0,5," Egg",.1,.2
	6,19," Larva",.5,.8
	16,30," Pupa",.5,.8
	26,42," Female",.5,.8
	29,37," Male",.5,.8
4	"Description: the female stage is 4"
	（下一行说明雌成虫是第四个龄期。使用者请勿更改。）
	4
5	"Description: modify the following decrease rate for the Timing program to lower the fecundity."
	（下一行若为1，代表用原始的繁殖率模拟，若改为0.5，代表用$0.5 f_{xj}$进行模拟。）
	1
6	"Description: there are 17 fecundity values for females"
	（雌虫年龄范围是26 ~ 42，共有17个f_{xj}。建议使用者勿更改。）
	0, 0, 36.5, 39.7142857142857, 48.8888888888889, 14.3636363636364, 23.4545454545455, 6.18181818181818, 3.18181818181818, .4
	.3, .666666666666667, 0, 0, 0, 0, 0
7	"Description: modify the following decrease rate for the Timing program to lower the growth rate."
	（下一行若为1，代表用原始的g_{xj}模拟，若改为0.5，代表用$0.5 g_{xj}$进行模拟。建议使用者勿更改。）
	1
8	"Description: The next lines are the growth rates for each stage."
	（以下为各年龄龄期的g_{xj}。建议使用者勿更改。）
	1, 1, 1, 1, 1, 0
	1, 1, 1, 1, 1, 1, 1, 1, .9
	.833333333333334, .533333333333333, .25, 0
	1, 1, 1, 1, 1, 1, 1, 1, .947368421052632
	.833333333333334, .933333333333333, .5, .285714285714286, 0
	1, 1, 1, 1, 1, 1, 1, 1, .909090909090909, 1
	.6, .666666666666667, .5, 1, .5, 1, 0
	1, 1, 1, 1, .857142857142857, .666666666666667, .75, .333333333333333, 0
9	"Description: Modify the following decrease rate for the Timing program to lower the developmental rate."
	（下一行若为1，代表用原始的d_{xj}模拟，若改为0.5，代表用$0.5 d_{xj}$进行模拟。）
	1

（续）

10	"Description: The next lines are developmental rates" （以下为各年龄龄期的 d_{xj}。建议使用者勿更改。） 0,0,0,0,0,1 0,0,0,0,0,0,0,0,0,0,.05 .166666666666667,.466666666666667,.75,1 0,0,0,0,0,0,0,0,0,0,5.26315789473684E-02 .111111111111111,6.66666666666667E-02,.214285714285714,.285714285714286,1 0,0,0,0,0,0,0,0,0,0 0,0,.285714285714286,.428571428571429,0
11	"Description: The next lines are the init. popu. structure at day 0 (age = time unit, stage, number). End with 0, 0, 0" （以下为时间0的起始种群的结构，0,1,10代表年龄为0龄期为1的个体有10个，也就是10粒卵。此行可以重复多次以输入预设的起始种群。最后用0,0,0结束。） 0, 1, 10 0, 0, 0
12	"Description: Number of additional releases (n>=0). 0 = no release. Change 0 to 1 , 2, .., 10 for 1, 2,.... releases" （下一行是额外释放或迁入的次数，0代表没有额外的释放或迁入。） 0
13	"1st release: Enter day for the 1st additional release. (d1>=1)" （下一行是额外迁入或释放的日期，1代表模拟的第1天释放。） 1
14	"Description: Popu. structure (age = integer time unit, stage, number) of the 1st add. release. End with 0,0,0" （此点与第11点相同。释放的昆虫会于第1天加入模拟种群。） 0, 1, 10 0, 0, 0
15	"2nd release: Enter day for the 2nd release. (d2>d1)" （下一行是第2次额外迁入或释放的日期，2代表模拟的第2天。） 2
16	"Description: Popu. structure (age = integer time unit, stage, number) of next release. End with 0,0,0" （此点与第11点相同。释放的昆虫会于第2天加入模拟种群。） 0, 1, 10 0, 0, 0
17	………………………
18	"Description: There are two susceptible (weak) factors (the 1st for parasitoid and 2nd for rainfall, etc.)" （下一行的2代表种群有两个弱点或感受性，例如：第1个是寄生蜂，第2个是降雨。建议使用者勿更改。） 2
19	"Description: Susceptible factor and the susceptibility coefficients for each stage." （下两行为两个弱点各龄期的感受性或死亡率，0代表不受影响，0.5代表50%会死亡。建议使用者勿更改。） "Parasitoid or predator" ,0 , 1 , 1 , 1 , 1 "Rainfall" ,0 ,0.5 ,0.5 ,0.5 ,0.5
20	"Descrip: b, c, d, e. There are b (2) ETs. 0-c (25) day, ET is d (25). After that, ET is e (35)." （下一行说明有两个 ET，0～25天的 ET 是25，第25天后的 ET 为35。） 2,25,25,35
21	"Description: Density-dependent mortality coefficient for density below K and over K" （下一行说明密度造成的死亡率系数。建议使用者勿更改。） .2,1

（续）

22	"Description: No. treatment ＝ 1（For each treatment, please copy lines between Line A and B (don' t copy Line B)" （下一行的1说明防治1次，使用者可更改。） 1
23	"Line A: Treatment is applied on the 15th day." （下一行的15说明防治预定实施于第15天。） 15
24	"Description: Critical cumulative insect day is on the 10th day." （下一行的10说明关键累积害虫日是第10天。建议使用者勿更改。） 10
25	"Description: Code treatment, effective duration (ED) is 1 day." （下一行说明防治药剂是Pyrethrins，有效期1天.1天后不会造成死亡。使用可依据药剂试验更改。） "Pyrethrins" ,1
26	"Description: Stage mortality due to treatment" （下一行是Pyrethrins对各龄期的致死率。使用可依据药剂试验更改。） 0 , 0.9 , 0.9 , 0.9 , 0.9
27	"Line B: Description: time interval between treatment and sampling" （下一行说明防治7天后取样。建议使用者勿更改。） 7
28	"Description: Sampling stage is 4 to 5" （下一行说明取样调查4至5龄期的种群数。建议使用者勿更改。） 4,5
29	"Previous cumulative weighted insect days" （下一行为已知的累计害虫日数。建议使用者勿更改。） 0
30	（以下为群的主要参数。建议使用者勿更改。） "Mean fecundity" 126.727272727273 "Net reproductive rate" 69.7 "Intrinsic rate of increase" .135995180904865 "Finite rate of increase" 1.14567637245813 "Mean generation time" 31.2084611346301 "Last age" 42

使用年龄龄期两性生命表模拟种群增长是目前唯一正确的科学方法，使用者必须先了解生命表理论，才能正确并有效利用此技术。在完全了解理论与熟练操作软件之前，建议使用者勿任意更改模拟文档中注明"建议使用者勿更改"参数。

Chi（1990）提出依据害虫种群的龄期结构规划害虫治理计划，并用计算机模拟来预测最佳害虫防治时间。以往科学研究只有两种方法：理论研究与实验研究。计算机普及后，Rapp（1992）指出计算机模拟是科学研究的第三种方法。计算机模拟让科学家能够进行复杂的系统研究。Chi（2000）指出，计算机模拟的要件为：理论、数据、计算机软件，三者缺一不可。由于必须经常修改计算机模拟软件以应对不断变化的生态系统、新的数据和计算机系统，因此如果生态学家自己能编程，效率会更高。我们鼓励研究人员学习计算机编程。

计算机语言不断变化，目前仍有早期Fortran语言的使用者。其后发展的许多语言却已经极少有人使用。研究人员若想学习计算机编程，必须谨慎选择。没有人能预知哪种语言会被淘汰。自从个人计算机普及后，论文写作就十分方便。1985年，有许多人使用Volkswriter写论文。早期的Applause II也是很好用的简报软件。之后许多软件公司都被大公司合并或被淘汰。计算机技术日新月异，自从光盘出现后，3.5英寸的软式磁盘很快被淘汰；U盘（随身碟）出现后，光盘也逐渐被淘汰。但是，无论技术如何变化，正确的科学理论是不会被淘汰的，我们建议读者务必认真学习本书介绍的生命表与捕食理论。科学理论是永恒的，技术是一时的。

第十一章 特殊生命表分析方法

第一节 雌雄龄期数不同的生命表分析

有些昆虫种类的雌雄两性有不同龄期数，在进行生命表研究时，无法详细描述雌雄两性不同的龄期分化，也无法正确分析其种群参数。以重要的外来入侵害虫木瓜秀粉蚧为例，雌虫有卵、1龄、2龄、3龄、成虫5个龄期，而雄虫在3龄后还有蛹期(有的学者认为应称为拟蛹期)，总共有6个龄期。为了正确描述雌雄两性有不同龄期数的分化，在此介绍生命表分析的新方法。

在分析原始数据时，我们先将雄虫的蛹期与成虫期合并，写出一个数据文档(A)如下所示：

```
"Life table of papaya mealybug"
"Jin, Y."
"Ind"
100
3,5
F,Egg,N1,N2,N3,Female
M,Egg,N1,N2,N3,Male
N,Egg,N1,N2,N3,Unknown
N1,N3
1,M,7,5,6,2,9
2,M,7,6,6,2,6
3,F,7,8,4,9,29,0,0,0,0,20,8,10,17,11,7,17,12,7,5,2,4,2,5,4,5,2,4,1,0,1,1,0,0,-1
4,N,6,8,-2
5,F,7,8,7,6,30,0,0,0,0,0,9,7,16,14,8,9,10,5,8,8,8,9,6,9,8,7,6,4,2,2,3,0,1,7,-1
6,N,7,8,-3
……
100,M,7,5,7,2,7
```

此文档中的雌雄虫龄期均为5，雄虫的"Male"是将蛹期和成虫期的存活天数合并在一起。将此文档(A)进行分析，可以得到正确的种群参数R_0、r、λ和T，并且此文档分析得到的绘图数据，可以绘制种群的l_x、f_{xj}、m_x和$l_x m_x$曲线，以及整个种群卵、1龄、2龄、3龄和雌成虫的s_{xj}、e_{xj}、v_{xj}曲线，但由于雄虫的蛹期与成虫期合并，我们无法得到它们的s_{xj}和e_{xj}曲线。分析文档(A)得到的s_{xj}曲线如下所示 [此节图均引自Jin等（2024）的论文]。

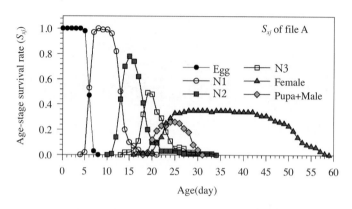

为了得到雄虫正确的蛹期与成虫期的s_{xj}和e_{xj}曲线，需要准备文档(B)，如下所示：

```
"Life table of papaya mealybug"
"Jin, Y."
"Ind"
100
3,6
F,Egg,N1,N2,N3,Pupa,Female
M,Egg,N1,N2,N3,Pupa,Male
N,Egg,N1,N2,N3,Pupa,Unknown
N1,N3
1,M,7,5,6,2,3,6
2,M,7,6,6,2,2,4
3,N,-1
4,N,6,8,-2
5,N,-1
6,N,7,8,-3
......
100,M,7,5,7,2,2,5
```

文档(B)包含卵、1龄、2龄、3龄、蛹和成虫6个龄期，但假设所有雌性个体都在1龄死亡。如：序号1的雄虫，在文档(A)中的成虫期"9"其实是文档(B)中的蛹期3天和实际成虫期6天。序号3的雌成虫在卵期存活1天后死亡，改为"-1"，并且此时"F"应改为"N"，因为更改后的虫子属于成虫前期死亡，不知道其性别。依次更改后面所有虫子的数据，用TWOSEX分析文档(B)我们就可以得到蛹和雄成虫正确的s_{xj}和e_{xj}曲线，需要注意的是，此时其他龄期的s_{xj}和e_{xj}曲线是错误的。分析文档(B)得到的s_{xj}曲线如下所示。

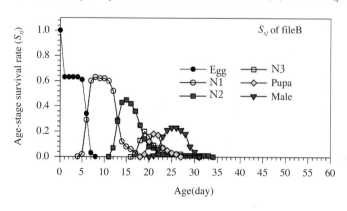

为得到种群完整且正确的各龄期s_{xj}和e_{xj}曲线，需要用文档(B)分析所得的蛹、雄成虫的s_{xj}和e_{xj}取代文档(A)中的"Pupa+Male"的曲线。完整的s_{xj}曲线如下所示。

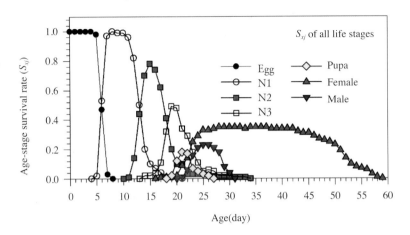

需要注意，分析文档(B)得到的种群参数是错误的，但雄虫的蛹期与成虫期的数据可以用来比较。利用此分析方法我们能正确描述雌雄不同龄期的昆虫的龄期分化差异。此方法也可以用来分析有不同龄期数的幼虫的生命表，使用者必须审慎思考。

第二节　利用自我重复取样配对建构生命表

每年只发生一代或具有滞育期的昆虫，如中亚的谷物害虫麦扁盾蝽*Eurygaster integriceps*（Puton）（Amir-Maafi et al., 2022）、台湾铗蠓*Forcipomyia taiwana*（Shiraki）（Lee, 2010），连续记录其从出生到死亡的发育、存活和繁殖的数据是不可行的或极为困难的，这也造成生命表研究困难，不利于将生命表应用于害虫治理。两性生命表软件TWOSEX-MSChart中的Bootstrap match自我重复取样配对技术可将分别收集的未成熟期与成虫期数据配对为完整的生命表，同时也可在成虫期前加入滞育期，进而分析这类昆虫的主要种群参数，以及利用两性生命表模拟软件TIMING-MSChart预测越冬种群增长。

由于Bootstrap match匹配种群的N_f、N_m和N_n的比例取决于未成熟昆虫的数据，为得到较精确的N_f、N_m和N_n的比例，使用较多的卵来收集未成熟期的数据是至关重要与必要的。

Bootstrap match技术可用于下列各种情况：①由于强制性滞育，有必要分别收集未成熟期和成虫期的生命表数据；②成虫在实验室条件下交配困难，有必要分别收集未成熟期和成虫期的生命表数据；③生命表未成熟期的数据来自较大种群，而成虫期数据来自较小的种群；④未成熟期采用个体饲养，而成虫期采用群体饲养的生命表数据；⑤有足够的未成熟期的数据，却因没有足够的雌雄成虫造成只配对了部分成虫的生命表数据。

自我重复取样匹配数据技术组建生命表的概念（Amir-Maafi et al., 2020）如下图所示。

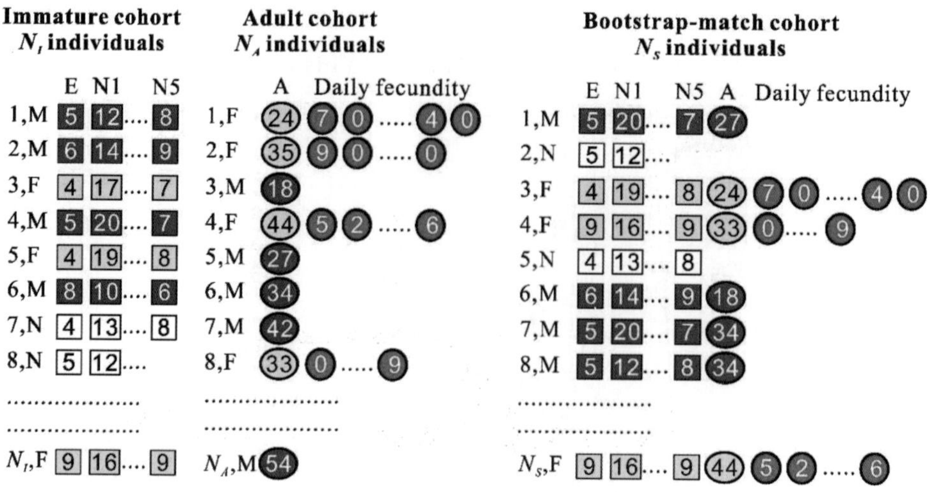

Immature cohort
N_I individuals

	E	N1	N5
1,M	5	12	 8
2,M	6	14	 9
3,F	4	17	 7
4,M	5	20	 7
5,F	4	19	 8
6,M	8	10	 6
7,N	4	13	 8
8,N	5	12	....
....			
N_I,F	9	16	 9

Adult cohort
N_A individuals

	A	Daily fecundity
1,F	24	7 0 ..... 4 0
2,F	35	9 0 0
3,M	18	
4,F	44	5 2 6
5,M	27	
6,M	34	
7,M	42	
8,F	33	0 9
....		
N_A,M	54	

Bootstrap-match cohort
N_S individuals

	E	N1	N5	A	Daily fecundity
1,M	5	20	 7	27	
2,N	5	12			
3,F	4	19	 8	24	7 0 ..... 4 0
4,F	9	16	 9	33	0 9
5,N	4	13	 8		
6,M	6	14	 9	18	
7,M	5	20	 7	34	
8,M	5	12	 8	34	
....					
N_S,F	9	16	 9	44	5 2 6

首先从N_I个成虫前期（未成熟期）个体中利用随机归还取样（random sampling with replacement）选取1个个体。如果所选的未成熟期的个体成功羽化为成虫，则从N_A个成虫个体中随机选取一个同性别的成虫数据，与未成熟个体的数据结合成一个完整个体的生活史。如果选择的个体没有发育到成虫期，则是N型的个体（在成虫前期死亡的个体）。为了组建一个总数为N_S的自我重复取样匹配种群，重复上述步骤至完成N_S个个体的生命表，如果$N_I > N_A$，总数$N_S = N_I$；如果$N_I < N_A$，总数$N_S = N_A$。上述过程重复100 000次（$B = 100\,000$），共组建100 000个自我重复取样匹配生命表，每个生命表有N_S个个体，进一步将100 000个自我重复取样匹配生命表进行排序，以获得0.5 R_0和0.5 λ百分位生命表。

Bootstrap match需准备两个文档，即未成熟期文档和成虫期文档，两文档需要单独保存。如下图所示，左边文档为未成熟期文档数据，右边为成虫期文档数据。

"Potato **tuberworm**. 1988. "
"Chi, H."
"Immature"
20
3, 4
F, Egg, Larva, Pupa, Female
M, Egg, Larva, Pupa, Male
N, Egg, Larva, Pupa, Unknown
Larva, Pupa
 1, M, 6, 11, 12
 2, F, 6, 10, 11
 3, F, 6, 11, 10
 4, F, 6, 12, 10
 5, M, 6, 12, 11
 6, F, 6, 12, 11
 7, M, 6, 13, 10
 8, F, 6, 11, 9
 9, F, 6, 12, 11
 10, M, 6, 12, 11
 11, M, 6, 12, 12
 12, F, 6, 12, 12
 13, F, 6, 13, 10
 14, M, 6, 13, 11
 15, F, 6, 13, 12
 16, F, 6, 13, 11
 17, M, 6, 14, 10
 18, F, 6, 14, 11
 19, N, 6, 13, -8
 20, N, 6, -10

" Potato **tuberworm**. 1988. "
"Chi, H."
"Adult"
18
3, 4
F, Egg, Larva, Pupa, Female
M, Egg, Larva, Pupa, Male
N, Egg, Larva, Pupa, Unknown
Larva, Pupa
 1, M, 6
 2, F, 10, 0, 124, 12, 0, 4, 2, 0, 0, 0, 0, -1
 3, F, 10, 0, 22, 74, 13, 0, 1, 0, 0, 0, 0, -1
 4, F, 7, 0, 97, 28, 1, 4, 0, -1
 5, M, 5
 6, F, 14, 0, 61, 11, 7, 15, 15, 2, 3, 4, 0, 0, 0, -1
 7, M, 8
 8, F, 11, 0, 0, 0, 26, 36, 9, 6, 2, 0, 0, 0, -1
 9, F, 9, 67, 37, 10, 5, 1, 0, 0, 0, 0, -1
 10, M, 6
 11, M, 7
 12, F, 8, 75, 48, 12, 4, 1, 0, 0, 0, -1
 13, F, 10, 2, 90, 5, 12, 0, 0, 0, 0, 0, 0, -1
 14, M, 8
 15, F, 10, 44, 53, 11, 15, 2, 0, 0, 0, 0, 0, -1
 16, F, 9, 100, 17, 45, 8, 0, 0, 0, 0, 0, -1
 17, M, 6
 18, F, 6, 9, 111, 27, 4, 0, 0, -1

Bootstrap match具体操作如下所示。

1. 点击〝D. Boot. match〞

启动TWOSEX后，你就会看到如下图所示的界面，点击"D. Boot. match"。

2. 点击〝A1. Open immature data〞

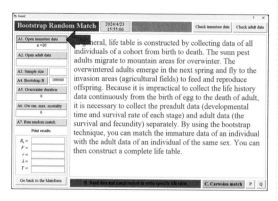

选择事先准备的immature（未成熟期）文档数据并打开。

3. 接着点击〝A2. Open adult data〞

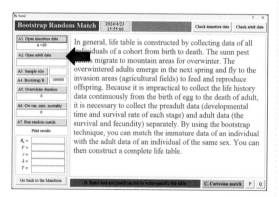

选择事先准备的adult（成虫期）文档数据并打开。

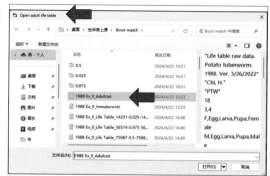

界面如下所示，TWOSEX会自动依据未成熟期文档和成虫期文档设定样本数〝A3. Sample size〞，〝A4. Bootstrap B〞即自我重复取样次数，建议使用默认值100 000。〝A5. Overwinter duration〞是研究对象的越冬期，使用者可自行输入越冬天数，若输入〝0〞则没有越冬期。〝A6. Ow ran max. mortality〞是〝Overwinter random max. mortality（越冬期最大随机死亡率）〞的缩写，使用者可自行输入该虫越冬期的最大死亡率。建议初学者不要使用A5与A6。

4. 点击〝A7. Run random match〞

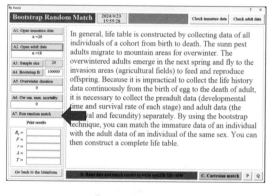

点击〝A7. Run random match〞，开始运行，此时你会看到如下信息。是否选用相同的bootstrap matched样本，若是第1次分析，选择〝否〞。

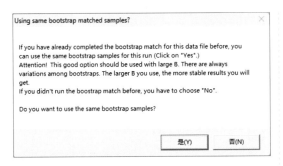

接着跳出教学示范的信息框，建议选择"是"，可以看到分析过程的变化。

只选择有效样本吗？选择"是"。

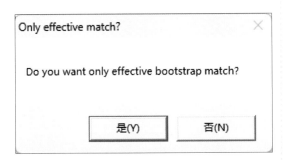

是两性生命表样本吗？根据自己的试验对象选择，如果是选择"是"，反之选择"否"。

此时计算机开始抽样配对，不要点击其他按钮，等待就好。

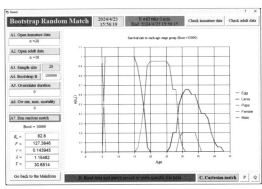

随机配对运行结束后，会显示"Completed and congratulation！"。

100 000个随机匹配样本的平均值在左下角显示。

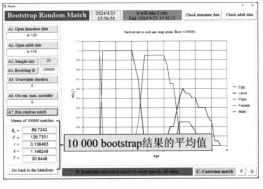

通过使用自我重复取样技术来配对未成熟期和成虫期的生命表，可以获得许多匹配的生命表。如果你想找到所有Bootstrap的平均R_0（或r和λ）的生命表，就必须先对100 000个Bootstrap match结果进行

排序（使用"L. Sort + count"或"N. Sort, norm"），然后才能得到 R_0（或 r 和 λ）的频率分布和特定百分位数的生命表。其具体操作如下所示。

5. 打开TWOSEX程序，点击"N. Sort, norm"

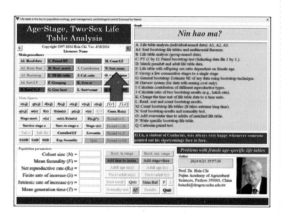

此时会弹出信息框询问是排序和统计普通数据还是自我重复取样结果数据，因为是Bootstrap match结果，因此选择"否"。

接着会询问你的数据是否有序号，选择"是"。

然后选择需要排序的文档，以 R_0 为例，打开"…_5A_Boot-R0-with serial nr.txt"文档。

接着会问是否限制小数点位数，计算机会给我们预设值，点击"OK"。

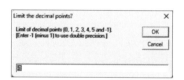

此时Bootstrap结果文档与排序文档已准备好。

下图询问是否要看频数分布图。

排序后，TWOSEX会准备许多文档，其中有0.025、0.5 与0.975的Bootstrap match的取样信息。

打开此文档，并用笔抄下这三个百分位的生命表编号，将编号从小到大排列，例如：15 819是0.975百分位生命表，44 424是0.5百分位生命表，48 462是0.025百分位生命表。

```
"The 0.025 percentile life table of R0 is 48462"
"The 0.5 percentile life table of R0 is 41424"
"The 0.975 percentile life table of R0 is 15819"
```

有了上述信息后，可以再次利用Bootstrap match制备所需要的 Bootstrap match 生命表。

重新启动TWOSEX 软件，选择 "D. Boot. Match"。在下图中选择下方的粉红色按钮 "B. Read data and match record to write specific life table （ 读 取 数 据 与 Bootstrap match记录文档以制备特定生命表档案）"。

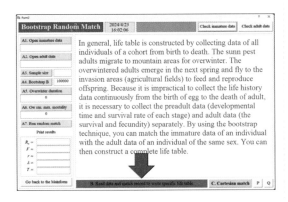

读取未成熟期生命表。

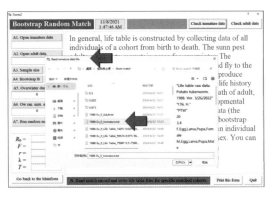

读取成虫期生命表。

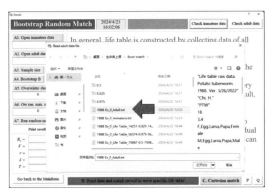

读取上次的Bootstrap match 记录文档。

输入你需要的Bootstrap match 生命表序号，先输入编号最小的。

输入此特定生命表的百分位代码。

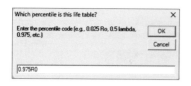

特定百分位生命表制备完成后，软件会出现右图信息，如果需要更多的生命表，就选择"Yes"重复，输入下一个特定生命表的百分位代码。若已完成，就选择"No"。

然后可以用一般生命表操作步骤分析这三个生命表。Bootstrap match 是创新技术，建议使用者务必详细阅读 Amir-Maafi 等（2020）的论文。

第三节　群体饲养生命表

群体饲养是研究生命表的新方法，由于个体饲养的生命表并不能真实地反映群体生活的昆虫种群在自然界中的特性，也为了了解大量饲育的昆虫种群的特性，Chang 等（2016）采用群体饲养的方法研究了橘小实蝇 *Bactrocera dorsalis* 的生命表。利用群体饲养研究昆虫种群生命表是在年龄龄期两性生命表研究基础上进一步的创新，对昆虫生命表研究与害虫治理十分重要。群体饲养生命表研究所获得的试验数据同样也可以用 TWOSEX 分析（详细步骤请见第三章）。Chi 等（2023）进一步介绍了群体饲养的理论与分析方法。

一、群体饲养的生命表理论

群体饲养生命表的起始种群若为 $n_{0,1}$ 个卵，实验记录中每天的详细龄期结构变化就是矩阵 N。利用 N 矩阵可以直接计算 S 矩阵。

$$\text{Matrix } N \quad \otimes \frac{1}{n_{0,1}} = \quad \text{Matrix } S$$

$$
\begin{array}{ccccc}
E & L & P & F & M \\
\end{array}
$$

$$
\left[
\begin{array}{ccccc}
n_{0,1} & - & - & - & - \\
n_{1,1} & n_{1,2} & - & - & - \\
n_{2,1} & n_{2,2} & - & - & - \\
n_{3,1} & n_{3,2} & n_{3,3} & - & - \\
- & n_{4,2} & n_{4,3} & - & - \\
- & - & n_{5,3} & n_{5,4} & n_{5,5} \\
- & - & n_{6,3} & n_{6,4} & n_{6,5} \\
- & - & - & n_{7,4} & n_{7,5} \\
- & - & - & n_{8,4} & n_{8,5} \\
- & - & - & n_{9,4} & n_{9,5} \\
- & - & - & n_{10,4} & n_{10,5} \\
\end{array}
\right]
\otimes \frac{1}{n_{0,1}} =
\left[
\begin{array}{ccccc}
s_{0,1} & - & - & - & - \\
s_{1,1} & s_{1,2} & - & - & - \\
s_{2,1} & s_{2,2} & - & - & - \\
s_{3,1} & s_{3,2} & s_{3,3} & - & - \\
- & s_{4,2} & s_{4,3} & - & - \\
- & - & s_{5,3} & s_{5,4} & s_{5,5} \\
- & - & s_{6,3} & s_{6,4} & s_{6,5} \\
- & - & - & s_{7,4} & s_{7,5} \\
- & - & - & s_{8,4} & s_{8,5} \\
- & - & - & s_{9,4} & s_{9,5} \\
- & - & - & s_{10,4} & s_{10,5} \\
\end{array}
\right]
$$

$$s_{xj} = \frac{n_{xj}}{n_{0,1}}$$

利用群体饲养研究生命表时，在第 x 天时所有雌成虫的总产卵数就是矩阵 Ft，将 $Ft(x, j)$ 除以 $N(x, j)$ 就可以得到 $F(x, j)$。

$$
\text{Matrix } F_{total} \qquad\qquad \text{Matrix } F
$$

$$
\begin{array}{ccccc}
\text{E} & \text{L} & \text{P} & \text{F} & \text{M}
\end{array}
$$

$$
\begin{bmatrix}
0 & - & - & - & - \\
0 & 0 & - & - & - \\
0 & 0 & - & - & - \\
0 & 0 & 0 & - & - \\
- & 0 & 0 & - & - \\
- & - & 0 & f_{5,total} & 0 \\
- & - & 0 & f_{6,total} & 0 \\
- & - & - & f_{7,total} & 0 \\
- & - & - & f_{8,total} & 0 \\
- & - & - & f_{9,total} & 0 \\
- & - & - & f_{10,total} & 0
\end{bmatrix}
\rightarrow
\begin{bmatrix}
0 & - & - & - & - \\
0 & 0 & - & - & - \\
0 & 0 & - & - & - \\
0 & 0 & 0 & - & - \\
- & 0 & 0 & - & - \\
- & - & 0 & f_{5,total}/n_{5,4} & 0 \\
- & - & 0 & f_{6,total}/n_{6,4} & 0 \\
- & - & - & f_{7,total}/n_{7,4} & 0 \\
- & - & - & f_{8,total}/n_{8,4} & 0 \\
- & - & - & f_{9,total}/n_{9,4} & 0 \\
- & - & - & f_{10,total}/n_{10,4} & 0
\end{bmatrix}
$$

$$
f_{xj} = \frac{f_{x,total}}{n_{xj}}
$$

利用群体饲养研究生命表时，若同时记录每天的总捕食数，可以得到总捕食率矩阵 C_{total}，也就可以计算年龄龄期捕食率矩阵 C。

$$
\text{Matrix } C_{total} \qquad\qquad\qquad \text{Matrix } C
$$

$$
\begin{array}{ccccc}
\text{E} & \text{L} & \text{P} & \text{F} & \text{M}
\end{array}
$$

$$
\begin{bmatrix}
0 & - & - & - & - \\
0 & c_{1,2,total} & - & - & - \\
0 & c_{2,2,total} & - & - & - \\
0 & c_{3,2,total} & 0 & - & - \\
- & c_{4,2,total} & 0 & - & - \\
- & - & 0 & c_{5,4,total} & c_{5,5,total} \\
- & - & 0 & c_{6,4,total} & c_{6,5,total} \\
- & - & - & c_{7,4,total} & c_{7,5,total} \\
- & - & - & c_{8,4,total} & c_{8,5,total} \\
- & - & - & c_{9,4,total} & c_{9,5,total} \\
- & - & - & c_{10,4,total} & c_{10,5,total}
\end{bmatrix}
\rightarrow
$$

$$
\begin{bmatrix}
0 & - & - & - & - \\
0 & c_{1,2,total}/n_{1,2} & - & - & - \\
0 & c_{2,2,total}/n_{2,2} & - & - & - \\
0 & c_{3,2,total}/n_{3,2} & 0 & - & - \\
- & c_{4,2,total}/n_{4,2} & 0 & - & - \\
- & - & 0 & c_{5,4,total}/n_{5,4} & c_{5,5,total}/n_{5,5} \\
- & - & 0 & c_{6,4,total}/n_{6,4} & c_{6,5,total}/n_{6,5} \\
- & - & - & c_{7,4,total}/n_{7,4} & c_{7,5,total}/n_{7,5} \\
- & - & - & c_{8,4,total}/n_{8,4} & c_{8,5,total}/n_{8,5} \\
- & - & - & c_{9,4,total}/n_{9,4} & c_{9,5,total}/n_{9,5} \\
- & - & - & c_{10,4,total}/n_{10,4} & c_{10,5,total}/n_{10,5}
\end{bmatrix}
$$

详细的理论请参考 Chi 等（2023）与 Ma 等（2024）的论文。

二、木瓜秀粉蚧个体饲养与群体饲养实例

木瓜秀粉蚧在琴叶珊瑚上进行个体饲养与群体饲养的年龄龄期存活率（s_{xj}）和年龄龄期期望寿命（e_{xj}）曲线如下图所示。群体饲养的期望寿命低于个体饲养，个体饲养的雌成虫在第17天开始出现，群体饲养的雌成虫在第16天开始出现。[此节图均引自 Jin 等（2024）的论文]。

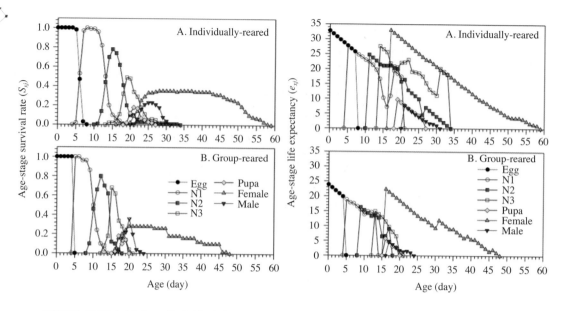

下图为种群存活率、雌虫繁殖率和种群繁殖值曲线，可以看出，个体饲养的存活率较高，第29天才低于50%，群体饲养的第21天就低于50%。然而，群体饲养第22天就开始产卵，开始产卵时间较早，个体饲养开始繁殖时间较晚，第26天才开始产卵。

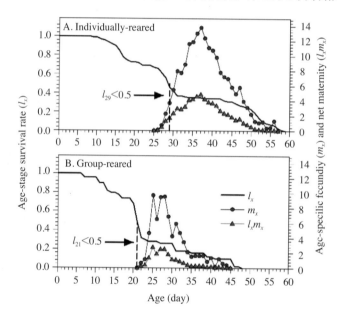

从计算机模拟结果来看，个体饲养的第2代的卵在第27天出现，群体饲养的第2代的卵在第23天就已经出现，群体饲养的世代时间短于个体饲养。

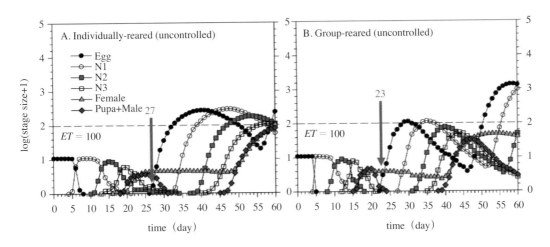

因此，对于群体生活的昆虫，如木瓜秀粉蚧，使用群体饲养收集的生命表数据比个体饲养收集的数据更适合模拟害虫种群增长和防治。

群体饲养相较个体饲养有以下优点：①群体饲养可以节省大量人力、时间和饲养空间，可以降低饲养成本；②利用群体饲养可快速收集突发或新入侵害虫的生命表；③群体饲养时，雌虫与雄虫可以自由交配，繁殖率不会受人为配对的影响；④一些双翅目的昆虫（如：*Bactocera dorsalis*）能互助消化食物，生长发育较快；⑤在群体饲养的种群中，食物消耗较快，食物发霉情况减少，昆虫较能正常生长发育；⑥群体饲养中，昆虫的排泄物较多，有些昆虫的排泄物具有抑制细菌生长的作用。如Fonseca-Muñoz等（2019）报导绯颜裸金蝇*Chrysomya rufifacies*和次生锥蝇*Cochliomyia macellaria*的幼虫排泄物具有杀菌活性；⑦群体饲养能反映密度对昆虫存活、发育和繁殖的影响。

但在群体饲养时还必须考虑下列各点：①群体饲养无法获取每个个体详细的发育历期和每头雌成虫的繁殖率数据；②由于缺少个体的数据，不能使用自我重复取样（Bootstrap）技术估计种群参数的标准误，也就无法使用paired bootstrap test比较不同种群的差异；读者可以尝试第三章介绍的群体生命表分析方法，将其转化为个体生命表；③群体饲养时，一旦种群被细菌或病毒侵染，会导致试验失败；④如果成虫前期种群密度过高，会降低昆虫的发育速度和繁殖；⑤对于有种内自残习性的昆虫，群体饲养会存在同类自相残杀的现象，例如锹甲科昆虫，这会影响到群体的稳定性和昆虫的生长发育。但是，如果在自然环境中存在自相残杀的现象，在群体饲养生命表数据中也能正确地反应出来。

密度对种群的影响一直是生态学重要的研究主题，logistic growth model便是假设出生率随密度增高而降低，死亡率随密度增高而上升，进而推导出的简单数学模型。由于密度随着种群增长而随时变化，目前并没有具体的理论。而且，昆虫不同龄期的个体有不同的取食量、不同的行为能力，对种群密度有不同的影响。密度效应可能实时产生影响，幼虫期的高密度可能造成幼虫期的高死亡率；但密度效应可能有时滞效应，幼虫期的高密度效应可能到成虫期才会显现，例如，Cerutti等（1992）指出鳞翅目幼虫密度高时会降低成虫的繁殖率。因此，群体饲养是研究密度效应的重要方法。

群体饲养的应用不仅可以帮助生态学研究者更好地开展种群生态学的相关研究，也为我国昆虫生态学的进一步发展提供了新的研究理论和方法。

除了前述的几种特殊生命表分析方法外，另外有arrhenotokous parthenogenetic reproduction（Tuan et al., 2016b；Ding et al., 2018）与pysogastry reproduction（Bussaman et al., 2017）等特殊生命表分析方法，请详阅论文。

参 考 文 献

陈珍珍, 边亚楠, 齐心, 许永玉, 2024. 集合论、笛卡尔乘积和多项式定理在生命表研究中的应用: 以取食玉米粒和茶树叶片的棉铃虫生命表为例. 昆虫学报 (10): 2-17.

孔维娜, 王怡, 梅文浩, 魏明峰, 马敏, 刘明蕾, 张烨, 齐心, 马瑞燕, 2024. 利用自我重复取样匹配技术组建生命表: 以梨小食心虫为例. 昆虫学报, 67(10): 1972-1387.

李建宇, 陈燕婷, 傅建炜, 史梦竹, 齐心, 尤民生, 2022. 自我重复取样技术与多项式定理在年龄龄期两性生命表研究中的应用. 昆虫学报, 65(10): 1389-1400.

刘彦龙, 吕宝乾, 卢辉, 唐继洪, 张永军, 朱晓明, 2021. 草地贪夜蛾不同虫口密度对海南鲜食玉米产量的影响及其经济阈值研究. 热带作物学报, 42(12): 3394-3401.

马敏, 任芳旭, 王怡, 孔维娜, 魏明峰, 齐心, Özgökçe M S, 马瑞燕, 2024. 群体饲养生命表: 资料分析理论与转化为个体生命表的方法. 昆虫学报, 67(8): 1147-1162.

庞允舜, 李少华, 王荣成, 齐心, 刘小宇, 王红宇, 李向东, 郑方强, 2022. 温度对取食玉米籽粒桃蛀螟生长发育、存活和生殖的影响. 应用生态学报, 33(6): 1652-1660.

齐心, 傅建炜, 尤民生, 2019. 年龄－龄期两性生命表及其在种群生态学与害虫综合治理中的应用. 昆虫学报, 62(2): 255-262.

史梦竹, 傅建炜, 李建宇, 齐心, 尤民生, 2023. 运用年龄龄期两性生命表模拟昆虫种群动态及其在害虫治理中的应用. 昆虫学报, 66(2): 255-266.

Abou Zied E M, Gabre R M, Chi H, 2003. Life table of the Australian sheep blow fly *Lucilia cuprina* (Wiedemann) (Diptera: Calliphoridae). Egyptian Journal of Zoology, 41: 29-45.

Akca I, Ayvaz T, Yazici E, Smith C L, Chi H, 2015. Demography and population projection of *Aphis fabae* (Hemiptera: Aphididae): with additional comments on life table research criteria. Journal of Economic Entomology, 108(4): 1466-1478.

Amir-Maafi M, Chi H, Chen Z Z, Xu Y Y, 2022. Innovative bootstrap-match technique for life table set up. Entomologia Generalis, 42(4): 597-609.

Asgari F, Moayeri H R S, Kavousi A, Enkegaard A, Chi H, 2020. Demography and mass rearing of *Amblyseius swirskii* (Acari: Phytoseiidae) fed on two species of stored-product mites and their mixture. Journal of Economic Entomology, 113(6): 2604-2612.

Atlihan R, Chi H, 2008. Temperature-dependent development and demography of Scymnus subvillosus (coleoptera: Coccinellidae) reared on *Hyalopterus pruni* (Homoptera: Aphididae). Journal of Economic Entomology, 101(2): 325-333.

Atlihan R, Ismail K, Özgökçe M S, Polat-Akköprü E, Chi H, 2017. Population growth of *Dysaphis pyri* (Hemiptera: Aphididae) on different pear cultivars with discussion on curve fitting in life table studies. Journal of Economic

Entomology, 110(4): 1890-1898.

Baba N, Hironaka M, Hosokawa T, Mukai H, Nomakuchi S, Ueno T, 2011. Trophic eggs compensate for poor offspring feeding capacity in a subsocial burrower bug. Biology Letters, 7(2): 194-196.

Bayhan E, Ölmez-Bayhan S, Ulusoy M R, Chi H, 2006. Effect of Temperature on development, mortality, and fecundity, and reproduction of *Aphis rumicis* L. (Homoptera: Aphididae) on broadleaf dock (*Rumex obtusifolius*) and Swiss chard (*Beta vulgaris vulgaris* var. *cida*). Journal of Pest Science, 79(1): 57-61.

Birch L C, 1948. The Intrinsic rate of natural increase of an insect population. Journal of Animal Ecology, 17(1): 15–26.

Bodenheimer F S, 1938. Problems of Animal Ecology. Oxford：Oxford University Press.

Bussaman P, Sa-uth C, Chandrapatya A, Atlıhan R, Gökçe A, Saska P, Chi H, 2017. Fast population growth in physogastry reproduction of *Luciaphorus perniciosus* Rack (Acari: Pygmephoridae) at different temperatures. Journal of Economic Entomology, 110(4): 1397–1403.

Carey J R, 1993. Applied demography for biologists with special emphasis on insects. Oxford: Oxford University Press.

Carey J R, Bradley J W, 1982. Developmental rates, vital schedules, sex ratios and life tables of *Tetranychus urticae*, *T. turkestani* and *T. pacificus* (Acarina: Tetranychidae) on cotton. Acarologia, 23: 333-345.

Cerutti F, Bigler F, Eden G, Bosshart S, 1992. Optimal larval density and quality control aspects in mass rearing of the Mediterranean flour moth, *Ephestia kuehniella* Zell. (Lep., Phycitidae). Journal of Applied Entomology, 114(1-5): 353-361.

Chang C, Huang C Y, Dai S M, Atlihan R, Chi H, 2016. Genetically engineered ricin suppresses *Bactrocera dorsalis* (Diptera: Tephritidae) based on demographic analysis of group-reared life table. Journal of Economic Entomology, 109(3): 987-992.

Chen G M, Chi H, Wang R C, Wang Y P, Xu Y Y, Li X D, Yin P, Zheng F Q, 2018. Demography and uncertainty of population growth of *Conogethes punctiferalis* (Lepidoptera: Crambidae) reared on five host plants with discussion on some life history statistics. Journal of Economic Entomology, 111(5): 2143-2152.

Chi H, 1981. Die Vermehrungsrate von *Hypoaspis aculeifer* Canestrini (Acarina, Laelapidae) bei Ernaehrung mit *Onychiurus fimatus* Gisin (Collembola, Onychiuridae) unter verschiedenen Temperaturen. Mitteilungen der Deutschen Gesellschaft für allgemeine und angewandte Entomologie, 3(1): 122-125.

Chi H, 1982. Calculation of population growth rate. Computer Quarterly, 16(2): 44-50.

Chi H, 1988. Life-table analysis incorporating both sexes and variable development rates among individuals. Environmental Entomology, 17(1): 26–34.

Chi H, 1989. Two-sex life table of the silkworm, *Bombyx mori* L. Chinese Journal of Entomology, 9(2): 141-150.

Chi H, 1990. Timing of control based on the stage structure of pest populations: a simulation approach. Journal of Economic Entomology, 83(4): 1143-1150.

Chi H, 1994. Periodic mass rearing and harvesting based on the theories of both the age-specific life table and the age-stage, two-sex life table. Environmental Entomology, 23(3): 535-542.

Chi H, 2000. Computer simulation models for sustainability. International Journal of Sustainability in Higher Education, 1(2): 154-167.

Chi H, Getz W M, 1988. Mass rearing and harvesting based on an age-stage, two-sex life table: a potato tuberworm (Lepidoptera: Gelechiidae) case study. Environmental Entomology, 17(1): 18-25.

Chi H, Güncan A, Kavousi A, Gharakhani G, Atlıhan R, Özgökçe M S, Shirazi J, Amir-Maafi M, Maroufpoor M, Taghizadeh R, 2022a. TWOSEX-MSChart: the key tool for life table research and education. Entomologia Generalis, 42(6): 845-849.

Chi H, Kara H, Özgökçe M S, Atlıhan R, Güncan A, Rişvanlı M R, 2022b. Innovative application of set theory, Cartesian product, and multinomial theorem in demographic research. Entomologia Generalis, 42(6): 863-874.

Chi H, Kavousi A, Gharekhani G, Atlihan R, Özgökçe M S, Güncan A, Gökçe A, Smith C L, Benelli G, Guedes R N C, Amir-Maafi M, Shirazi J, Taghizadeh R, Maroufpoor M, Xu Y Y, Zheng F Q, Ye B H, Chen Z Z, You M S, Fu J W, Li J Y, Shi M Z, Hu Z Q, Zheng C Y, Luo L, Yuan Z L, Zang L S, Chen Y M, Tuan S J, Lin Y Y, Wang H H, Gotoh T, Ullah M S, Botto-Mahan C, De-Bona S, Bussaman P, Gabre R M, Saska P, Schneider M I, Ullah F, Desneux N, 2023. Advances in theory, data analysis, and application of the age-stage, two-sex life table for demographic research, biological control, and pest management. Entomologia Generalis, 43(4): 705-732.

Chi H, Lin Y C, Huang Y B, Mu C H, 2000. Prediction on Taiwan population. Acta Ecologica Sinica, 20(2): 321-334.

Chi H, Liu H, 1985. Two new methods for the study of insect population ecology. Bulletin of the Institute of Zoology, Academia Sinica, 24(2): 225–240.

Chi H, Mou D F, Lee C C, Smith, C.L, 2015. Comments on the paper 'Invariance of demographic parameters using total or viable eggs'. Journal of Applied Entomology, 140(1-2): 154-157.

Chi H, Su H Y, 2006. Age-stage, two-sex life tables of *Aphidius gifuensis* (Ashmead) (Hymenoptera: Braconidae) and its host *Myzus persicae* (Sulzer) (Homoptera: Aphididae) with mathematical proof of the relationship between female fecundity and the net reproductive rate. Environmental Entomology, 35(1): 10-21.

Chi H, Tang D S, 1993. Age-stage, two-sex life table of the cabbage looper. Mitteilungen der Deutschen Gesellschaft für Allgemeine and Angewandte Entomologie, 8: 627-632.

Chi H, Yang T C, 2003. Two-sex life table and predation rate of *Propylaea japonica* Thunberg (Coleoptera: Coccinellidae) fed on Myzus persicae (Sulzer) (Homoptera: Aphididae). Environmental Entomology, 32(2): 327-333.

Chi H, You M S, Atlıhan R, Smith C L, Kavousi A, Özgökçe M S, Güncan A, Tuan S R, Fu J W, Xu Y Y, Zheng F Q, Ye B H, Chu D, Yu Y, Gharekhani G, Saska P, Gotoh P, Schneider M I, Bussaman P, Gökçe A, Liu T X, 2020. Age-stage, two-sex life table: An introduction to theory, data analysis, and application. Entomologia Generalis, 40(2): 103-124.

Crowley P H, 1992. Resampling methods for computation-intensive data analysis in ecology and evolution. Annual Review of Ecology and Systematics, 23: 405-447.

De Bona S, Chi H, Bautamante R O, Botto-Mahan C, 2024. *Trypanosoma cruzi* infection reduces the population fitness of *Mepraia spinolai*, a Chagas disease vector. Medical and Veterinary Entomology, 38(1): 73-82.

Ding H Y, Lin Y Y, Tuan S J, Tang L C, Chi H, Atlihan R, Özgökçe M S, Güncan A, 2021. Integrating demography, predation rate, and computer simulation for evaluation of *Orius strigicollis* as biological control agent against *Frankliniella intonsa*. Entomologia Generalis, 41(2): 179-196.

Ding T, Chi H, Gökçe A, Gao Y, Zhang B, 2018. Demographic analysis of arrhenotokous parthenogenesis and bisexual reproduction of *Frankliniella occidentalis* (Pergande) (Thysanoptera: Thripidae). Scientific Reports, 8: 3346.

Efron B, 1979. Bootstrap methods: Another look at the jackknife. Annals of Statistics, 7(1): 1-26.

Efron B, Tibshironi R J, 1993. An Introduction to the Bootstrap. New York: Chapman and Hall/CRC Press.

Farhadi R, Allahyari H, Chi H, 2011. Life table and predation capacity of *Hippodamia variegata* (Coleoptera: Coccinellidae) feeding on *Aphis fabae* (Hemiptera: Aphididae). Biological Control, 59(2): 83-89.

Fazeli-Dinan M, Azarnoosh M, Özgökçe M S, Chi H, Hosseini-Vasoukolaei N, Haghi F M, Zazouli M A, Nikookar S H, Dehbandi R, Enayati A, Zaim M, Hemingway J, 2022. Global water quality changes posing threat of increasing infectious diseases, a case study on malaria vector *Anopheles stephensi* coping with the water pollutants using age-stage, two-sex life table method. Malaria Journal, 21: 178.

Fiaboe K K M, Gondim M G C, de Moraes G J, Ogol C K P O, Knapp M, 2007. Bionomics of the acarophagous ladybird beetle *Stethorus tridens* fed *Tetranychus evansi*. Journal of Applied Entomology, 13: 355-361.

Filippi L, Baba N, Inadomi K, Yanagi T, Hironaka M, Nomakuchi S, 2009. Pre- and post-hatch trophic egg production in the subsocial burrower bug, *Canthophorus niveimarginatus* (Heteroptera: Cydnidae). Naturwissenschaften, 96: 201-211.

Fonseca-Muñoz A, Pérez-Pacheco R, Ortega-Morales O, Reyes-Estebanez M, Vásquez-López A, Chan-Bacab M, Ruiz-Vega J, Granados-Echegoyen A, 2019. Bactericidal Activity of *Chrysomya rufifacies* and *Cochliomyia macellaria* (Diptera: Calliphoridae) larval excretions–secretions against *Staphylococcus aureus* (Bacillales: Staphylococcaceae). Journal of Medical Entomology, 56(6): 1598-1604.

Gabre R M, Adham F K, Chi H, 2005. Life table of *Chrysomya megacephala* (Fabricius) (Diptera: Calliphoridae). Acta Oecologica, 27(3): 179-183.

Gharekhani G, Salehi F, Shirazi J, Vaez N, 2020. Tri-trophic interactions among nitrogen fertilized tomato cultivars, the tomato fruit worm, *Helicoverpa armigera* (Hübner) (Lepidoptera: Noctuidae) and the ectoparasitoid, *Habrobracon hebetor* (Say) (Hymenoptera: Braconidae). Egyptian Journal of Biological Pest Control, 30(6): 1-10.

Gharekhani G, Salekebrahimi H, Chi H, 2023. Demography of *Tuta absoluta* (Meyrick) (Lepidoptera: Gelechiidae) reared on elicitor-treated tomato plants with an innovative comparison of projected population sizes and application of the multinomial theorem for population survival. Pest Management Science, 79(12): 4964-4976.

Golizadeh A, Razmjou J, 2010. Life table parameters of *Phthorimaea operculella* (Lepidoptera: Gelechiidae), feeding on tubers of six potato cultivars. Journal of Economic Entomology, 103(3): 966-972.

Goodman D, 1982. Optimal life histories, optimal notation, and the value of reproductive value. The American Naturalist, 119(6): 803-823.

Haye T, Mason P G, Dosdall L M, Kuhlmann U, 2010. Mortality factors affecting the cabbage seedpod weevil, *Ceutorhynchus obstrictus* (Marsham), in its area of origin: A life table analysis. Biological Control, 54(3): 331-341.

Hernandez-Suarez C, Medone P, Rabinovich J E, 2015. Invariance of demographic parameters using total or viable eggs. Journal of Applied Entomology, 140(1-2): 150153.

Herrero M, Dami L C, Fogliata S V, Casmuz A S, Gómez D R S, Gastaminza G A, Murúa M, 2018. Fertility life table, population parameters and biotic potential of *Helicoverpa gelotopoeon* (Dyar) (Lepidoptera: Noctuidae). Anais da Academia Brasileira de Ciências, 90(4): 3831-3838.

Hesterberg T, Moore D S, Monaghan S, Clipson A, Epstein R, 2005. Introduction to the Practice of Statistics (5th ed.). New York: W. H. Freeman and Company.

Holling C S, 1959a. The components of predation as revealed by a study of small-mammal predation of the

European pine sawfly. The Canadian Entomologist, 91(5): 293-320.

Hollings C S, 1959b. Some characteristics of simple types of predation and parasitism. The Canadian Entomologist, 91(7): 385-398.

Hsu P C, Atlihan R, Chi H, Dai S M, 2022. Comparative demography and mass rearing of *Aedes aegypti* fed on live mice versus pig blood using a novel perforated feeder. Entomologia Generalis, 42(5): 827-834.

Hu L X, Chi H, Zhang J, Zhou Q, Zhang R J, 2010. Life table analysis of the performance of *Nilaparvata lugens* (Stål) (Homoptera: Delphacidae) on two wild rice species. Journal of Economic Entomology, 103(5): 1628-1635.

Huang H W, Chi H, Smith C L, 2018. Linking demography and consumption of *Henosepilachna vigintioctopunctata* (Coleoptera: Coccinellidae) fed on *Solanum photeinocarpum*: with a new method to project the uncertainty of population growth and consumption. Journal of Economic Entomology, 111(1): 1-9.

Huang Y B K, Atlihan R, Gökçe A, Huang J Y B, Chi H, 2016. Demographic analysis of sex ratio on population growth of *Bactrocera dorsalis* (Diptera: Tephritidae) with discussion of control efficacy using male annihilation. Journal of Economic Entomology, 109(6): 2249-2258.

Huang Y B K, Chi H, 2014. Fitness of *Bactrocera dorsalis* (Hendel) on seven host plants and an artificial diet. Turkiye Entomoloji Dergisi (Turkish Journal of Entomology), 38(4): 401-414.

Huang Y B, Chi H, 2011. The age-stage, two-sex life table with an offspring sex ratio dependent on female age. Journal of Agriculture and Forestry, 60(4): 337-345.

Huang Y B, Chi H, 2012a. Age-stage, two-sex life tables of *Bactrocera cucurbitae* (Coquillett) (Diptera: Tephritidae) with a discussion on the problem of applying female age-specific life tables to insect populations. Insect Science, 19(2): 263-273.

Huang Y B, Chi H, 2012b. Assessing the application of the jackknife and bootstrap techniques to the estimation of the variability of the net reproductive rate and gross reproductive rate: a case study in *Bactrocera cucurbitae* (Coquillett) (Diptera: Tephritidae). Journal of Agriculture and Forestry, 61(1): 37-45.

Huang Y B, Chi H, 2013. Life tables of *Bactrocera cucurbitae* (Diptera: Tephritidae): with an invalidation of the jackknife technique. Journal of Applied Entomology, 137(5): 327-339.

Jenner W H, Kuhlmann U, Mason P G, Cappuccino N, 2010. Comparative life tables of leek moth, *Acrolepiopsis assectella* (Zeller) (Lepidoptera: Acrolepiidae), in its native range. Bulletin of Entomological Research, 100: 87-97.

Jha R K, Chi H, Tang L C, 2012a. A comparison of artificial diet and hybrid sweet corn for the rearing of *Helicoverpa armigera* (Hübner) (Lepidoptera: Noctuidae) based on life table characteristics. Environmental Entomology, 41(1): 30-39.

Jha R K, Chi H, Tang L C, 2012b. Life table of *Helicoverpa armigera* (Hübner) (Lepidoptera: Noctuidae) with a discussion on jackknife vs. bootstrap techniques and variations on the Euler-Lotka equation. Formosan Entomology, 32(4): 355-375.

Jha R K, Chi H, Tang L C, 2012c. Stage-structured population growth of *Helicoverpa armigera* (Hübner) (Lepidoptera: Noctuidae): a simulation approach. Formosan Entomol, 32: 139-153.

Jin T, Lin Y Y, Chi H, Xiang K P, Ma G C, Peng Z Q, Yi K X, 2020. Comparative performance of the fall armyworm (Lepidoptera: Noctuidae) reared on various cereal-based artificial diets. Journal of Economic Entomology, 113(6): 2986-2996.

Jin Y, Wang J, Huang D L, Shi M Z, Chi H, Rostami E, Aurang K, Fu J W, 2024. Comparative demography of group- and individually reared life tables of papaya mealybug with an innovative life table analysis for species in which females and males have a different number of stages. Entomologia Generalis, 44(3): 727-735.

Johnson R W, 2001. An introduction to the bootstrap. Teaching Statistics, 23(2): 49-54.

Kasap İ, Şekeroğlu E, 2004. Life history of *Euseius scutalis* feeding on citrus red mite *Panonychus citri* at various temperatures. Biological Control, 49: 645-654.

Kavousi A, Chi H, Talebi K, Bandani A, Ashouri A, Naveh V, 2009. Demographic traits of *Tetranychus urticae* Koch (Acari: Tetranychidae) on leaf discs and whole leaves. Journal of Economic Entomology, 102(2): 595-601.

Kennedy J S, Impe G, Hance T, Lebrun P, 1996. Demecology of the false spider mite, *Brevipalpus phoenicis* (Geijskes) (Acari, Tenuipalpidae). Journal of Applied Entomology, 120: 493-499.

Kingland S E, 1991. Foundations of Ecology: Classic Papers with Commentaries. Chicago: The University of Chicago Press.

Korenko S, Šmerda J, Pekar S, 2009. Life-history of the parthenogenetic oonopid spider, *Triaeris stenaspis* (Araneae: Oonopidae). European Journal of Entomology, 106: 217-223.

Kudo S I, Nakahira T, 2004. Effects of trophic-eggs on offspring performance and rivalry in a sub-social bug. OIKOS, 107: 28-35.

Latham D R, Mills N J, 2010. Life history characteristics of *Aphidius transcaspicus*, a parasitoid of mealy aphids (*Hyalopterus* species). Biological Control, 54: 147-152.

Leslie P H, 1945. On the use of matrices in certain population mathematics. Biometrika, 33(3): 183-212.

Leslie P H, 1948. Some further notes on the use of matrices in population mathematics. Biometrika, 35: 213-245.

Lewis E G, 1942. On the generation and growth of a population. Sankhya, 6: 93-96.

Li J, Ding T B, Chi H, Chu D, 2018. Effects of tomato chlorosis virus on the performance of its key vector, *Bemisia tabaci*, in China. Journal of Applied Entomology, 142(3): 296-304.

Li X, Feng D, Xue Q, Meng T, Ma R, Deng A, Chi H, Wu Z, Atlıhan R, Men L, Zhang Z, 2019. Density-dependent demography and mass-rearing of *Carposina sasakii* (Lepidoptera: Carposinidae) incorporating life table variability. Journal of Economic Entomology, 112(1): 255-265.

Liang H Y, Yang X M, Sun L J, Zhao C D, Chi H, Zheng C Y, 2021. Sublethal effect of spirotetramat on the life table and population growth of *Frankliniella occidentalis* (Thysanoptera: Thripidae). Entomologia Generalis, 41(3): 219-231.

Liang P Z, Ma K S, Chen X W, Tang C Y, Xia J, Chi H, Gao X W, 2018. Toxicity and sublethal effects of flupyradifurone, a novel butenolide insecticide, on the development and fecundity of *Aphis gossypii* (Hemiptera: Aphididae). Journal of Economic Entomology, 112(2): 852-858.

Lin L H, Shi M Z, Chi H, Güncan A, Özgökçe M S, Atlihan R, Li J Y, Zheng L Z, Rostami E, Fu J W, 2024. Demographic characteristics of *Paracoccus marginatus* on papaya fruit and potato tubers with an innovative method for efficient application of the multinomial theorem in demographic research. Entomologia Generalis, 44(4): 949-959.

Lin T, You Y, Zeng Z H, Chen Y X, Chi H, Xia J M, Zhao J W, Chen Y, Tian H J, Wei H, 2019. Effects of spirodiclofen on life history traits and population growth of a spidermite predator *Oligota flavicornis* (Coleoptera: Staphyllinidae) based on the age-stage two-sex life table theory. Pest Management Science, 75:

639-647.

Liu J P, Huang W K, Chi H, Wang C H, Hua H X, Wu G, 2017. Effects of elevated CO2 on the fitness and potential population damage of *Helicoverpa armigera* based on two-sex life table. Scientific Reports, 7: 1119.

Liu J P, Zhuang J, Huang W, Chi H, Wang C, Hua H, Wu G, 2020. Different adaptability of the brown planthopper, *Nilaparvata lugens* (Stål), to gradual and abrupt increases in atmospheric CO2. Journal of Pest Science, 93: 979-991.

Liu Y H, Jia D, Yuan X F, Wang Y X, Chi H, Ridsdill-Smith T J, Ma R Y, 2018. Response to short-term cold storage for eggs of *Agasicles hygrophila* (Coleoptera: Chrysomelidae), a biological control agent of alligator weed *Alternanthera philoxeroides* (Caryophyllales: Amaranthaceae). Journal of Economic Entomology, 111(4): 1569-1576.

Liu Y Y, Li G Y, Yang L, Chi H, Chen X S, 2018. Demography and mass rearing of the medicinal blister beetle *Epicauta impressicornis* (Pic) (Coleoptera: Meloidae) at different temperatures. Journal of Economic Entomology, 111(5): 2364-2374.

Lotka A J, 1907. ART. XXII. –Studies on the mode of growth of material aggregates. American Journal of Science, 24(141): 199.

Lotka A J, 1913. A natural population norm. II. Journal of the Washington Academy of Sciences, 3(10): 289–293.

Lotka A J, 1922. The stability of the normal age distribution. Proceedings of the National Academy of Sciences of the United States of America, 8: 339-345.

Luo L, Liu Z L, Yuan J, Chi H, Yuan Z L, 2022. Contribution of alate and apterous morphs to demographic characteristics, and stable stage distribution of *Acyrthosiphon pisum* (Hemiptera: Aphididae) on four different alfalfa varieties. Journal of Economic Entomology, 115(5): 1363-1374.

Lysyk T J, 2001. Relationships between temperature and life history parameters of *Muscidifurax raptorellus* (Hymenoptera: Pteromalidae). Environmental Entomology, 30(5): 982-992.

Masood A M, Chi H, 2006. Demography of *Habrobracon hebetor* (Say) (Hymenoptera: Braconidae) on two pyralid hosts (Lepidoptera: Pyralidae). Annals of the Entomological Society of America, 99(1): 84-90.

Mead R, 1992. The design of experiments: statistical principles for practical application. Cambridge : Cambridge University Press.

Medeiros R S, Ramalho F S, Lemos W P, Zanuncio J C, 2000. Age-dependent fecundity and life-fertility tables for *Podisus nigrispinus* (Dallas) (Het., Pentatomidae). Journal of Applied Entomology, 124(7-8): 319-324.

Milbrath L R, Biazzo J, 2012. Development and reproduction of the Foxglove aphid (Hemiptera: Aphididae) on invasive swallow-worts (*Vincetoxicum* spp.). Environmental Entomology, 41(3): 665-668.

Mostafiz M M, Alam M B, Chi H, Zanuncio J C, 2000. Effects of sublethal doses of methyl benzoate on the life history traits and acetylcholinesterase (AChE) activity of *Aphis gossypii*. Agronomy, 10: 1313.

Mou D F, Lee C C, Smith C L, Chi H, 2015. Using viable eggs to accurately determine the demographic and predation potential of *Harmonia dimidiata* (Coleoptera: Coccinellidae). Journal of Applied Entomology, 139(8): 579-591.

Özgökçe M S, Chi H, Atlıhan R, Kara H, 2018. Demography and population projection of *Myzus persicae* (Sulz.) (Hemiptera: Aphididae) on five pepper (*Capsicum annuum* L.) cultivars. Phytoparasitica, 46: 153-167.

Park C G, Choi B R, Cho J R, Kim J H, Ahn J J, 2017. Thermal effects on the development, fecundity and life table parameters of *Rhopalosiphum padi* (Linnaeus) (Hemiptera: Aphididae) on barley. Journal of Asia-pacific

Entomology, 20: 767-775.

Perry J C, Roitberg B D, 2006. Trophic egg laying: hypotheses and tests. OIKOS, 112: 706-714.

Perumalsamy K, Selvasundaram R, Roobakkumar A, Rahman V J, Babu A, Muraleedharan N N, 2009. Life table and predation of *Oligota pygmaea* (Coleoptera: Staphylinidae) a major predator of the red spider mite, *Oligonychus coffeae* (Acarina: Tetranychidae) infesting tea. Biological Control, 51: 96-101.

Polanco A M, Brewster C C, Miller D M, 2011. Population Growth Potential of the Bed Bug, *Cimex lectularius* L.: A Life Table Analysis. Insects, 2: 173-185.

Pustejovsky D E, Smith J W Jr, 2006. Partial ecological life table of immature *Helicoverpa zea* (Lepidoptera: Noctuidae) in an irrigated cotton cropping system in the Trans-Pecos region of Texas, USA. Biocontrol Science and Technology, 16: 727-742.

Ramos Aguila L C, Hussain M, Huang W, Lei L, Bamisile B S, Wang F, Chi H, Wang L, 2020. Temperature-dependent demography and population projection of *Tamarixia radiata* (Hymenoptera: Eulophidea) reared on *Diaphorina citri* (Hemiptera: Liviidae). Journal of Economical Entomology, 113(1): 55-63.

Rapp B, 1992. The third branch of science debuts. Science, 256(3), 44-47.

Reddy G V P, Chi H, 2015. Demographic comparison of sweetpotato weevil reared on a major host, *Ipomoea batatas*, and an alternative host, *I. triloba*. Scientific Reports, 5: 11871.

Ricklefs R E, 1990. Ecology (3rd ed.). New York: W. H. Freeman.

Rismayani, Ullah M S, Chi H, Gotoh T, 2021. Impact of constant and fluctuating temperatures on population characteristics of *Tetranychus pacificus* (Acari: Tetranychidae). Journal of Economic Entomology, 114(2): 638-651.

Rutz C H, Hugentobler U, Chi H, Baugärtner J U, Oertli J J, 1990. Energy flow in an apple plant-aphid (*Aphis pomi* De Geer) (Homoptera: Aphididae) ecosystem, with respect to nitrogen fertilization I. Life table analysis. Plant and Soil, 124: 273-279.

Saska P, Skuhrovec J, Lukáš J, Chi H, Tuan S J, Honěk A, 2016. Treatment by glyphosate-based herbicide alters life history parameters of the rose-grain aphid *Metopolophium dirhodum*. Scientific Reports, 6: 27801.

Schneider M I, Sanchez N, Pineda S, Chi H, Ronco A, 2009. Impact of glyphosate on the development, fertility and demography of *Chrysoperla externa* (Neuroptera: Chrysopidae): Ecological Approach. Chemosphere, 76: 1451-1455.

Sugawara R, Ullah M S, Ho C C, Gökçe A, Chi H, Gotoh T, 2017. Temperature-dependent demography of two closely related predatory mites *Neoseiulus womersleyi* and *N. longispinosus* (Acari: Phytoseiidae). Journal of Economic Entomology, 110(4): 1533-1546.

Tang Q L, Ma K S, Chi H, Hou Y M, Gao X W, 2019. Transgenerational hormetic effects of sublethal dose of flupyradifurone on the green peach aphid, *Myzus persicae* (Sulzer) (Hemiptera: Aphididae). PLOS ONE, 14(1): e0208058.

Tsai T J, Chi H, 2007. Temperature-dependent demography of *Supella longipalpa* (Blattodea: Blattellidae). Journal of Medical Entomology, 44(5): 772-778.

Tsoukanas V I, Papadopoulos G D, Fantinou A A, Papadoulis G T H, 2006. Temperature-dependent development and life table of *Iphiseius degenerans* (Acari: Phytoseiidae). Environmental Entomology, 35(2): 212-218.

Tuan S J, Chang P W, Saska P, Atlihan R, Chi H, 2017. Hostplants mixture and fitness of *Kolla paulula*: With an evaluation of the application of Weibull function. Journal of Applied Entomology, 141(5): 329-338.

Tuan S J, Lee C C, Chi H, 2014a. Population and damage projection of *Spodoptera litura* (F.) on peanuts (*Arachis hypogaea* L.) under different conditions using the age-stage, two-sex life table. Pest Management Science, 70(5): 805-813.

Tuan S J, Lee C C, Chi H, 2014b. Erratum: Population and damage projection of *Spodoptera litura* (F.) on peanuts (*Arachis hypogaea* L.) under different conditions using the age-stage, two-sex life table. Pest Management Science, 70: 1936.

Tuan S J, Lin Y H, Yang C M, Atlihan R, Saska P, Chi H, 2016b. Survival and reproductive strategies in two-spotted spider mites: demographic analysis of arrhenotokous parthenogenesis of *Tetranychus urticae* (Acari: Tetranychidae). Journal of Economic Entomology, 109(2): 502-509.

Tuan S J, Yeh C C, Atlihan R, Chi H, 2016a. Linking life table and predation rate for biological control: A comparative study of *Eocanthecona furcellata* fed on *Spodoptera litura* and *Plutella xylostella*. Journal of Economic Entomology, 109(1): 13-24.

Tuan S J, Yeh C C, Atlihan R, Chi H, Tang L C, 2016c. Demography and consumption of *Spodoptera litura* (F.) (Lepidoptera: Noctuidae) reared on cabbage and taro. Journal of Economic Entomology, 109(2): 732-739.

Wang Z L, Li C R, Yuan J J, Li S X, Wang X P, Chi H, 2017. Demographic comparison of *Henosepilachna vigintioctopunctata* reared on three cultivars of *Solanum melongena* and a wild hostplant *S. nigrum*. Journal of Economic Entomology, 110(5): 2084-2091.

Wei M F, Chi H, Guo Y F, Li X W, Zhao L L, Ma R Y, 2020. Demography of *Cacopsylla chinensis* (Hemiptera: Psyllidae) reared on four cultivars of *Pyrus bretschneideri* and *P. communis* (Rosales: Rosaceae) pears with estimations of confidence intervals of specific life table statistics. Journal of Economic Entomology, 113(5): 2343-2353.

Wen M F, Chi H, Lian Y X, Zheng Y H, Fan Q H, You M S, 2019. Population characteristics of *Macrocheles glaber* (Acari: Macrochelidae) and *Stratiolaelaps scimitus* (Acari: Laelapidae) reared on a mushroom fly *Coboldia fuscipes* (Diptera: Scatopsidae). Insect Science, 26: 322-332.

Xu H Y, Yang N W, Chi H, Ren G D, Wan F H, 2018. Comparison of demographic fitness and biocontrol effectiveness of two parasitoids, *Encarsia sophia* and *Eretmocerus hayati* (Hymenoptera: Aphelinidae), against *Bemisia tabaci* (Hemiptera: Aleyrodidae). Pest Management Science, 74, 2116-2124.

Yang T C, Chi H, 2006. Life tables and development of *Bemisia argentifolii* (Homoptera: Aleyrodidae) at different temperatures. Journal of Economic Entomology, 99(3): 691-698.

Yang X M, Sun J J, Chi H, Kang G D, Zheng C Y, 2020. Demography of *Thrips palmi* (Thysanoptera: Thripidae) reared on *Brassica oleracea* (Brassicales: Brassicaceae) and *Phaseolus vulgaris* (Fabales: Fabaceae) with discussion on the application of the bootstrap technique in life table research. Journal of Economic Entomology, 113(5): 2390-2398.

Yu J Z, Chen B H, Güncan A, Atlihan R, Gökçe A, Smith C L, Gümüş E, Chi H, 2018. Demography and mass-rearing *Harmonia dimidiata* (Coleoptera: Coccinellidae) using *Aphis gossypii* (Hemiptera: Aphididae) and eggs of *Bactrocera dorsalis* (Diptera: Tephritidae). Journal of Economic Entomology, 111: 595-602.

Yu J Z, Chi H, Chen B H, 2005. Life table and predation of *Lemnia biplagiata* (Coleoptera: Coccinellidae) fed on *Aphis gossypii* (Homoptera: Aphididae) with a proof on relationship among gross reproduction rate, net reproduction rate, and preadult survivorship. Annals of the Entomological Society of America, 98(4): 475-482.

Yu J Z, Chi H, Chen B H, 2013a. Comparison of the life tables and predation rates of *Harmonia dimidiata* (F.)

(Coleoptera: Coccinellidae) fed on *Aphis gossypii* Glover (Hemiptera: Aphididae) at different temperatures. Biological Control, 64: 1-9.

Yu L Y, Chen Z Z, Zheng F Q, Shi A J, Guo T T, Yeh B H, Chi H, Xu Y Y, 2013b. Demographic analysis, a comparison of the jackknife and bootstrap methods, and predation projection: A case study of *Chrysopa pallens* (Neuroptera: Chrysopidae). Journal of Economic Entomology, 106(1): 1-9.

Zhao Y, Zhao C L, Yang X B, Chi H, Dai P, Desneux N, Benelli G, Zang L S, 2021. Yacon as an alternative host plant for *Encarsia* formosa mass-rearing: validating a multinomial theorem for bootstrap technique in life table research. Pest Management Science, 77: 2324-2336.

Zheng X M, Chi H, Chu D, 2016. A simplified recording method for insect life table studies: a case study based on *Bemisia tabaci* (Hemiptera: Aleyrodidae) data. Acta Entomologia Sinica, 59(6): 663-668.

Zheng X M, Tao Y L, Chi H, Wan F H, Chu D, 2017. Adaptability of small brown planthopper to four rice cultivars using life table and population projection method. Scientific Reports, 7: 42399.

附录一　原始数据范例文档

范例 A　马铃薯块茎蛾生命表 (Eg-A-life table PTW.txt)

```
"Life table example A. Potato tuber worm. Phthorimaea operculella."
"Chi"
"A-PTW"
20
3,4
F,Egg,Larva,Pupa,Female
M,Egg,Larva,Pupa,Male
N,Egg,Larva,Pupa,Unknown
Larva,Pupa
1,M,6,11,12,6
2,F,6,10,11,10,0,124,12,0,4,2,-1
3,F,6,11,10,10,0,22,74,13,0,1,-1
4,F,6,12,10,7,0,97,28,1,4,-1
5,M,6,12,11,5
6,F,6,12,11,14,0,61,11,7,15,15,2,3,4,-1
7,M,6,13,10,8
8,F,6,11,9,11,0,0,0,26,36,9,6,2,-1
9,F,6,12,11,9,67,37,10,5,1,-1
10,M,6,12,11,6
11,M,6,12,12,7
12,F,6,12,12,8,75,48,12,4,1,-1
13,F,6,13,10,10,2,90,5,12,-1
14,M,6,13,11,8
15,F,6,13,12,10,44,53,11,15,2,-1
16,F,6,13,11,9,100,17,45,8,-1
17,M,6,14,10,6
18,F,6,14,11,6,9,111,27,4,-1
19,N,6,13,-8
20,N,6,-10
```

范例 B　小菜蛾生命表 (Eg-B-life table DBM.txt)

```
"Life table example-B. Diamondback moth. Plutella xylostella."
"Chi"
"B-DBM"
54
3,4
F,Egg,Larva,Pupa,Female
M,Egg,Larva,Pupa,Male
N,Egg,Larva,Pupa,Unknown
Larva,Pupa
1,F,3,8,4,18,0,0,33,96,66,59,30,13,9,3,6,5
4,2,3,3,-1
2,M,3,8,5,16
3,F,3,9,4,12,17,9,0,37,30,29,22,9,5,7,4,2,-1
4,M,3,8,5,8
5,F,3,9,4,23,6,22,28,34,21,31,24,2,15,6,8,2
0,2,2,0,5,1,1,1,-1
```

6,M,3,7,6,26
7,F,3,8,5,21,11,36,41,34,64,19,1,0,4,7,9,7
7,0,2,11,-1
8,M,3,8,5,28
9,F,3,9,4,14,32,62,4,50,17,26,19,12,12,11,8
2,0,0,-1
10,M,3,9,4,16
11,F,3,10,4,31,18,51,26,50,28,23,13,4,2,4,0
0,0,0,6,0,1,1,1,3,0,3,0,1,-1
12,M,3,8,5,6
13,F,3,10,4,31,31,34,41,10,15,8,3,2,51,11,0
0,18,17,11,7,4,6,8,8,4
4,1,4,2,2,-1
14,M,3,9,5,4
15,F,3,10,4,12,43,61,56,12,27,20,6,17,13,11
11,-1
16,M,3,9,5,13
17,F,3,10,4,15,0,27,44,36,18,24,12,15,10,7,7
6,7,8,1,-1
18,M,3,9,5,14
19,F,3,10,4,23,0,26,49,40,8,0,21,20,27,11,10
10,8,6,3,1,1,2,1,2,-1
20,M,3,9,5,20
21,F,3,10,4,21,0,41,1,3,32,13,11,12,3,10,6,2
1,3,4,2,1,1,-1
22,M,3,9,5,12
23,F,3,10,4,22,0,31,16,0,17,18,9,23,16,7,11
15,9,11,5,0,4,1,4,0,4,-1
24,M,3,9,5,13
25,F,3,10,4,21,0,79,52,25,41,27,6,7,5,3,0,4
0,2,0,0,0,0,2,-1
26,M,3,9,5,14
27,F,3,9,4,12,0,44,9,64,20,13,0,10,10,-1
28,M,3,9,5,15
29,F,3,10,5,12,45,67,28,54,4,18,7,11,10,7,1,-1
30,M,3,10,5,12
31,F,3,10,5,15,59,31,39,41,29,24,18,13,6,5,10
6,2,1,-1
32,M,3,10,5,18
33,F,3,10,5,31,4,0,21,26,20,2,11,21,14,20,13,4
1,1,3,0,4,7,0,10,5,5
1,5,2,2,-1
34,M,3,10,5,22
35,F,3,10,5,28,0,5,9,41,22,5,33,25,6,0,1,3,0,1
0,1,1,1,0,0,0,1,-1
36,M,3,10,5,13
37,F,3,10,5,19,4,28,5,11,10,20,6,0,12,17,9,2,9
1,0,0,0,3,-1
38,M,3,10,5,13
39,F,3,10,4,15,0,0,76,38,46,33,16,6,4,2,2,6,4
0,-1
40,N,3,10,-4
41,N,-3
42,N,3,-6
43,N,3,-2
44,N,-3
45,N,-3
46,F,3,9,5,19,46,16,46,26,38,5,27,16,2,-1
47,F,3,9,5,33,1,32,46,3,5,7,19,7,1,14,18,9,7
2,0,0,0,0,4,3,2,2

```
0,3,1,0,2,-1
48,F,3,10,4,23,0,50,23,26,34,7,24,22,11,11,3
3,6,8,6,2,4,6,0,5,0,1,-1
49,F,3,9,5,18,0,30,8,0,11,6,7,14,0,6,14,23,25,18
9,9,2,-1
50,F,3,10,4,21,0,0,17,30,0,25,10,21,7,10,6,10,5
15,19,17,13,4,8,6,-1
51,F,3,10,4,14,0,77,40,27,6,16,4,9,9,2,5,5,2,-1
52,F,3,10,4,33,0,63,31,43,43,17,26,17,8,6,9,8,7
0,3,6,5,1,2,2,4,2,2,-1
53,F,3,10,4,21,0,26,47,54,38,19,14,15,15,7,7,6,4
1,6,0,3,2,1,0,-1
54,F,3,12,5,15,0,26,20,23,23,16,15,5,3,13,7,0,3
0,-1
------------------------------------------------------------------------------
```

范例 C 家蚕生命表 (Eg-C-life table Bm.txt)

```
"Life table example-C. Silkworm. Bombyx mori."
"Chi"
"C-Bm"
40
3,4
F,Egg,Larva,Pupa,Female
M,Egg,Larva,Pupa,Male
N,Egg,Larva,Pupa,Unknown
Larva,Pupa
1,F,9,22,13,7,22,0,406,21,0,-1
2,N,9,-3
3,F,9,23,14,6,21,0,426,0,222,-1
4,N,9,-12
5,N,9,-11
6,N,9,-3
7,N,9,-9
8,N,9,-4
9,F,9,23,13,6,0,0,3,0,254,-1
10,F,9,22,14,1,-1
11,F,9,22,15,6,202,2,-1
12,M,9,21,13,9
13,M,9,22,12,5
14,M,9,22,12,6
15,F,9,22,15,1,-1
16,F,9,22,13,7,0,4,0,442,176,-1
17,M,9,22,13,9
18,M,9,21,13,9
19,N,9,-19
20,N,9,-5
21,M,9,21,12,9
22,M,9,21,13,5
23,M,9,22,14,11
24,M,9,22,12,9
25,F,9,23,14,9,0,31,8,45,0,3,23,-1
26,M,9,23,13,6
27,F,9,24,14,4,200,11,-1
28,N,9,-8
29,M,9,23,12,8
30,M,9,23,13,11
31,N,9,-8
32,F,9,25,14,4,101,61,60,278,-1
```

```
33,M,9,22,13,9
34,F,9,22,13,6,0,6,0,0,108,12,-1
35,F,9,22,14,3,541,25,-1
36,M,9,22,13,8
37,N,9,-1
38,M,9,22,13,8
39,M,9,23,13,10
40,N,9,-21
```

范例 D　蚜虫生命表(Eg-D-life table Ag.txt)

```
"Life table example-D. Aphis gossypii."
"Shally"
"D-Ag"
32
2,5
F,N1,N2,N3,N4,Female
N,N1,N2,N3,N4,Unknown
N1,N4
1,F,2,1,3,1,18,0,9,0,11,12,14,8,7,3,6,7,1,0,4,-1
2,F,1,2,5,3,6,3,4,5,4,-1
3,F,1,1,1,2,28,2,3,5,7,8,9,10,9,5,11,5,5,4,3,1,1,0,2,2,-1
4,F,4,3,1,1,38,4,5,7,7,6,7,4,4,7,2,7,3,8,4,1,2,-1
5,F,2,2,1,1,31,0,7,5,6,10,12,10,7,7,6,4,4,4,3,3,1,2,-1
6,F,1,2,1,1,32,2,7,8,10,10,9,10,12,4,7,10,5,2,3,3,3,2,1,-1
7,F,1,3,1,1,29,0,6,6,10,10,11,12,17,8,7,7,8,4,4,3,2,2,3,-1
8,F,1,2,2,1,28,1,6,6,6,7,4,4,4,7,5,6,6,6,4,4,0,1,1,-1
9,F,2,1,2,1,22,4,8,7,12,11,10,15,9,10,9,7,6,2,1,1,-1
10,F,1,1,1,1,37,0,0,8,9,1,4,1,0,3,1,0,1,3,12,4,12,9,9,5,11
2,2,2,1,-1
11,F,1,1,1,1,32,0,0,4,0,0,0,0,0,0,0,0,5,11,5,6,1,3,-1
12,F,2,1,1,1,26,0,0,7,6,16,15,11,12,9,11,12,8,4,1,1,-1
13,F,4,1,2,1,29,6,9,8,7,6,6,4,2,4,7,4,3,7,2,2,2,2,-1
14,F,2,1,1,2,7,2,0,11,13,12,5,3,-1
15,F,1,4,1,1,29,4,7,5,4,6,9,6,5,6,2,1,0,0,0,0,0,0,0,1,-1
16,F,2,1,1,2,27,4,5,10,9,9,11,10,6,5,6,2,1,-1
17,F,1,1,1,2,29,4,10,11,12,13,11,13,13,7,12,13,4,1,1,-1
18,F,1,2,1,1,34,0,9,8,12,10,7,6,8,11,2,8,10,8,5,9,7,10,8,2
6,4,1,1,-1
19,F,1,3,1,1,29,7,11,10,9,8,8,11,7,6,5,5,7,3,3,1,0,0,0,1,-1
20,F,1,1,1,1,29,0,7,9,9,15,12,12,13,7,6,5,6,7,3,-1
21,F,1,1,2,2,29,0,8,5,7,8,9,9,5,9,8,5,5,3,3,3,2,1,0,1,-1
22,F,1,1,1,1,39,0,4,8,1,5,5,3,1,0,2,4,7,10,1,14,2,9,7,7,10
4,5,3,4,1,-1
23,F,1,1,1,1,42,0,0,0,3,3,4,6,4,8,8,10,8,4,2,2,0,0,0,5,8,9
11,3,9,5,0,5,0,0,3,-1
24,F,1,2,2,1,28,0,8,8,8,10,12,10,4,10,10,7,3,4,5,4,6,3,2,0
0,1,-1
25,F,2,1,2,3,22,6,7,6,13,15,15,10,9,4,2,2,-1
26,F,1,2,1,2,29,0,0,0,3,1,1,0,0,0,0,0,3,3,-1
27,F,3,1,1,1,26,2,5,7,2,4,8,10,10,10,10,5,9,7,6,0,2,2,-1
28,F,1,2,1,2,34,5,3,9,10,3,12,12,4,9,6,5,5,5,7,6,4,4,4,-1
29,F,3,1,1,1,33,0,9,8,12,7,10,13,8,5,6,2,5,4,1,2,-1
30,F,4,2,1,1,36,0,4,3,0,2,1,0,3,6,4,6,6,5,0,0,2,8,0,6,0,3,1,1,1,-1
31,F,3,1,2,1,32,5,7,7,6,11,11,7,6,10,5,6,0,3,2,-1
32,F,2,1,2,1,32,2,8,8,4,10,9,15,9,4,5,3,-1
```

范例 E 蚜虫 0.5 天观察一次的生命表 (Eg-E-life table Ag-0.5 d.txt)

```
"Project: Life table example-E. Aphis gossypii. 0.5 day"
"Shally"
"E-Ag0.5"
32
2,5
F,N1,N2,N3,N4,Female
N,N1,N2,N3,N4,Unknown
N1,N4
1,F,4,2,6,2,36
0,0,5,4,0,0,5,6,6,7,7,4,4,4,3,2,1,3,3,4,3,1,0,0,0,2,2,-1
2,F,2,4,10,6,12
1,2,2,2,2,3,2,2,-1
3,F,2,2,2,4,56
1,1,0,3,2,3,4,3,4,4,5,4,5,5,4,5,2,3,5,6,3,2,2,3,2,2,1,2,0,1
1,0,0,0,1,1,1,1,-1
4,F,8,6,2,2,76
2,2,2,3,4,3,3,4,3,3,3,4,2,2,2,2,3,4,1,1
4,3,1,2,4,4,2,2,0,1,1,1,-1
5,F,4,4,2,2,62
0,0,3,4,3,2,3,3,5,5,6,6,5,5,3,4,3,4,3,3
2,2,2,2,2,2,2,1,1,2,1,0,1,1,-1
6,F,2,4,2,2,64
1,1,3,4,4,4,5,5,5,4,5,5,5,6,6,2,2,3,4
5,5,3,2,1,1,1,2,1,2,2,1,1,1,1,-1
7,F,2,6,2,2,58
0,0,3,3,3,3,5,5,5,5,5,6,6,6,8,9,4,4,3,4
3,4,4,4,2,2,2,2,1,2,1,1,1,1,1,2,-1
8,F,2,4,4,2,56
0,1,3,3,3,3,3,3,3,4,2,2,2,2,2,3,4,2,3
3,3,3,3,3,3,3,3,2,2,2,2,0,0,1,0,1,-1
9,F,4,2,4,2,44
2,2,4,4,3,4,6,6,5,6,5,5,7,8,4,5,5,5,5,4
3,4,3,3,1,1,1,0,1,-1
10,F,2,2,2,2,74
0,0,0,0,4,4,4,5,0,1,2,2,1,0,0,0,1,2,1,0
0,0,0,1,1,2,6,6,2,2,6,6,4,5,4,5,3,2,5,6
1,1,1,1,1,1,0,1,-1
11,F,2,2,2,2,64
0,0,0,0,2,2,0,0,0,0,0,0,0,0,0,0,0,0,0,0
0,0,0,0,2,3,5,6,2,3,3,3,1,0,1,2,-1
12,F,4,2,2,2,52
0,0,0,0,3,4,3,3,8,8,7,8,5,6,6,6,4,5,5,6
6,6,4,4,2,2,0,1,1,-1
13,F,8,2,4,2,58
3,3,4.5,4.5,4,4,3.5,3.5,3,3,3,3,2,2,1,1,2,2,3.5,3.5
2,2,1.5,1.5,3.5,3.5,1,1,1,1,1,1,1,1,-1
14,F,4,2,2,4,14
1,1,0,0,5,6,6,7,6,6,2,3,2,1,-1
15,F,2,8,2,2,58
2,2,3,4,2,3,2,2,3,3,4,5,3,3,2,3,3,3,1,1
1,0,0,0,0,0,0,0,0,0,0,0,0,0,0,0,0,0,1,-1
16,F,4,2,2,4,54
2,2,2,3,5,5,4,5,5,4,5,6,5,5,3,3,2,3,3,3
1,1,1,-1
17,F,2,2,2,4,58
2,2,5,5,5,6,6,6,6,7,5,6,6,7,6,7,4,3,6,6
```

```
6,7,2,2,0,1,0,1,-1
18,F,2,4,2,2,68
0,0,4,5,4,4,6,6,5,5,3,4,3,3,4,4,5,6,1,1
4,4,5,5,4,4,2,3,4,5,3,4,5,5,4,4,1,1,3,3
2,2,1,0,1,-1
19,F,2,6,2,2,58
3,4,5,6,5,5,4,5,4,4,4,4,5,6,4,3,3,3,2,3
2,3,3,4,2,1,1,2,1,0,0,0,0,0,0,1,-1
20,F,2,2,2,2,58
0,0,3,4,4,5,5,4,7,8,6,6,6,6,6,7,3,4,3,3
2,3,3,3,3,4,1,2,-1
21,F,2,2,4,4,58
0,0,4,4,2,3,3,4,4,4,5,4,5,2,3,4,5,4,4
2,3,2,3,1,2,1,2,1,2,1,1,1,0,0,0,1,-1
22,F,2,2,2,2,78
0,0,2,2,4,4,0,1,2,3,2,3,2,1,1,0,0,0,1,1
2,2,3,4,5,5,1,0,7,7,1,1,4,5,3,4,3,4,5,5
2,2,2,3,1,2,2,2,1,-1
23,F,2,2,2,2,84
0,0,0,0,0,0,1,2,2,1,2,2,3,3,2,2,4,4,4,4
5,5,4,4,2,2,1,1,1,1,0,0,0,0,0,0,2,3,4,4
4,5,5,6,2,1,4,5,2,3,0,0,2,3,0,0,0,0,1,2,-1
24,F,2,4,4,2,56
0,0,4,4,4,4,4,4,5,5,6,6,5,5,2,2,5,5,5,5
4,3,1,2,2,2,2,3,2,2,3,3,1,2,1,1,0,0,0,0
1,0,-1
25,F,4,2,4,6,44
3,3,3,4,3,3,6,7,7,8,7,7,5,5,4,5,2,2,1,1
1,1,-1
26,F,2,4,2,4,58
0,0,0,0,0,0,2,1,0,1,0,1,0,0,0,0,0,0,0,0,0,0,0,1,2,1,2,-1
27,F,6,2,2,2,52
1,1,2,3,3,4,1,1,2,2,4,4,5,5,5,5,5,5,5,5
2,3,5,4,3,4,3,3,0,0,1,1,1,1,-1
28,F,2,4,2,4,68
2,3,1,2,5,4,5,5,1,2,6,6,6,6,2,2,5,4,3,3
2,3,2,3,2,3,4,35,3,3,2,2,2,2,2,2,-1
29,F,6,2,2,2,66
0,0,4,5,4,4,6,6,3,4,5,5,6,7,4,4,2,3,3,3
1,1,2,3,2,2,1,0,1,1,-1
30,F,8,4,2,2,72
0,0,2,2,1.5,1.5,0,0,1,1,0,1,0,0,1,0,3,3,2,2
3,3,3,3,2,3,0,0,0,0,1,1,4,4,0,0,3,3,0,0
1,2,1,0,1,0,1,0,-1
31,F,6,2,4,2,64
2,3,4,3,3,4,3,3,5,6,5,6,4,3,3,3,5,5,2,3,3,3,0,0,1.5,1.5,1,1,-1
32,F,4,2,4,2,64
1,1,4,4,4,4,2,2,5,5,4,5,7,8,5,4,2,2,2,3,2,1,-1
```

范例 F   含有捕食率的群体饲养生命表 (Eg-F_Group-life table-Cxj.txt)

```
"Life table example-F with predation rate."
"Shally"
"H.d."
54
3,7
F,Egg,L1,L2,L3,L4,Pupa,Female
M,Egg,L1,L2,L3,L4,Pupa,Male
```

```
N,Egg,L1,L2,L3,L4,Pupa,Unknown
"Egg",0,3
54,54,54,26
-1
"L1",3,6
28,54,28,1
586,1795,2146,140
"L2",5,7
26,48,5
3519,7786,763
"L3",6,9
5,45,40,2
1109,9765,10889,734
"L4",7,15
2,12,49,51,51,51,51,18,3
488,3974,19018,19394,13556,3558,249,94,59
"Pupa",14,20
32,47,50,50,50,20,3
-1
"Female",19,107
14,21,23,23,23,23,23,23,23,23,23,23,23,23,23,23,23,23,23,23
23,23,23,23,23,23,23,23,23,23,23,23,22,22,22,22,22,22,22
22,22,21,21,21,21,21,21,20,20,20,20,20,20,20,20,19,19,19,18
17,17,15,13,13,11,10,10,9,8,8,7,6,6,4,4,3,3,3,3
3,3,3,3,2,1,1,1,1
1982.5,3765,5277.5,6345.5,6422,7019,7270,6471.5,6717,4787
4159.5,3958,4516.5,4741,5053.5,4875.5,4555.5,4345.5,4741.5,4749
4554.5,5203.5,5379.5,5681,5833,5703,5719,5538.5,5477,5693.5
5939.5,5933.5,5848,5369,4925,4821.5,4792.5,4681.5,3897,4326.5
4198.5,4817,4623.5,4628,4539,4561,4265,3987,3887,3715.5
4030,3656,3767.5,3370,3501.5,3771,4139.5,5952,3959,3716.5
3220,3397.5,3136,2975.5,2737.5,2370,2380.5,2549,2239.5,2017
1883,1449.5,1229,1196,717,708.5,456.5,356.5,355.5,298.5
226.5,373.5,425,326.5,212,119,121,95,83
"Male",19,105
16,26,27,27,27,27,27,27,27,27,27,27,27,27,27,27,27,27,27,27
27,27,27,27,27,27,27,27,26,26,26,26,26,26,25,24,24,24,24,24
24,24,24,24,24,23,23,22,21,20,20,20,20,20,20,20,20,20,20
18,17,15,15,15,15,15,15,14,12,10,9,9,9,9,6,6,5,5,5
4,3,1,1,1,1,1
2137,4596,6086.5,7453.5,7521,8240.5,8492.5,7529.5,7904.5,5656
4741,4550,5306.5,5501.5,5949,5637,5383,5110.5,5620,5456
5321,5937.5,6225.5,6539.5,6818,6677,6707.5,6570,6243,6388.5
6679.5,6686.5,6478,6082.5,5652,5188,5124,5296.5,4420,4663
4644.5,5176,5286,5234,5066,5081,4739.5,4145,3973,3552.5
3971.5,3647.5,3656.5,3245.5,3428,3577,4357,6121.5,4133.5,4164
3443,3703,3405,3230.5,3215,3343,3453,3773.5,3497,2883.5
2267,1884.5,1732.5,2001.5,1833,1226.5,999,735.5,754,686
526.5,495.5,230.5,227,223,179,91.5
"Female",19,107
0,0,0,0,0,0,0,0,0,0,0,6,14,37,49,76,126,162,69,136
128,123,150,103,99,88,118,84,62,91,133,106,179,92,45,66,75,50,67,75
87,67,80,70,72,100,32,56,47,56,38,46,27,35,18,29,42,31,35,48
10,13,1,0,0,0,0,0,0,0,0,0,0,0,0,0,0,0,0,0
0,0,0,0,0,0,0,0,0,0
----------------------------------------------------------------------
```

范例 G　木瓜秀粉蚧在琴叶珊瑚上群体饲养生命表 (Eg-G-group-life table-Pm.txt)

```
"Example G. Group-reared life table of Paracoccus marginatus reared on jatropha"
"Wang, Jing and Jin, Yan"
"Pm"
50
3,5
F,Egg,L1,L2,L3,Female
M,Egg,L1,L2,L3,Male
N,Egg,L1,L2,L3,Unknown
"Egg",0,4
50,50,50,50,50
"L1",5,13
50,50,48,48,43,25,12,5,2
"L2",9,17
5,23,33,40,35,31,6,5,2
"L3",13,20
4,9,34,31,17,14,7,2
"Female",16,47
2,8,10,12,14,14,14,14,14,14,14,13,13,13,13,9,9,9,9,8,8,8,8,6,6,5,5,5,5,5,1,1
"Male",16,23
1,10,13,18,18,10,2,1
"Female",16,47
0,0,0,0,0,0,10,17,65,136,91,123,124,89,55,53,42,31,19,12,13,13,13,5,8,1,6,3,2,0,0,0
```

范例 H　小十三星瓢虫生命表 (Eg-H-life table Hd.txt)

```
"Life table example-H. Harmonia dimidiata."
"Shally"
"H.d."
54
3,7
F,Egg,L1,L2,L3,L4,Pupa,Female
M,Egg,L1,L2,L3,L4,Pupa,Male
N,Egg,L1,L2,L3,L4,Pupa,Unknown
L1,L4
1,F,3,2,2,1,6,5,89
0,0,0,0,0,0,0,0,0,0,0,0,0,1,0,1,0,2,1,5,0,23,27,14,1,7,0,5,2,8,0,4
1,19,0,5,1,2,6,-1
2,F,3,2,2,1,6,5,68,-1
3,F,3,2,1,2,6,5,63
0,0,0,0,0,0,0,0,0,0,0,0,0,0,8,9,9,19,17,5,13,8,14,6,7,0,13,8,2,5,10
1,6,0,0,2,7,0,0,0,0,0,0,2,13,8,1,5,4,-1
4,F,3,2,1,2,6,5,48,-1
5,F,3,3,1,2,5,5,66
0,0,0,0,0,0,0,0,0,0,0,0,0,1,6,3,15,8,0,37,15,8,8,1,2,1,0,3,1,0,0,7
12,1,6,0,14,2,0,7,13,9,10,2,8,14,4,2,0,2,0,0,5,0,0,0,0,0,2,1,-1
6,F,3,2,2,2,5,5,42
0,0,0,0,0,0,0,0,0,0,0,0,0,0,0,0,0,0,1,0,0,0,3,0,7,0,0,0,0,0,0,0,2,-1
7,F,3,2,2,1,6,5,74
0,0,0,0,0,0,0,0,0,0,0,0,0,0,1,12,17,15,3,0,0,0,5,2,0,5,0,11,3,0,7,8,17,9
0,7,7,8,6,6,7,4,0,10,13,17,5,5,14,16,4,10,1,8,7,0,0,9,0,5,0,3,-1
8,F,3,2,2,2,5,5,72
0,0,0,0,0,0,0,0,0,0,0,0,0,0,3,0,3,1,1,2,9,7,0,1,0,1,9,0,0,1,5,9,20
6,0,0,0,0,0,4,2,0,0,0,2,1,-1
9,F,3,2,2,1,6,5,63
0,0,0,0,0,0,0,0,0,0,0,0,0,0,0,7,6,3,3,10,5,2,0,0,0,0,0,0,2,4,2,2,8,1
```

```
2,0,0,0,0,0,0,0,1,0,0,0,0,0,0,0,0,1,-1
10,F,3,2,2,2,5,5,56
0,0,0,0,0,0,0,0,0,0,0,0,4,0,1,0,0,4,6,2,5,1,14,1,0,8,19,0,15,1,14,3
5,0,1,0,5,3,0,4,1,11,11,1,0,8,4,3,-1
11,F,4,2,1,2,5,5,76
0,0,0,0,0,0,0,0,0,0,0,0,0,0,3,0,1,0,21,15,6,0,7,10,6,10,2,9,17,20,11
7,14,19,25,7,3,5,15,8,0,12,28,0,11,0,3,10,15,5,15,0,8,5,4,9,4,7,24,8,-1
12,F,4,2,1,2,5,5,85
0,0,0,0,0,0,0,0,0,0,0,0,1,13,19,8,21,17,6,20,17,16,10,21,14,12,27,22,4
18,23,26,33,23,0,14,20,6,9,0,15,6,13,0,7,18,4,27,3,11,23,9,3,12,0,16
22,0,8,18,2,10,1,-1
13,F,4,2,1,2,5,5,74
0,0,0,0,0,0,0,0,0,0,0,0,0,0,0,0,0,0,0,0,0,0,0,0,0,0,0,0,0,0,0,0,0,0,0
0,0,0,0,1,-1
14,F,4,1,2,1,6,5,69
0,0,0,0,0,0,0,0,0,0,0,0,0,0,0,14,19,27,-1
15,F,4,2,1,2,6,5,70
0,0,0,0,0,0,0,0,0,0,0,0,0,0,0,0,0,0,4,5,0,19,0,1,5,0,2,13,0,6,0,0
0,0,0,0,10,6,7,0,6,5,0,1,0,0,1,0,1,0,0,0,0,0,2,1,-1
16,F,4,2,1,2,6,5,64
0,0,0,0,0,0,0,0,0,0,0,4,0,2,8,18,0,3,0,5,5,0,11,16,17,3,18,0,0,6,22
3,2,0,3,10,8,2,0,4,14,1,11,1,0,5,0,0,1,-1
17,F,4,2,1,2,6,5,61
0,0,0,0,0,0,0,0,0,0,0,0,0,0,0,0,7,13,2,12,30,0,3,0,8,8,3,5,7,10,5,3
0,1,6,2,1,3,11,8,2,3,12,4,2,2,4,6,4,5,7,4,1,9,3,0,7,-1
18,F,3,3,1,2,6,5,32
0,0,0,0,0,0,0,0,0,0,0,0,0,1,1,-1
19,F,4,2,1,2,6,5,64
0,0,0,0,0,0,0,0,0,0,0,0,0,0,0,0,0,0,0,0,0,0,0,0,0,0,0,0,0,0,0,0,0
0,2,0,0,0,0,0,0,0,0,0,0,0,0,0,0,0,0,0,0,1,-1
20,F,4,2,2,1,6,5,59
0,0,0,0,0,0,0,0,0,0,0,0,0,0,2,0,1,3,0,1,2,0,0,1,-1
21,F,4,2,1,2,6,5,58
0,0,0,0,0,0,0,0,0,0,6,9,16,0,14,18,17,6,0,17,8,9,11,11,23,0,0,0,4,1,0
1,0,0,1,0,0,0,0,0,1,0,1,0,0,0,0,2,1,-1
22,F,4,2,2,2,6,5,60
0,0,0,0,0,0,0,0,0,0,0,1,3,2,1,15,8,5,16,9,0,11,5,1,13,2,1,1,4,2,27,5,15
8,0,1,16,9,4,4,10,5,0,3,0,8,6,0,0,6,11,3,5,0,7,16,10,-1
23,F,4,3,1,2,6,5,82
0,0,0,0,0,0,0,0,0,0,0,0,0,0,12,14,0,18,16,14,20,28,8,8,1,13,0,27,27,11
16,7,0,3,5,11,16,14,20,12,8,13,12,10,4,0,3,-1
24,M,3,2,2,2,5,5,81
25,M,3,2,2,2,5,5,87
26,M,3,2,2,2,5,5,61
27,M,3,2,2,2,5,5,35
28,M,3,2,2,1,6,5,70
29,M,3,2,2,2,5,5,82
30,M,3,2,2,1,6,5,34
31,M,3,2,2,2,5,5,80
32,M,3,2,1,1,7,5,60
33,M,3,2,1,2,6,5,60
34,M,3,3,1,2,5,5,75
35,M,3,2,2,2,5,5,28
36,M,4,2,1,2,5,5,75
37,M,4,2,1,2,5,5,62
38,M,4,2,1,2,5,5,45
39,M,4,2,1,2,5,5,75
40,M,4,2,1,2,6,5,81
41,M,4,2,1,2,6,5,61
42,M,4,2,2,1,6,5,47
```

```
43,M,4,2,1,2,5,6,68
44,M,3,2,1,1,8,5,70
45,M,4,2,1,2,6,5,68
46,M,4,2,1,2,5,6,76
47,M,4,2,1,2,6,5,48
48,M,4,2,2,1,6,5,46
49,M,4,2,1,2,6,5,69
50,M,3,2,2,2,7,5,66
51,N,3,2,-2
52,N,4,2,1,2,-5
53,N,3,2,-2
54,N,3,2,2,-2
```

范例 I 小十三星瓢虫捕食棉蚜的含捕食率生命表 (Eg-I-predation-Hd on Ag.txt)

```
"Example I. Predation rate of Harmonia dimidiata reared on Aphis gossypii."
"Shally"
"H.d-p"
54
3,7
F,Egg,L1,L2,L3,L4,Pupa,Female
M,Egg,L1,L2,L3,L4,Pupa,Male
N,Egg,L1,L2,L3,L4,Pupa,Unknown
L1,L4
1,F,3,2,2,1,6,5,89
-1,20,51,-1,137,169,-1,284,-1,392,496,453,281,37,0,-1,-1
199.5,222,305,287,249.5,351,296.5,276.5,325,300,214,230.5,242,236,248,255.5
167.5,196,199,184,221.5,229.5,204,259,269,266,266,204,239.5,268.5,251.5,254.5
248,269,242,259,265.5,238.5,191,231.5,235.5,204.5,204,273.5,208.5,206.5,239.5
279.5,240.5,226.5,200,206.5,174,203,207.5,179.5,208,187,206.5,273.5,229,224.5
263,246.5,194.5,219.5,260,280.5,259.5,252.5,240.5,226,247,220.5,197.5,176,126
81.5,85,105.5,74,125.5,111,108.5,137,119,121,95,83,-1
2,F,3,2,2,1,6,5,68
-1,25,48,-1,135,153,-1,298,-1,351,424,314,257,62,0,-1,-1
148,204,304,311.5,297,318,325,278,267.5,273.5,189,245.5,219.5,228,203.5,204
183,158.5,204.5,187,191.5,221,213,224.5,262,235.5,246,223.5,232.5,258,262,278
267.5,259.5,203.5,261.5,198,201,197.5,204,204.5,212.5,202,208,222,221,203,172
244,198.5,204,178.5,165.5,128,152.5,192.5,199,171.5,206,229.5,169.5,155.5,163
183,188.5,194,180,164,-1
3,F,3,2,1,2,6,5,63
-1,28,47,-1,185,-1,199,253,-1,391,458,410,265,38,0,-1,-1
127,176.5,287.5,315,296,308.5,347,258.5,275.5,217.5,196.5,241.5,222,182,233
214.5,160.5,164.5,191,187.5,143,246.5,231,214,208,212,257,204,247,267,259.5
253,273.5,237.5,203,264.5,212.5,198,187.5,117.5,175,190,204.5,224.5,222.5,213
205,192.5,190.5,128,131.5,183,220.5,147.5,147.5,191.5,177.5,2055.5,165.5,110
54.5,97,54.5,-1
4,F,3,2,1,2,6,5,48
-1,27,21,-1,154,-1,230,172,-1,327,389,427,127,3,0,-1,-1
170.5,168,276,363,320.5,288.5,311,263.5,302.5,245.5,193.5,220,178,215,226
241.5,164.5,215.5,226,196,175.5,218,219,247,233,232.5,236,251,235.5,264,280
271.5,270,260.5,177.5,205.5,213,194,114,240.5,114,210,213,238.5,215,181,185
101,-1
5,F,3,3,1,2,5,5,66
-1,19,4,178,-1,135,-1,252,341,-1,384,332,300,26,0,-1,-1
96.5,191,268.5,323,295.5,315.5,331.5,270.5,305,192.5,235.5,191.5,256.5,237
222,223.5,163,186,238.5,220,221.5,229.5,238,260.5,237,246,247,259.5,228,243.5
267.5,259.5,261,267,202,230.5,197,196.5,199,195,184,204,253,270.5,224.5,175
193.5,201,169.5,136,183,159,175,130.5,135.5,156,207,204,217,240,181,197.5,211
```

303.5,246.5,215.5,-1
6,F,3,2,2,2,5,5,42
-1,7,39,-1,118,269,-1,237,283,-1,398,230,0,24,0,-1,-1
108.5,213.5,314.5,296.5,302.5,316.5,330,253,303.5,103.5,143,149,197.5,235,232
228.5,158,203.5,215.5,230.5,259,246.5,248,238.5,266,223.5,219.5,228,205.5,213
248.5,252.5,264.5,240,230.5,249.5,188,202.5,169.5,193.5,125.5,145,-1
7,F,3,2,2,1,6,5,74
-1,6,57,-1,132,250,-1,276,-1,329,493,378,261,48,0,-1,-1
196.5,188,239.5,321.5,309,323,320,289,296.5,98,181.5,187,247.5,195.5,222.5,251
179,221.5,203.5,217.5,207.5,215.5,230,240,268.5,237,223,251.5,224,251,265.5
240,253.5,200.5,221.5,185.5,232,157,201.5,207.5,229,231.5,208.5,184,185,185.5
185.5,188,201,241,194,192,195.5,194.5,189.5,266,233,239,241.5,222,261,240,240
225.5,227.5,222.5,287.5,233.5,225,240.5,209,160.5,219,181.5,-1
8,F,3,2,2,2,5,5,72
-1,2,41,-1,167,193,-1,183,337,-1,384,341,231,0,0,-1,-1
101.5,235,260.5,286,275,298,331.5,260,301,176.5,182,142,233,159,213.5,199.5
199,228,217,212.5,218,249.5,242,227.5,270.5,284,280.5,264,254,267,296.5,277
308,280.5,259,242.5,219,186.5,164,178.5,140,192,190.5,217.5,232,206,190,156.5
184,155,192,156.5,161.5,141.5,157,148,185,191.5,190.5,231.5,186,236,261.5,223
220,193,257,279.5,285.5,268.5,231.5,189,-1
9,F,3,2,2,1,6,5,63
-1,19,58,-1,129,195,-1,300,-1,284,319,360,102,29,0,-1,-1
140.5,199,247.5,302,284.5,292,344,297.5,300,112.5,168,182,199,211.5,235.5,213
216.5,212.5,231,209.5,209,261,251,240.5,249,249.5,264.5,261,261,272,286.5
260.5,276,235,224.5,232.5,138.5,194.5,182,177.5,152.5,194,161,188,176.5,182.5
217,184,201,206,182.5,181.5,171.5,151.5,157.5,130.5,155.5,192,170,152.5,148.5
161,172,-1
10,F,3,2,2,2,5,5,56
-1,14,57,-1,121,249,-1,279,390,-1,362,312,151,4,0,-1,-1
175,218.5,256,294.5,207.5,280.5,303,318.5,301,243,213,157,214,202.5,212,222.5
213.5,232,211,224.5,237.5,230.5,244,240.5,293.5,277,260,239,213,252.5,285.5
259,244.5,267,207,217,218.5,246.5,195,194.5,199.5,202.5,237,252.5,232,228,221
203.5,186,166.5,204,169,192,182,171.5,138,-1
11,F,4,2,1,2,5,5,76
-1,19,47,-1,224,-1,199,291,-1,366,325,245,33,0,-1,-1
119.5,208,264,302,228.5,247.5,306.5,278.5,243.5,223.5,210.5,121.5,200,210
198.5,207,180.5,166,220,186.5,170.5,247,252,263,248.5,268.5,262,231.5,252.5
264,280.5,283.5,288.5,317.5,274.5,230.5,257.5,248,248.5,253.5,220,235,244.5
182.5,217,186,185.5,208.5,243.5,178,193.5,170.5,213,178.5,182,234.5,216,223
219.5,218.5,190.5,207.5,237,222,201.5,228.5,244.5,246,246.5,228.5,265.5,204.5
278,249.5,139,149,-1
12,F,4,2,1,2,5,5,85
-1,15,75,-1,181,-1,253,230,-1,323,388,261,228,0,-1,-1
135.5,181.5,202,282.5,337,351,324.5,274.5,284,231,174.5,118.5,166.5,213.5,210
207.5,203,150,217.5,200,216.5,236,238,249,265,224.5,261.5,240.5,221,264.5,285
270.5,277.5,290.5,215.5,239,209.5,200.5,174.5,188,147,198.5,244.5,221.5,225
209.5,215.5,195,215,195,197.5,171.5,214.5,186,194.5,227.5,236.5,228.5,222.5,214
215,239,257.5,296.5,216,229,235.5,315.5,284,286.5,291.5,234,184.5,184,201,200
166.5,165,136.5,112,81.5,143.5,126.5,107,75,-1
13,F,4,2,1,2,5,5,74
-1,20,63,-1,140,-1,168,268,-1,446,382,258,0,0,-1,-1
136,235.5,254.5,282,316,314,312,290.5,278.5,280.5,189,141.5,187,214,222.5
193.5,249,251,219,207,206.5,227.5,265.5,274,268,252.5,228.5,213.5,225.5
227.5,241.5,259,264,268.5,282,184,209,215,232,249,192,227.5,240.5,212,225.5
223,187.5,179.5,169.5,158,184.5,185,165.5,134.5,183.5,171.5,257.5,196.5
169.5,174.5,202.5,225.5,233.5,254.5,228,191.5,244,297,278,256,242,215,101.5
159,-1
14,F,4,1,2,1,6,5,69
-1,10,-1,42,139,-1,188,-1,299,435,500,363,52,0,-1,-1

两性生命表理论与应用——昆虫种群生态学研究新方法

128,232.5,244,289,260.5,330.5,324.5,270,305,303,176,144.5,184,249,225.5,222
223.5,189.5,225,181.5,188,221,211,243,209,234,228,266,268,202,180,231,261
223.5,216.5,191,200,182.5,139.5,191.5,173.5,208,215,198,166,191.5,213.5,219
230,194,224,189.5,195.5,184,172.5,158.5,177,214,163.5,176.5,178,225,235,261
236.5,220,241,271,168,-1
15,F,4,2,1,2,6,5,70
-1,37,76,-1,146,-1,170,276,-1,325,323,282,50,0,0,-1,-1
113,188.5,244,283.5,286,286,272,304.5,138,84,119,152.5,208.5,217.5,201.5,217
172,223.5,233.5,207.5,231.5,238.5,267,265,261.5,259,296,252,256.5,240.5,275.5
256,266,244.5,209,231.5,234.5,161,179.5,223,231,210,221,211,219,195,237,203.5
199,213.5,177.5,195,196.5,174,146,235.5,266,211,230.5,227,271,261.5,255.5
266.5,244.5,230.5,264,238,252.5,173.5,-1
16,F,4,2,1,2,6,5,64
-1,35,43,-1,107,-1,141,296,-1,218,376,375,19,0,0,-1,-1
110.5,171.5,154,270,313.5,317.5,289.5,294.5,146.5,139.5,118.5,172.5,212,221.5
212.5,228,170,206.5,217.5,178.5,226,242,269.5,288.5,267.5,255.5,249,218.5,249
253,249,235,237,206.5,191.5,220,217,179.5,209.5,195,239,222.5,233,263.5,269.5
203.5,192.5,153.5,181.5,206,159.5,160.5,190,156.5,187,204,239.5,222,244,198.5
180,151.5,151,138,-1
17,F,4,2,1,2,6,5,61
-1,33,68,-1,128,-1,232,282,-1,307,410,203,15,0,0,-1,-1
123,168,280.5,239.5,282,293.5,257.5,300,259.5,231.5,216.5,159,164.5,262
219,218,185,205,199,184,216,225.5,239,250.5,274.5,236,234,248.5,255,258
243,255.5,181,209.5,233,231,246.5,146,168.5,217.5,283.5,240,237,235,279
194,159.5,201,205.5,223,199.5,242,224,228.5,236.5,285,297.5,265,243,213.5
106,-1
18,F,3,3,1,2,6,5,32
-1,57,47,147,-1,166,-1,268,299,-1,337,454,297,105,0,0,-1,-1
114.5,174,247,292,307.5,358.5,337.5,290.5,232,158.5,225,176,204.5,251,176.5
197,182,152.5,204.5,165.5,178.5,229.5,220.5,230,245.5,219.5,202,230,226.5
229.5,241.5,112.5,-1
19,F,4,2,1,2,6,5,64
-1,21,71,-1,112,-1,143,256,-1,382,248,227,10,0,0,-1,-1
120.5,204,214,279,314.5,297,306.5,299,236,185,193,172,175,194,170.5,192
155.5,182.5,205,162,208.5,241.5,263,223,250.5,234,238,243,244,285,231,232.5
194,225.5,161.5,243,251.5,60,211,172.5,203.5,227.5,229,252.5,256,227,199.5
182.5,197.5,223,179,206.5,192.5,210,212.5,236.5,196,226,183,170.5,197.5
186.5,146.5,152.5,-1
20,F,4,2,2,1,6,5,59
-1,28,70,-1,184,230,-1,208,-1,392,391,378,56,0,0,-1,-1
160,138,281.5,318.5,284,359.5,281.5,316,240.5,131,189.5,141,223,200.5,209
233,210.5,173,213.5,228,210,254.5,265.5,244.5,243.5,260,241.5,256.5,267.5
270,288.5,248.5,182,205,189,234.5,231,204,123,192.5,230,231.5,212.5,214.5
211,205,196,204,179.5,212.5,189.5,184.5,149,170,207,188,211,233,138.5,-1
21,F,4,2,1,2,6,5,58
-1,28,77,-1,71,-1,240,212,-1,425,427,403,90,0,0,-1,-1
150.5,200,259.5,266,283,329,289,288.5,193.5,207.5,213.5,205,209,200.5,200.5
207.5,192,209,244,176,226,233.5,275,277,238.5,245,235.5,269,248,266,252.5
226.5,214.5,210,156.5,200,242.5,212.5,203.5,204,241.5,264.5,251,232,218.5
192,175.5,163.5,204,234,207,200.5,161,163.5,178.5,257,180,175,-1
22,F,4,2,2,2,6,5,60
-1,16,62,-1,118,136,-1,147,457,-1,359,217,82,17,0,0,-1,-1
215.5,229,283,318,256.5,270.5,283.5,224.5,163,105.5,206.5,166.5,187.5,198
198.5,135,178,193.5,191.5,199,222,224,245.5,226,251,220,189,210.5,213.5
249.5,260,232.5,207,255,242,181.5,137,213.5,262,261.5,217,206.5,215,254
173.5,152.5,172.5,169,208,189.5,166.5,152,181.5,216,247.5,240,241,224,224
217,-1
23,F,4,3,1,2,6,5,82
-1,15,65,140,-1,41,-1,210,277,-1,397,376,397,100,54,59,-1,-1
94.5,180.5,211.5,296,265.5,289,252,116,193.5,105.5,185.5,190,214.5,204.5

182

204,169,193,194.5,196,229,206,236.5,262,253,279.5,285.5,263.5,222,234,253.5
264,245.5,258,233.5,232.5,216,201.5,196,240,272,192.5,167,164,245.5,233.5
194.5,132,197,219.5,212,168,143.5,166.5,193.5,234,219.5,214,211,171,217.5
208.5,207,221.5,212,200.5,198,255,232,229.5,220.5,199,201.5,179.5,183.5,164
110,134,81,71,104.5,187.5,111,-1
24,M,3,2,2,2,5,5,81
-1,33,41,-1,147,236,-1,259,307,-1,381,483,348,176,0,-1,-1
199.5,222,305,287,249.5,351,296.5,276.5,325,300,214,230.5,242,236,248,255.5
167.5,196,199,184,221.5,229.5,204,259,269,266,266,204,239.5,268.5,251.5
254.5,248,269,242,259,265.5,238.5,191,231.5,235.5,204.5,204,273.5,208.5
206.5,239.5,279.5,240.5,226.5,200,206.5,174,203,207.5,179.5,208,187,206.5
273.5,229,224.5,263,246.5,194.5,219.5,260,280.5,259.5,252.5,240.5,226,247
220.5,197.5,176,126,81.5,85,105.5,74,-1
25,M,3,2,2,2,5,5,87
-1,38,45,-1,110,180,-1,214,265,-1,423,377,220,34,0,-1,-1
148,204,304,311.5,297,318,325,278,267.5,273.5,189,245.5,219.5,228,203.5,204
183,158.5,204.5,187,191.5,221,213,224.5,262,235.5,246,223.5,232.5,258,262
278,267.5,259.5,203.5,261.5,198,201,197.5,204,204.5,212.5,202,208,222,221
203,172,244,198.5,204,178.5,165.5,128,152.5,192.5,199,171.5,206,229.5,169.5
155.5,163,183,188.5,194,180,164,231,227.5,219.5,207.5,241.5,229.5,222,240.5
207,155.5,196.5,163.5,193.5,223,230.5,227,223,179,91.5,-1
26,M,3,2,2,2,5,5,61
-1,35,48,-1,149,198,-1,258,275,-1,456,517,259,205,0,-1,-1
127,176.5,287.5,315,296,308.5,347,258.5,275.5,217.5,196.5,241.5,222,182,233
214.5,160.5,164.5,191,187.5,143,246.5,231,214,208,212,257,204,247,267,259.5
253,273.5,237.5,203,264.5,212.5,198,187.5,117.5,175,190,204.5,224.5,222.5
213,205,192.5,190.5,128,131.5,183,220.5,147.5,147.5,191.5,177.5,2055.5,165.5
110,54.5,-1
27,M,3,2,2,2,5,5,35
-1,26,41,-1,169,241,-1,248,278,-1,401,416,259,20,0,-1,-1
170.5,168,276,363,320.5,288.5,311,263.5,302.5,245.5,193.5,220,178,215,226
241.5,164.5,215.5,226,196,175.5,218,219,247,233,232.5,236,251,235.5,264,280
271.5,270,260.5,177.5,-1
28,M,3,2,2,1,6,5,70
-1,8,86,-1,117,265,-1,231,-1,341,462,460,277,42,0,-1,-1
96.5,191,268.5,323,295.5,315.5,331.5,270.5,305,192.5,235.5,191.5,256.5,237
222,223.5,163,186,238.5,220,221.5,229.5,238,260.5,237,246,247,259.5,228,243.5
267.5,259.5,261,267,202,230.5,197,196.5,199,195,184,204,253,270.5,224.5,175
193.5,201,169.5,136,183,159,175,130.5,135.5,156,207,204,217,240,181,197.5,211
303.5,246.5,215.5,238.5,267,244,168,-1
29,M,3,2,2,2,5,5,82
-1,20,82,-1,127,191,-1,221,337,-1,454,416,248,0,0,-1,-1
108.5,213.5,314.5,296.5,302.5,316.5,330,253,303.5,103.5,143,149,197.5,235,232
228.5,158,203.5,215.5,230.5,259,246.5,248,238.5,266,223.5,219.5,228,205.5,213
248.5,252.5,264.5,240,230.5,249.5,188,202.5,169.5,193.5,125.5,145,240.5,220
230.5,255,246,214,174,162.5,182,214,167.5,155.5,182,198,260,222.5,212,261.5
228,201,295.5,296,276.5,275,250.5,270,277,274,250,244,211,218.5,241.5,224
170.5,163,155,145.5,124,121,-1
30,M,3,2,2,1,6,5,34
-1,19,55,-1,139,195,-1,204,-1,349,405,356,247,0,0,-1,-1
196.5,188,239.5,321.5,309,323,320,289,296.5,98,181.5,187,247.5,195.5,222.5
251,179,221.5,203.5,217.5,207.5,215.5,230,240,268.5,237,223,251.5,224,251
265.5,240,253.5,200.5,-1
31,M,3,2,2,2,5,5,80
-1,36,44,-1,135,198,-1,271,311,-1,428,362,177,28,0,-1,-1
101.5,235,260.5,286,275,298,331.5,260,301,176.5,182,142,233,159,213.5
199.5,199,228,217,212.5,218,249.5,242,227.5,270.5,284,280.5,264,254,267
296.5,277,308,280.5,259,242.5,219,186.5,164,178.5,140,192,190.5,217.5
232,206,190,156.5,184,155,192,156.5,161.5,141.5,157,148,185,191.5,190.5
231.5,186,236,261.5,223,220,193,257,279.5,285.5,268.5,231.5,189,134.5

190.5,192.5,161.5,157,138.5,119,113.5,-1
32,M,3,2,1,1,7,5,60
-1,24,55,-1,100,-1,211,-1,228,321,417,379,245,0,0,-1,-1
140.5,199,247.5,302,284.5,292,344,297.5,300,112.5,168,182,199,211.5,235.5
213,216.5,212.5,231,209.5,209,261,251,240.5,249,249.5,264.5,261,261,272
286.5,260.5,276,235,224.5,232.5,138.5,194.5,182,177.5,152.5,194,161,188
176.5,182.5,217,184,201,206,182.5,181.5,171.5,151.5,157.5,130.5,155.5,192
170,152.5,-1
33,M,3,2,1,2,6,5,60
-1,14,50,-1,138,-1,257,274,-1,335,289,449,173,31,0,-1,-1
175,218.5,256,294.5,207.5,280.5,303,318.5,301,243,213,157,214,202.5,212
222.5,213.5,232,211,224.5,237.5,230.5,244,240.5,293.5,277,260,239,213
252.5,285.5,259,244.5,267,207,217,218.5,246.5,195,194.5,199.5,202.5,237
252.5,232,228,221,203.5,186,166.5,204,169,192,182,171.5,138,258,244.5
227.5,195,-1
34,M,3,3,1,2,5,5,75
-1,12,26,150,-1,148,-1,250,366,-1,351,377,223,4,0,-1,-1
119.5,208,264,302,228.5,247.5,306.5,278.5,243.5,223.5,210.5,121.5,200,210
198.5,207,180.5,166,220,186.5,170.5,247,252,263,248.5,268.5,262,231.5,252.5
264,280.5,283.5,288.5,317.5,274.5,230.5,257.5,248,248.5,253.5,220,235,244.5
182.5,217,186,185.5,208.5,243.5,178,193.5,170.5,213,178.5,182,234.5,216,223
219.5,218.5,190.5,207.5,237,222,201.5,228.5,244.5,246,246.5,228.5,265.5
204.5,278,249.5,139,-1
35,M,3,2,2,2,5,5,28
-1,8,32,-1,145,235,-1,235,300,-1,407,304,140,46,0,-1,-1
135.5,181.5,202,282.5,337,351,324.5,274.5,284,231,174.5,118.5,166.5,213.5
210,207.5,203,150,217.5,200,216.5,236,238,249,265,224.5,261.5,240.5,-1
36,M,4,2,1,2,5,5,75
-1,31,79,-1,146,-1,149,180,-1,462,408,158,12,0,-1,-1
136,235.5,254.5,282,316,314,312,290.5,278.5,280.5,189,141.5,187,214,222.5
193.5,249,251,219,207,206.5,227.5,265.5,274,268,252.5,228.5,213.5,225.5
227.5,241.5,259,264,268.5,282,184,209,215,232,249,192,227.5,240.5,212,225.5
223,187.5,179.5,169.5,158,184.5,185,165.5,134.5,183.5,171.5,257.5,196.5
169.5,174.5,202.5,225.5,233.5,254.5,228,191.5,244,297,278,256,242,215,101.5
159,158,-1
37,M,4,2,1,2,5,5,62
-1,38,50,-1,148,-1,80,228,-1,416,152,341,9,0,-1,-1
128,232.5,244,289,260.5,330.5,324.5,270,305,303,176,144.5,184,249,225.5,222
223.5,189.5,225,181.5,188,221,211,243,209,234,228,266,268,202,180,231,261
223.5,216.5,191,200,182.5,139.5,191.5,173.5,208,215,198,166,191.5,213.5,219
230,194,224,189.5,195.5,184,172.5,158.5,177,214,163.5,176.5,178,225,-1
38,M,4,2,1,2,5,5,45
-1,4,77,-1,175,-1,194,252,-1,403,243,208,0,0,-1,-1
63,215,263.5,295,292.5,311.5,348,280,297.5,188,121.5,90.5,222,170,196.5
179.5,223,175.5,212,150,123,148.5,128,121.5,230,206,235.5,261.5,266.5,241
249.5,240.5,216,259,245,196,180.5,257.5,221.5,178.5,182.5,186.5,183,177
120.5,-1
39,M,4,2,1,2,5,5,75
-1,7,64,-1,160,-1,249,266,-1,391,361,406,180,0,-1,-1
91.5,148.5,211.5,299,298.5,307.5,311,207,297,225,173.5,143.5,197,172.5,211
204,192,209,216.5,164,164,209,246.5,253.5,232.5,254.5,241,248.5,234.5,198
227,242.5,217,210,245.5,209.5,217.5,219.5,211,206.5,184,190,223,242.5,229
247,242.5,103.5,187,160.5,186.5,177,198.5,147.5,164.5,165,218,215,197,192.5
182,276,305,216.5,216.5,224,212.5,255,269.5,254.5,245.5,198,192.5,210.5,203,-1
40,M,4,2,1,2,6,5,81
-1,12,41,-1,133,-1,191,293,-1,382,422,354,21,0,0,-1,-1
113,188.5,244,283.5,286,286,272,304.5,138,84,119,152.5,208.5,217.5,201.5
217,172,223.5,233.5,207.5,231.5,238.5,267,265,261.5,259,296,252,256.5,240.5
275.5,256,266,244.5,209,231.5,234.5,161,179.5,223,231,210,221,211,219,195
237,203.5,199,213.5,177.5,195,196.5,174,146,235.5,266,211,230.5,227,271

261.5,255.5,266.5,244.5,230.5,264,238,252.5,173.5,189,143,266.5,261,235.5
196.5,197,198.5,158,135,151.5,-1
41,M,4,2,1,2,6,5,61
-1,12,71,-1,148,-1,210,318,-1,413,436,387,90,0,0,-1,-1
110.5,171.5,154,270,313.5,317.5,289.5,294.5,146.5,139.5,118.5,172.5,212
221.5,212.5,228,170,206.5,217.5,178.5,226,242,269.5,288.5,267.5,255.5,249
218.5,249,253,249,235,237,206.5,191.5,220,217,179.5,209.5,195,239,222.5
233,263.5,269.5,203.5,192.5,153.5,181.5,206,159.5,160.5,190,156.5,187,204
239.5,222,244,198.5,180,-1
42,M,4,2,2,1,6,5,47
-1,6,71,-1,125,207,-1,284,-1,438,516,402,77,0,0,-1,-1
123,168,280.5,239.5,282,293.5,257.5,300,259.5,231.5,216.5,159,164.5,262
219,218,185,205,199,184,216,225.5,239,250.5,274.5,236,234,248.5,255,258
243,255.5,181,209.5,233,231,246.5,146,168.5,217.5,283.5,240,237,235,279
194,159.5,-1
43,M,4,2,1,2,5,6,68
-1,21,62,-1,154,-1,96,331,-1,322,415,141,107,0,-1,-1
114.5,174,247,292,307.5,358.5,337.5,290.5,232,158.5,225,176,204.5,251
176.5,197,182,152.5,204.5,165.5,178.5,229.5,220.5,230,245.5,219.5,202
230,226.5,229.5,241.5,112.5,152,226,221.5,185.5,232,157,201.5,207.5,229
231.5,208.5,184,185,185.5,185.5,188,201,241,194,192,195.5,194.5,189.5
266,233,239,241.5,222,261,240,240,225.5,227.5,222.5,287.5,233.5,-1
44,M,3,2,1,1,8,5,70
-1,14,41,-1,134,-1,212,-1,260,255,259,494,409,186,0,0,-1,-1
120.5,204,214,279,314.5,297,306.5,299,236,185,193,172,175,194,170.5,192
155.5,182.5,205,162,208.5,241.5,263,223,250.5,234,238,243,244,285,231
232.5,194,225.5,161.5,243,251.5,60,211,172.5,203.5,227.5,229,252.5,256
227,199.5,182.5,197.5,223,179,206.5,192.5,210,212.5,236.5,196,226,183
170.5,197.5,186.5,146.5,152.5,241.5,218,230,272,276.5,114.5,-1
45,M,4,2,1,2,6,5,68
-1,26,73,-1,128,-1,129,270,-1,436,371,377,234,0,0,-1,-1
142,135,290,259,305.5,317.5,314.5,297,244.5,159,228.5,209,195.5,248.5
190,222,166.5,233.5,188.5,236.5,127.5,236,239.5,270,276,270,281.5,264.5
266,282.5,271.5,252.5,212,229,201,198,222,210.5,183,186,208,231.5,227.5
204,200,201.5,139,154,158.5,180.5,176.5,183.5,142.5,161.5,162,227,199.5
203,236,229.5,211.5,210,139.5,171.5,247,247.5,241.5,174.5,-1
46,M,4,2,1,2,5,6,76
-1,29,85,-1,99,-1,118,256,-1,301,370,249,35,0,-1,-1
160,138,281.5,318.5,284,359.5,281.5,316,240.5,131,189.5,141,223,200.5
209,233,210.5,173,213.5,228,210,254.5,265.5,244.5,243.5,260,241.5,256.5
267.5,270,288.5,248.5,182,205,189,234.5,231,204,123,192.5,230,231.5
212.5,214.5,211,205,196,204,179.5,212.5,189.5,184.5,149,170,207,188,211
233,138.5,199.5,199,186,201.5,196.5,242.5,229.5,264,233.5,231.5,284.5
211.5,183.5,257,218.5,189,142,-1
47,M,4,2,1,2,6,5,48
-1,31,81,-1,89,-1,249,249,-1,372,442,356,183,0,0,-1,-1
150.5,200,259.5,266,283,329,289,288.5,193.5,207.5,213.5,205,209,200.5
200.5,207.5,192,209,244,176,226,233.5,275,277,238.5,245,235.5,269,248
266,252.5,226.5,214.5,210,156.5,200,242.5,212.5,203.5,204,241.5,264.5
251,232,218.5,192,175.5,163.5,-1
48,M,4,2,2,1,6,5,46
-1,17,60,-1,111,149,-1,130,-1,416,384,294,107,0,0,-1,-1
144.5,199,224,249,297,246,256.5,296,211.5,127.5,129.5,162,222.5,239.5
188,190.5,214,216.5,204.5,243,249,235.5,244,252.5,237.5,242,240,221.5
254.5,266,269,222,171,218.5,168.5,204.5,235.5,213,203,176,185.5,219
174.5,184,209,185,-1
49,M,4,2,1,2,6,5,69
-1,20,85,-1,135,-1,196,227,-1,326,343,373,89,0,0,-1,-1
181,215.5,229,283,318,256.5,270.5,283.5,224.5,163,105.5,206.5,166.5
187.5,198,198.5,135,178,193.5,191.5,199,222,224,245.5,226,251,220,189

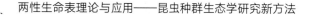

210.5,213.5,249.5,260,232.5,207,255,242,181.5,137,213.5,262,261.5,217
206.5,215,254,173.5,152.5,172.5,169,208,189.5,166.5,152,181.5,216,247.5
240,241,224,224,217,143,95.5,209,187,217.5,229.5,254.5,193.5,-1
50,M,3,2,2,2,7,5,66
-1,2,45,-1,169,224,-1,305,285,-1,403,278,271,166,132,40,0,-1,-1
94.5,180.5,211.5,296,265.5,289,252,116,193.5,105.5,185.5,190,214.5
204.5,204,169,193,194.5,196,229,206,236.5,262,253,279.5,285.5,263.5
222,234,253.5,264,245.5,258,233.5,232.5,216,201.5,196,240,272,192.5
167,164,245.5,233.5,194.5,132,197,219.5,212,168,143.5,166.5,193.5,234
219.5,214,211,171,217.5,208.5,207,221.5,212,200.5,198,-1
51,N,3,2,-2
-1,28,41,-1,124,21,-1
52,N,4,2,1,2,-5
-1,8,55,-1,117,-1,130,248,-1,341,326,154,68,0,-1
53,N,3,2,-2
-1,29,38,-1,164,51,-1
54,N,3,2,2,-2
-1,16,16,-1,132,206,-1,268,307,-1

附录二 Example_0A_Life Table 输出文档

Program: Age-Stage, Two-Sex Life Table Analysis (TWOSEX-MSChart)

```
*****************************************************************************
Insects and mites are age-stage-structured.  Stage differentiation is important to
insect physiology, biochemistry, ecology, etc., and is essential when trying to
quantify the damage caused by a pest population or the control efficacy of a predator
population.  We should not ignore this unique feature.  Males are important, too.  We
should not ignore the contribution of male population to biological control.  Because
the age-stage, two-sex life table includes both sexes, the effect of sex ratio on the
population parameters can be taken into consideration when the bootstrap method is
used.  However, if a female only life table is used, the effect of sex ratio is
totally ignored.
*****************************************************************************
```

```
Date: 2024/4/18
Time: 10:44:44
Ver. 4/18/2024
```

```
===============================================================================
*   ATTENTION!                                                                *
*   The useful files are listed in sequence. The file '_0A_Life table_Output.txt'  *
*   contains all raw data and analytical results of your life table.  You should  *
*   carefully read this file several times to check your results, to find useful   *
*   information.  Due to the limitation of table listing, only limited digits are *
*   listed in all tables.  Therefore, you should not use these data to prepare    *
*   your graphs.  For the preparation of graphs, many files with '_Fig_' in file   *
*   name can be imported into SigmaPlot or Excel.  Then you can plot nice figures  *
*   with ease.  I suggest you use SigmaPlot, because Excel cannot produce high    *
*   quality figures.                                                            *
===============================================================================
```

```
Project: Example-B Ver. 4/18/2024
Username: Name. Pt:9c4l
Treatment: B-DBM
```

```
*****************************************
* Time unit used:  1                    *
*****************************************
* Fecundity coefficient:  1             *
*****************************************
```

Table 1. Number of time units spent by each individual in each
        stage, preadult and total longevity

Indiv.	Sex	Egg	Larva	Pupa	Adult	Preadult	Total longevity	
1	F	3	8	4	18	15	33	F
2	M	3	8	5	16	16	32	M
3	F	3	9	4	12	16	28	F
4	M	3	8	5	8	16	24	M
5	F	3	9	4	23	16	39	F
6	M	3	7	6	26	16	42	M
7	F	3	8	5	21	16	37	F
8	M	3	8	5	28	16	44	M
9	F	3	9	4	14	16	30	F
10	M	3	9	4	16	16	32	M
11	F	3	10	4	31	17	48	F
12	M	3	8	5	6	16	22	M
13	F	3	10	4	31	17	48	F
14	M	3	9	5	4	17	21	M
15	F	3	10	4	12	17	29	F
16	M	3	9	5	13	17	30	M
17	F	3	10	4	15	17	32	F
18	M	3	9	5	14	17	31	M
19	F	3	10	4	23	17	40	F
20	M	3	9	5	20	17	37	M
21	F	3	10	4	21	17	38	F
22	M	3	9	5	12	17	29	M
23	F	3	10	4	22	17	39	F
24	M	3	9	5	13	17	30	M
25	F	3	10	4	21	17	38	F
26	M	3	9	5	14	17	31	M
27	F	3	9	4	12	16	28	F
28	M	3	9	5	15	17	32	M
29	F	3	10	5	12	18	30	F
30	M	3	10	5	12	18	30	M
31	F	3	10	5	15	18	33	F
32	M	3	10	5	18	18	36	M
33	F	3	10	5	31	18	49	F
34	M	3	10	5	22	18	40	M
35	F	3	10	5	28	18	46	F
36	M	3	10	5	13	18	31	M
37	F	3	10	5	19	18	37	F
38	M	3	10	5	13	18	31	M
39	F	3	10	4	15	17	32	F
40	N	3	10	4 d	–	–	17	N*
41	N	3 d	–	–	–	–	3	N*
42	N	3	6 d	–	–	–	9	N*
43	N	3	2 d	–	–	–	5	N*
44	N	3 d	–	–	–	–	3	N*
45	N	3 d	–	–	–	–	3	N*
46	F	3	9	5	19	17	36	F
47	F	3	9	5	33	17	50	F
48	F	3	10	4	23	17	40	F
49	F	3	9	5	18	17	35	F
50	F	3	10	4	21	17	38	F
51	F	3	10	4	14	17	31	F
52	F	3	10	4	33	17	50	F
53	F	3	10	4	21	17	38	F
54	F	3	12	5	15	20	35	F

N	51	49	48	48	48	54
Mean	3	9.41	4.6	18.25	17	32.07
Maximum	3	12	6	33	20	50
Minimum	3	7	4	4	15	3
Variance	0	0.75	0.29	47.85	0.72	128.6
S.D.	0	0.86	0.54	6.92	0.85	11.34
S.E.	0	0.123	0.077	0.998	0.123	1.543

```
d - dead.
Max. longevity of male adult = 28
Max. longevity of female adult = 33
Max. total longevity of female = 50
Number of individuals developed to female adult stage = 29
Number of individuals developed to male adult stage = 19
Max. total longevity of male = 44
Number of individuals died in immature stage = 6
```

Table 2. Age-specific fecundity of each individual based on "adult age".

Indiv. no.	Age interval					
	0-<1	1-<2	2-<3	3-<4	4-<5	5-<6
1	0	0	33	96	66	59
3	17	9	0	37	30	29
5	6	22	28	34	21	31
7	11	36	41	34	64	19
9	32	62	4	50	17	26
11	18	51	26	50	28	23
13	31	34	41	10	15	8
15	43	61	56	12	27	20
17	0	27	44	36	18	24
19	0	26	49	40	8	0
21	0	41	1	3	32	13
23	0	31	16	0	17	18
25	0	79	52	25	41	27
27	0	44	9	64	20	13
29	45	67	28	54	4	18
31	59	31	39	41	29	24
33	4	0	21	26	20	2
35	0	5	9	41	22	5
37	4	28	5	11	10	20
39	0	0	76	38	46	33
46	46	16	46	26	38	5
47	1	32	46	3	5	7
48	0	50	23	26	34	7
49	0	30	8	0	11	6
50	0	0	17	30	0	25
51	0	77	40	27	6	16
52	0	63	31	43	43	17
53	0	26	47	54	38	19
54	0	26	20	23	23	16
N	29	29	29	29	29	29
Mean	10.93	33.59	29.52	32.21	25.28	18.28
S.D.	17.72	23.06	18.98	21.12	16.51	11.89
S.E.	3.291	4.281	3.525	3.922	3.067	2.208

Table 2. (Continued)

Indiv. no.	Age interval					
	6-<7	7-<8	8-<9	9-<10	10-<11	11-<12
1	30	13	9	3	6	5
3	22	9	5	7	4	2 d
5	24	2	15	6	8	2
7	1	0	4	7	9	7
9	19	12	12	11	8	2
11	13	4	2	4	0	0
13	3	2	51	11	0	0
15	6	17	13	11	11	0 d
17	12	15	10	7	7	6
19	21	20	27	11	10	10
21	11	12	3	10	6	2

23	9	23	16	7	11	15
25	6	7	5	3	0	4
27	0	10	10	0	0	0 d
29	7	11	10	7	1	0 d
31	18	13	6	5	10	6
33	11	21	14	20	13	4
35	33	25	6	0	1	3
37	6	0	12	17	9	2
39	16	6	4	2	2	6
46	27	16	2	0	0	0
47	19	7	1	14	18	9
48	24	22	11	11	3	3
49	7	14	0	6	14	23
50	10	21	7	10	6	10
51	4	9	9	2	5	5
52	26	17	8	6	9	8
53	14	15	15	7	7	6
54	15	5	3	13	7	0

| N | 29 | 29 | 29 | 29 | 29 | 29 |

| Mean | 14.28 | 12 | 10 | 7.52 | 6.38 | 4.83 |

| S.D. | 8.97 | 7.11 | 9.76 | 4.96 | 4.75 | 5.13 |

| S.E. | 1.665 | 1.321 | 1.812 | 0.921 | 0.883 | 0.952 |

Table 2. (Continued)

Indiv. no.	Age interval					
	12-<13	13-<14	14-<15	15-<16	16-<17	17-<18
1	4	2	3	3	0	0 d
3	-	-	-	-	-	-
5	0	2	2	0	5	1
7	7	0	2	11	0	0
9	0	0 d	-	-	-	-
11	0	0	6	0	1	1
13	18	17	11	7	4	6
15	-	-	-	-	-	-
17	7	8	1 d	-	-	-
19	8	6	3	1	1	2
21	1	3	4	2	1	1
23	9	11	5	0	4	1
25	0	2	0	0	0	0
27	-	-	-	-	-	-
29	-	-	-	-	-	-
31	2	1	0 d	-	-	-
33	1	1	3	0	4	7
35	0	1	0	1	1	1
37	9	1	0	0	0	3
39	4	0	0 d	-	-	-
46	0	0	0	0	0	0
47	7	2	0	0	0	0
48	6	8	6	2	4	6
49	25	18	9	9	2	0 d
50	5	15	19	17	13	4
51	2	0 d	-	-	-	-
52	7	0	3	6	5	1

53	4	1	6	0	3	2
54	3	0	0 d	–	–	–
N	25	25	23	19	19	19
Mean	5.16	3.96	3.61	3.11	2.53	1.89
S.D.	5.89	5.63	4.56	4.78	3.15	2.26
S.E.	1.179	1.126	0.951	1.097	0.723	0.518

Table 2. (Continued)

Indiv. no.	Age interval 18-<19	19-<20	20-<21	21-<22	22-<23	23-<24
1	–	–	–	–	–	–
3	–	–	–	–	–	–
5	1	1	0	0	0 d	–
7	0	0	0 d	–	–	–
9	–	–	–	–	–	–
11	1	3	0	3	0	1
13	8	8	4	4	1	4
15	–	–	–	–	–	–
17	–	–	–	–	–	–
19	1	2	0	0	0 d	–
21	0	0	0 d	–	–	–
23	4	0	4	0 d	–	–
25	2	0	0 d	–	–	–
27	–	–	–	–	–	–
29	–	–	–	–	–	–
31	–	–	–	–	–	–
33	0	10	5	5	1	5
35	0	0	0	1	0	0
37	0 d	–	–	–	–	–
39	–	–	–	–	–	–
46	0 d	–	–	–	–	–
47	4	3	2	2	0	3
48	0	5	0	1	0 d	–
49	–	–	–	–	–	–
50	8	6	0 d	–	–	–
51	–	–	–	–	–	–
52	2	2	4	2	2	0
53	1	0	0 d	–	–	–
54	–	–	–	–	–	–
N	17	15	15	10	9	6
Mean	1.88	2.67	1.27	1.8	0.44	2.17
S.D.	2.64	3.22	1.94	1.75	0.73	2.14
S.E.	0.641	0.832	0.502	0.554	0.242	0.872

Table 2. (Continued)

Indiv. no.	Age interval 24-<25	25-<26	26-<27	27-<28	28-<29	29-<30

1	–	–	–	–	–	–
3	–	–	–	–	–	–
5	–	–	–	–	–	–
7	–	–	–	–	–	–
9	–	–	–	–	–	–
11	0	0	0	0	0	0
13	2	2	0	0	0	0
15	–	–	–	–	–	–
17	–	–	–	–	–	–
19	–	–	–	–	–	–
21	–	–	–	–	–	–
23	–	–	–	–	–	–
25	–	–	–	–	–	–
27	–	–	–	–	–	–
29	–	–	–	–	–	–
31	–	–	–	–	–	–
33	2	2	0	0	0	0
35	0	0	0	0 d	–	–
37	–	–	–	–	–	–
39	–	–	–	–	–	–
46	–	–	–	–	–	–
47	1	0	2	0	0	0
48	–	–	–	–	–	–
49	–	–	–	–	–	–
50	–	–	–	–	–	–
51	–	–	–	–	–	–
52	0	0	0	0	0	0
53	–	–	–	–	–	–
54	–	–	–	–	–	–
N	6	6	6	6	5	5
Mean	0.83	0.67	0.33	0	0	0
S.D.	0.98	1.03	0.82	0	0	0
S.E.	0.401	0.422	0.333	0	0	0

Table 2. (Continued)

==

Indiv. no.	Age interval			Total
	30-<31	31-<32	32-<33	
1	–	–	–	332
3	–	–	–	171
5	–	–	–	211
7	–	–	–	253
9	–	–	–	255
11	0 d	–	–	235
13	0 d	–	–	302
15	–	–	–	277
17	–	–	–	222
19	–	–	–	246
21	–	–	–	146
23	–	–	–	201
25	–	–	–	253
27	–	–	–	170
29	–	–	–	252

31	-	-	-	284
33	0 d	-	-	202
35	-	-	-	155
37	-	-	-	137
39	-	-	-	233
46	-	-	-	222
47	0	0	0 d	188
48	-	-	-	252
49	-	-	-	182
50	-	-	-	223
51	-	-	-	202
52	0	0	0 d	305
53	-	-	-	265
54	-	-	-	154
N	5	2	2	29
Mean	0	0	0	225.17
S.D.	0	0	0	50.37
S.E.	0	0	0	9.353

Table 2. (Continued)

Indiv. no.	Ovi-days	Ovi-unit(=n)	Age interval		Adult (d)
			Eggs/OU	SE(Eggs/OU)	
1	14	14	23.71	7.96	18
3	11	11	15.55	3.67	12
5	18	18	11.72	2.76	23
7	14	14	18.07	4.98	21
9	12	12	21.25	5.34	14
11	17	17	13.82	4.03	31
13	24	24	12.58	2.74	31
15	11	11	25.18	5.83	12
17	14	14	15.86	3.36	15
19	18	18	13.67	3.33	23
21	17	17	8.59	2.76	21
23	17	17	11.82	1.91	22
25	12	12	21.08	7.17	21
27	7	7	24.29	8.1	12
29	11	11	22.91	6.81	12
31	14	14	20.29	4.69	15
33	23	23	8.78	1.64	31
35	15	15	10.33	3.42	28
37	14	14	9.79	2.03	19
39	11	11	21.18	7.3	15
46	9	9	24.67	5.46	19
47	21	21	8.95	2.51	33
48	19	19	13.26	3.01	23
49	14	14	13	2.19	18
50	17	17	13.12	1.82	21
51	12	12	16.83	6.39	14
52	21	21	14.52	3.73	33
53	17	17	15.59	3.99	21
54	11	11	14	2.56	15
N	29	29	435 OU	435 OU	29

```
------------------------------------------------------------------
Mean        15          15         15.01 *     -          20.45
------------------------------------------------------------------
S.D.        4.16        4.16       15.89 *     -          6.64
------------------------------------------------------------------
S.E.        0.772       0.77       0.76 *      -          1.232
------------------------------------------------------------------
```

d - dead.
Please read "Note well" messages.
d -dead.
OU - Oviposition time unit. *: This is the weighted value calculated from the raw data of all individuals.
Maximum of total fecundity = 332
Maximum of daily fecundity = 96
Minimum of non-zero fecundity = 137 observed for female no. 37
Maximum of adult age-specific fecundity = 33.5862068965517 at "adult" age 1
Mean of preadult duration of females = 17.03
Maximum of age-specific fecundity = 33.5862068965517 at age 18.03   (Preadult duration = 17.03)
Ovi-units = Oviposition time units
```
****************************************************************************
```
Note well!
These means (except the total fecundity, oviposition units, and adult units) are calculated based on the assumption that all females emerged at the same time and they have been used as adult age-specific fecundities m(x) in many papers based on the female age-specific life tables (Lewis 1942, Leslie 1945, Birch 1948, Carey 1993, etc.). However, the developmental rate varies among individuals and this variation always results in significant overlapping of stages. Therefore, these daily mean fecundities are NOT the true age-specific fecundities and should not be used to calculate the intrinsic rate of increase, finite rate, net reproductive rate, mean generation time or to simulate the population growth.
```
****************************************************************************
```
The sum of age-specific mean fecundity is: 237.1082
It is usually DIFFERENT from the female mean fecundity, i.e. 225.1724 .
(If they are the same, it is only a rare coincidence.) The calculation of the adult age-specific mean fecundity here includes ONLY those individuals survived to female adult. Thus, the preadult mortality is ignored. Therefore, it is similar to Sum[l(x)*m(x)] with preadult survival rate l(x)=1. According to Chi and Su (2006), for the female age-specific life table without preadult mortality, the net reproductive Sum[l(x)*m(x)] should equal the mean female fecundity (F). This inconsistency shows that the age-specific fecundity m(x) based on the adult age is wrong and should NOT be used.

References:
Chi, H. and H. Liu. 1985. Two new methods for the study of insect population ecology. Bull. Inst. Zool. Acad. Sin. 24: 225-240.
Chi, H. 1988. Life-table analysis incorporating both sexes and variable development rates among individuals. Environmental Entomology 17: 26-34.
Chi, H. and H. Y. Su. 2006. Age-stage, two-sex life tables of Aphidius gifuensis (Ashmead) (Hymenoptera: Braconidae) and its host Myzus persicae (Sulzer) (Homoptera: Aphididae) with mathematical proof of the relationship between female fecundity and the net reproductive rate. Environmental Entomology 35(1): 10-21.
Huang, Y. B. and H. Chi. 2012. Age-stage, two-sex life tables of Bactrocera cucurbitae (Coquillett) (Diptera: Tephritidae) with a discussion on the problem of applying female age-specific life tables to insect populations. Insect Science 19: 263-273.
Huang, Y. B. and H. Chi. 2013. Life tables of Bactrocera cucurbitae (Diptera: Tephritidae): with an invalidation of the jackknife technique. Journal

两性生命表理论与应用——昆虫种群生态学研究新方法

of Applied Entomology 137: 327-339.

Huang, H. W., H. Chi, and C. L. Smith. 2018. Linking demography and consumption of Henosepilachna vigintioctopunctata (Coleoptera: Coccinellidae) fed on Solanum photeinocarpum: with a new method to project the uncertainty of population growth and consumption. Journal of Economic Entomology. 111(1): 1-9.

Table 3. APOP (or APRP) and TPOP (or TPRP) of each reproduced female
(APOP: Adult pre-oviposition period of female adult)
(APRP: Adult pre-reproduction period of female adult)
(TPOP: Total pre-oviposition period of female counted from birth)
(TPRP: Total pre-reproduction period of female counted from birth)
If your insects lay eggs, you should use APOP and TPOP.
If your insects don't lay eggs, you should use APRP and TPRP.
================================

Indiv. no.	APOP/APRP	TPOP/TPRP
1	2	17
3	0	16
5	0	16
7	0	16
9	0	16
11	0	17
13	0	17
15	0	17
17	1	18
19	1	18
21	1	18
23	1	18
25	1	18
27	1	17
29	0	18
31	0	18
33	0	18
35	1	19
37	0	18
39	2	19
46	0	17
47	0	17
48	1	18
49	1	18
50	2	19
51	1	18
52	1	18
53	1	18
54	1	21
N	29	29
Min	1	16
Max	2	21
Mean	0.66	17.69
S.D.	0.6695	1.0725
S.E.	0.1243	0.1992

Note well!
The APOP is calculated based on the adult stage. It assumes all females emerged at the same time. This pre-oviposition period ignores the length of the preadult stage. It should be used with caution. The TPOP takes the total preadult stage into consideration. The TPOP is the true pre-oviposition period. It can be used to showthe effect of first egg-producing age on the reproductive value. But it is not necessarily in coincidence with the maximum of reproductive value.

Table 4. Age-specific fecundity of each female individual from age 0

```
================================================================================
Indiv.                        Age interval
no.       0-<1       1-<2       2-<3       3-<4       4-<5       5-<6
--------------------------------------------------------------------------------
```

Indiv. no.	0-<1	1-<2	2-<3	3-<4	4-<5	5-<6
1	–	–	–	–	–	–
3	–	–	–	–	–	–
5	–	–	–	–	–	–
7	–	–	–	–	–	–
9	–	–	–	–	–	–
11	–	–	–	–	–	–
13	–	–	–	–	–	–
15	–	–	–	–	–	–
17	–	–	–	–	–	–
19	–	–	–	–	–	–
21	–	–	–	–	–	–
23	–	–	–	–	–	–
25	–	–	–	–	–	–
27	–	–	–	–	–	–
29	–	–	–	–	–	–
31	–	–	–	–	–	–
33	–	–	–	–	–	–
35	–	–	–	–	–	–
37	–	–	–	–	–	–
39	–	–	–	–	–	–
46	–	–	–	–	–	–
47	–	–	–	–	–	–
48	–	–	–	–	–	–
49	–	–	–	–	–	–
50	–	–	–	–	–	–
51	–	–	–	–	–	–
52	–	–	–	–	–	–
53	–	–	–	–	–	–
54	–	–	–	–	–	–
Female	–	–	–	–	–	–
Total	54	54	54	51	51	50
Mean	–	–	–	–	–	–
S.D.	–	–	–	–	–	–
S.E.	–	–	–	–	–	–

Table 4. (Continued)

```
================================================================================
Indiv.                        Age interval
no.       6-<7       7-<8       8-<9       9-<10      10-<11     11-<12
--------------------------------------------------------------------------------
```

Indiv. no.	6-<7	7-<8	8-<9	9-<10	10-<11	11-<12
1	–	–	–	–	–	–
3	–	–	–	–	–	–
5	–	–	–	–	–	–
7	–	–	–	–	–	–
9	–	–	–	–	–	–
11	–	–	–	–	–	–
13	–	–	–	–	–	–
15	–	–	–	–	–	–

17	-	-	-	-	-	-
19	-	-	-	-	-	-
21	-	-	-	-	-	-
23	-	-	-	-	-	-
25	-	-	-	-	-	-
27	-	-	-	-	-	-
29	-	-	-	-	-	-
31	-	-	-	-	-	-
33	-	-	-	-	-	-
35	-	-	-	-	-	-
37	-	-	-	-	-	-
39	-	-	-	-	-	-
46	-	-	-	-	-	-
47	-	-	-	-	-	-
48	-	-	-	-	-	-
49	-	-	-	-	-	-
50	-	-	-	-	-	-
51	-	-	-	-	-	-
52	-	-	-	-	-	-
53	-	-	-	-	-	-
54	-	-	-	-	-	-
Female	-	-	-	-	-	-
Total	50	50	50	49	49	49
Mean	-	-	-	-	-	-
S.D.	-	-	-	-	-	-
S.E.	-	-	-	-	-	-

Table 4. (Continued)

Indiv. no.	Age interval					
	12-<13	13-<14	14-<15	15-<16	16-<17	17-<18
1	-	-	-	0	0	33
3	-	-	-	-	17	9
5	-	-	-	-	6	22
7	-	-	-	-	11	36
9	-	-	-	-	32	62
11	-	-	-	-	-	18
13	-	-	-	-	-	31
15	-	-	-	-	-	43
17	-	-	-	-	-	0
19	-	-	-	-	-	0
21	-	-	-	-	-	0
23	-	-	-	-	-	0
25	-	-	-	-	-	0
27	-	-	-	-	0	44
29	-	-	-	-	-	-
31	-	-	-	-	-	-
33	-	-	-	-	-	-
35	-	-	-	-	-	-
37	-	-	-	-	-	-
39	-	-	-	-	-	0
46	-	-	-	-	-	46
47	-	-	-	-	-	1

48	–	–	–	–	–	0
49	–	–	–	–	–	0
50	–	–	–	–	–	0
51	–	–	–	–	–	0
52	–	–	–	–	–	0
53	–	–	–	–	–	0
54	–	–	–	–	–	–
Female	–	–	0	1	6	23
Total	49	49	49	49	49	48
Mean	–	–	–	0	11	15
S.D.	–	–	–	–	12.1984	20.0068
S.E.	–	–	–	–	4.98	4.1717

Table 4. (Continued)

| Indiv. no. | Age interval | | | | | |
	18–<19	19–<20	20–<21	21–<22	22–<23	23–<24
1	96	66	59	30	13	9
3	0	37	30	29	22	9
5	28	34	21	31	24	2
7	41	34	64	19	1	0
9	4	50	17	26	19	12
11	51	26	50	28	23	13
13	34	41	10	15	8	3
15	61	56	12	27	20	6
17	27	44	36	18	24	12
19	26	49	40	8	0	21
21	41	1	3	32	13	11
23	31	16	0	17	18	9
25	79	52	25	41	27	6
27	9	64	20	13	0	10
29	45	67	28	54	4	18
31	59	31	39	41	29	24
33	4	0	21	26	20	2
35	0	5	9	41	22	5
37	4	28	5	11	10	20
39	0	76	38	46	33	16
46	16	46	26	38	5	27
47	32	46	3	5	7	19
48	50	23	26	34	7	24
49	30	8	0	11	6	7
50	0	17	30	0	25	10
51	77	40	27	6	16	4
52	63	31	43	43	17	26
53	26	47	54	38	19	14
54	–	–	0	26	20	23
Female	28	28	29	29	29	29
Total	48	48	48	47	46	46
Mean	33.36	36.96	25.38	26	15.59	12.48

| S.D. | 26.6531 | 20.2621 | 18.1785 | 13.8435 | 9.175 | 7.8949 |

| S.E. | 5.037 | 3.8292 | 3.3757 | 2.5707 | 1.7037 | 1.4661 |

Table 4. (Continued)

===

Indiv. no.	Age interval					
	24-<25	25-<26	26-<27	27-<28	28-<29	29-<30
1	3	6	5	4	2	3
3	5	7	4	2 d		
5	15	6	8	2	0	2
7	4	7	9	7	7	0
9	12	11	8	2	0	0 d
11	4	2	4	0	0	0
13	2	51	11	0	0	18
15	17	13	11	11	0 d	
17	15	10	7	7	6	7
19	20	27	11	10	10	8
21	12	3	10	6	2	1
23	23	16	7	11	15	9
25	7	5	3	0	4	0
27	10	0	0	0 d		
29	7	11	10	7	1	0 d
31	18	13	6	5	10	6
33	11	21	14	20	13	4
35	33	25	6	0	1	3
37	6	0	12	17	9	2
39	6	4	2	2	6	4
46	16	2	0	0	0	0
47	7	1	14	18	9	7
48	22	11	11	3	3	6
49	14	0	6	14	23	25
50	21	7	10	6	10	5
51	9	9	2	5	5	2
52	17	8	6	9	8	7
53	15	15	7	7	6	4
54	23	16	15	5	3	13
Female	29	29	29	29	27	26
Total	45	45	45	45	43	41
Mean	12.9	10.59	7.55	6.21	5.67	5.23
S.D.	7.4563	10.534	4.0759	5.6656	5.5747	5.9148
S.E.	1.3846	1.9561	0.7569	1.0521	1.0728	1.16

Table 4. (Continued)

===

Indiv. no.	Age interval					
	30-<31	31-<32	32-<33	33-<34	34-<35	35-<36
1	3	0	0 d			
3						
5	2	0	5	1	1	1

Indiv. no.						
7	2	11	0	0	0	0
9						
11	0	6	0	1	1	1
13	17	11	7	4	6	8
15						
17	8	1 d				
19	6	3	1	1	2	1
21	3	4	2	1	1	0
23	11	5	0	4	1	4
25	2	0	0	0	0	2
27						
29						
31	2	1	0 d			
33	1	1	3	0	4	7
35	0	1	0	1	1	1
37	9	1	0	0	0	3
39	0	0 d				
46	0	0	0	0	0	0 d
47	2	0	0	0	0	4
48	8	6	2	4	6	0
49	18	9	9	2	0 d	
50	15	19	17	13	4	8
51	0 d					
52	0	3	6	5	1	2
53	1	6	0	3	2	1
54	7	0	3	0	0 d	
Female	24	23	21	19	19	17
Total	36	31	26	24	24	22
Mean	4.88	3.83	2.62	2.11	1.58	2.53
S.D.	5.6052	4.8585	4.26	3.1251	1.9809	2.764
S.E.	1.1442	1.0131	0.9296	0.7169	0.4545	0.6704

Table 4. (Continued)

Indiv. no.	Age interval					
	36-<37	37-<38	38-<39	39-<40	40-<41	41-<42
1						
3						
5	0	0	0 d			
7	0 d					
9						
11	3	0	3	0	1	0
13	8	4	4	1	4	2
15						
17						
19	2	0	0	0 d		
21	0	0 d				
23	0	4	0 d			
25	0	0 d				
27						
29						
31						

Indiv. no.						
33	0	10	5	5	1	5
35	0	0	0	1	0	0
37	0 d					
39						
46						
47	3	2	2	0	3	1
48	5	0	1	0 d		
49						
50	6	0 d				
51						
52	2	4	2	2	0	0
53	0	0 d				
54						
Female	16	14	10	8	6	6
Total	20	17	13	11	8	8
Mean	1.81	1.71	1.7	1.12	1.5	1.33
S.D.	2.5617	2.9202	1.8288	1.7269	1.6432	1.9664
S.E.	0.6404	0.7805	0.5783	0.6105	0.6708	0.8028

Table 4. (Continued)

Indiv. no.	Age interval					
	42-<43	43-<44	44-<45	45-<46	46-<47	47-<48
1						
3						
5						
7						
9						
11	0	0	0	0	0	0 d
13	2	0	0	0	0	0 d
15						
17						
19						
21						
23						
25						
27						
29						
31						
33	2	2	0	0	0	0
35	0	0	0	0 d		
37						
39						
46						
47	0	2	0	0	0	0
48						
49						
50						
51						
52	0	0	0	0	0	0
53						
54						

```
--------------------------------------------------------------------------------
Female          6          6          6          6          5          5
--------------------------------------------------------------------------------
Total           7          7          6          6          5          5
--------------------------------------------------------------------------------
Mean            0.67       0.67       0          0          0          0
--------------------------------------------------------------------------------
S.D.            1.0328     1.0328     0          0          0          0
--------------------------------------------------------------------------------
S.E.            0.4216     0.4216     0          0          0          0
--------------------------------------------------------------------------------
```

Table 4. (Continued)

Indiv. no.	48-<49	49-<50	Total	Ovi-units	Adult
1			332	14	18
3			171	11	12
5			211	18	23
7			253	14	21
9			255	12	14
11			235	17	31
13			302	24	31
15			277	11	12
17			222	14	15
19			246	18	23
21			146	17	21
23			201	17	22
25			253	12	21
27			170	7	12
29			252	11	12
31			284	14	15
33	0 d		202	23	31
35			155	15	28
37			137	14	19
39			233	11	15
46			222	9	19
47	0	0 d	188	21	33
48			252	19	23
49			182	14	18
50			223	17	21
51			202	12	14
52	0	0 d	305	21	33
53			265	17	21
54			154	11	15

```
--------------------------------------------------------------------------------
Female          3          -          29         29         29
--------------------------------------------------------------------------------
Total           3          2          29         29         29
--------------------------------------------------------------------------------
Mean            0          0          225.17     15         20.45
--------------------------------------------------------------------------------
S.D.            0          0          50.37      4.16       6.64
--------------------------------------------------------------------------------
S.E.            0          0          9.353      0.772      1.232
--------------------------------------------------------------------------------
```

d - dead.
Maximum life-long fecundity = 332 (individual no. 1)

```
Maximum of female age-specific mean fecundity [f(x,j)] = 36.9642857142857 at age 19
Ovi-units = Number of time units that individual produced offspring

**************************************************************************
Note well!
These are the TRUE age-specific fecundities of females with age indexed from birth.
You can see the differences between Table 2 and Table 4.  The maximum of
the age-specific fecundity is completely consistent with that in matrix Ft(x,j).
------------------------------------------------------------------------
If you use the female age-specific life table and construct the m(x) based on
adult age (Table 2), the maximum m(x) will be at age 18.03 , which is generally
different from the age of max. F(x,j) counted from birth (i.e., 19 )
**************************************************************************
Attention! The problem is not "how different", it is a matter of right and wrong.
**************************************************************************
```

Table 5. Age-stage-specific survival - Actual number (Matrix N)
===

Age (x)	Egg j=1	Larva j=2	Pupa j=3	Female j=4	Male j=5
0	54	-	-	-	-
1	54	-	-	-	-
2	54	-	-	-	-
3	-	51	-	-	-
4	-	51	-	-	-
5	-	50	-	-	-
6	-	50	-	-	-
7	-	50	-	-	-
8	-	50	-	-	-
9	-	49	-	-	-
10	-	48	1	-	-
11	-	42	7	-	-
12	-	26	23	-	-
13	-	1	48	-	-
14	-	1	48	-	-
15	-	-	48	1	-
16	-	-	37	6	6
17	-	-	11	23	14
18	-	-	1	28	19
19	-	-	1	28	19
20	-	-	-	29	19
21	-	-	-	29	18
22	-	-	-	29	17
23	-	-	-	29	17
24	-	-	-	29	16
25	-	-	-	29	16
26	-	-	-	29	16
27	-	-	-	29	16
28	-	-	-	27	16
29	-	-	-	26	15
30	-	-	-	24	12
31	-	-	-	23	8
32	-	-	-	21	5
33	-	-	-	19	5
34	-	-	-	19	5
35	-	-	-	17	5
36	-	-	-	16	4
37	-	-	-	14	3
38	-	-	-	10	3
39	-	-	-	8	3
40	-	-	-	6	2
41	-	-	-	6	2
42	-	-	-	6	1
43	-	-	-	6	1
44	-	-	-	6	-
45	-	-	-	6	-
46	-	-	-	5	-
47	-	-	-	5	-
48	-	-	-	3	-
49	-	-	-	2	-

All individuals are dead on 50 days.
Sum[n(x,j)]= 1732. This is the mean longevity of all individuals.
Sum[n(x,j)]/54= 32.0740740740741. It is the mean longevity.

Table 6. Age-stage-specific survival - Actual number (Matrix N) with sum
===

Age (x)	Egg j=1	Larva j=2	Pupa j=3	Female j=4	Male j=5	Sum
0	54	-	-	-	-	54
1	54	-	-	-	-	54
2	54	-	-	-	-	54
3	-	51	-	-	-	51
4	-	51	-	-	-	51
5	-	50	-	-	-	50
6	-	50	-	-	-	50
7	-	50	-	-	-	50
8	-	50	-	-	-	50
9	-	49	-	-	-	49
10	-	48	1	-	-	49
11	-	42	7	-	-	49
12	-	26	23	-	-	49
13	-	1	48	-	-	49
14	-	1	48	-	-	49
15	-	-	48	1	-	49
16	-	-	37	6	6	49
17	-	-	11	23	14	48
18	-	-	1	28	19	48
19	-	-	1	28	19	48
20	-	-	-	29	19	48
21	-	-	-	29	18	47
22	-	-	-	29	17	46
23	-	-	-	29	17	46
24	-	-	-	29	16	45
25	-	-	-	29	16	45
26	-	-	-	29	16	45
27	-	-	-	29	16	45
28	-	-	-	27	16	43
29	-	-	-	26	15	41
30	-	-	-	24	12	36
31	-	-	-	23	8	31
32	-	-	-	21	5	26
33	-	-	-	19	5	24
34	-	-	-	19	5	24
35	-	-	-	17	5	22
36	-	-	-	16	4	20
37	-	-	-	14	3	17
38	-	-	-	10	3	13
39	-	-	-	8	3	11
40	-	-	-	6	2	8
41	-	-	-	6	2	8
42	-	-	-	6	1	7
43	-	-	-	6	1	7
44	-	-	-	6	-	6
45	-	-	-	6	-	6
46	-	-	-	5	-	5
47	-	-	-	5	-	5
48	-	-	-	3	-	3
49	-	-	-	2	-	2

All individuals are dead on 50 days.
Sum[n(x,j)]= 1732. This is the mean longevity of all individuals.
Sum[n(x,j)]/54= 32.0740740740741. It is the mean longevity.

Table 7. Age-stage-specific growth probability g(x,j) (Matrix G)
===

Age (x)	Egg j=1	Larva j=2	Pupa j=3	Female j=4	Male j=5
0	1	-	-	-	-
1	1	-	-	-	-
2	0	-	-	-	-
3	-	1	-	-	-
4	-	0.9804	-	-	-
5	-	1	-	-	-
6	-	1	-	-	-
7	-	1	-	-	-
8	-	0.98	-	-	-
9	-	0.9796	-	-	-
10	-	0.875	1	-	-
11	-	0.619	1	-	-
12	-	0.0385	1	-	-
13	-	1	1	-	-
14	-	0	0.9792	-	-
15	-	-	0.7708	1	-
16	-	-	0.2973	1	1
17	-	-	0.0909	1	1
18	-	-	1	1	1
19	-	-	0	1	1
20	-	-	-	1	0.9474
21	-	-	-	1	0.9444
22	-	-	-	1	1
23	-	-	-	1	0.9412
24	-	-	-	1	1
25	-	-	-	1	1
26	-	-	-	1	1
27	-	-	-	0.931	1
28	-	-	-	0.963	0.9375
29	-	-	-	0.9231	0.8
30	-	-	-	0.9583	0.6667
31	-	-	-	0.913	0.625
32	-	-	-	0.9048	1
33	-	-	-	1	1
34	-	-	-	0.8947	1
35	-	-	-	0.9412	0.8
36	-	-	-	0.875	0.75
37	-	-	-	0.7143	1
38	-	-	-	0.8	1
39	-	-	-	0.75	0.6667
40	-	-	-	1	1
41	-	-	-	1	0.5
42	-	-	-	1	1
43	-	-	-	1	0
44	-	-	-	1	-
45	-	-	-	0.8333	-
46	-	-	-	1	-
47	-	-	-	0.6	-
48	-	-	-	0.6667	-
49	-	-	-	0	-

----
g(x,j) is the transition probability that individuals of (x,j) will be in (x+1,j) after 1 time unit.
Sum[n(x,j)]/54= 32.0740740740741. It is the mean longevity.

Table 8. Age-stage-specific growth number (Matrix Ng)
==

Age (x)	Egg j=1	Larva j=2	Pupa j=3	Female j=4	Male j=5
0	54	-	-	-	-
1	54	-	-	-	-
2	0	-	-	-	-
3	-	51	-	-	-
4	-	50	-	-	-
5	-	50	-	-	-
6	-	50	-	-	-
7	-	50	-	-	-
8	-	49	-	-	-
9	-	48	-	-	-
10	-	42	1	-	-
11	-	26	7	-	-
12	-	1	23	-	-
13	-	1	48	-	-
14	-	0	47	-	-
15	-	-	37	1	-
16	-	-	11	6	6
17	-	-	1	23	14
18	-	-	1	28	19
19	-	-	0	28	19
20	-	-	-	29	18
21	-	-	-	29	17
22	-	-	-	29	17
23	-	-	-	29	16
24	-	-	-	29	16
25	-	-	-	29	16
26	-	-	-	29	16
27	-	-	-	27	16
28	-	-	-	26	15
29	-	-	-	24	12
30	-	-	-	23	8
31	-	-	-	21	5
32	-	-	-	19	5
33	-	-	-	19	5
34	-	-	-	17	5
35	-	-	-	16	4
36	-	-	-	14	3
37	-	-	-	10	3
38	-	-	-	8	3
39	-	-	-	6	2
40	-	-	-	6	2
41	-	-	-	6	1
42	-	-	-	6	1
43	-	-	-	6	0
44	-	-	-	6	-
45	-	-	-	5	-
46	-	-	-	5	-
47	-	-	-	3	-
48	-	-	-	2	-
49	-	-	-	0	-

ng(x,j) is the number of individuals of age x and stage j will remain in stage j after 1 time unit.
Sum[n(x,j)]/54= 32.0740740740741. It is the mean longevity.

Table 9. Age-stage-specific development probability d(x,j) (Matrix D)
===

Age (x)	Egg->Lar	Lar->Pup	Pup->Fem	Pup->Mal	-
0	0	-	-	-	-
1	0	-	-	-	-
2	0.9444	-	-	-	-
3	-	0	-	-	-
4	-	0	-	-	-
5	-	0	-	-	-
6	-	0	-	-	-
7	-	0	-	-	-
8	-	0	-	-	-
9	-	0.0204	-	-	-
10	-	0.125	0	0	-
11	-	0.381	0	0	-
12	-	0.9615	0	0	-
13	-	0	0	0	-
14	-	1	0.0208	0	-
15	-	-	0.1042	0.125	-
16	-	-	0.4595	0.2162	-
17	-	-	0.4545	0.4545	-
18	-	-	0	0	-
19	-	-	1	0	-
20	-	-	-	-	-
21	-	-	-	-	-
22	-	-	-	-	-
23	-	-	-	-	-
24	-	-	-	-	-
25	-	-	-	-	-
26	-	-	-	-	-
27	-	-	-	-	-
28	-	-	-	-	-
29	-	-	-	-	-
30	-	-	-	-	-
31	-	-	-	-	-
32	-	-	-	-	-
33	-	-	-	-	-
34	-	-	-	-	-
35	-	-	-	-	-
36	-	-	-	-	-
37	-	-	-	-	-
38	-	-	-	-	-
39	-	-	-	-	-
40	-	-	-	-	-
41	-	-	-	-	-
42	-	-	-	-	-
43	-	-	-	-	-
44	-	-	-	-	-
45	-	-	-	-	-
46	-	-	-	-	-
47	-	-	-	-	-
48	-	-	-	-	-
49	-	-	-	-	-

The d(x,j) is the transition probability that individuals of (x,j) will be in (x+1,j+1) after 1 time unit.
Pup->Fem and Pup->Mal is the probability from pupa to female and male, respectively.

Table 10. Age-stage-specific development number nd(x,j) (Matrix Nd)
===

Age (x)	Egg->Lar	Lar->Pup	Pup->Fem	Pup->Mal	-
0	0	-	-	-	-
1	0	-	-	-	-
2	51	-	-	-	-
3	-	0	-	-	-
4	-	0	-	-	-
5	-	0	-	-	-
6	-	0	-	-	-
7	-	0	-	-	-
8	-	0	-	-	-
9	-	1	-	-	-
10	-	6	0	0	-
11	-	16	0	0	-
12	-	25	0	0	-
13	-	0	0	0	-
14	-	1	1	0	-
15	-	-	5	6	-
16	-	-	17	8	-
17	-	-	5	5	-
18	-	-	0	0	-
19	-	-	1	0	-
20	-	-	-	-	-
21	-	-	-	-	-
22	-	-	-	-	-
23	-	-	-	-	-
24	-	-	-	-	-
25	-	-	-	-	-
26	-	-	-	-	-
27	-	-	-	-	-
28	-	-	-	-	-
29	-	-	-	-	-
30	-	-	-	-	-
31	-	-	-	-	-
32	-	-	-	-	-
33	-	-	-	-	-
34	-	-	-	-	-
35	-	-	-	-	-
36	-	-	-	-	-
37	-	-	-	-	-
38	-	-	-	-	-
39	-	-	-	-	-
40	-	-	-	-	-
41	-	-	-	-	-
42	-	-	-	-	-
43	-	-	-	-	-
44	-	-	-	-	-
45	-	-	-	-	-
46	-	-	-	-	-
47	-	-	-	-	-
48	-	-	-	-	-
49	-	-	-	-	-

The nd(x,j) is the number of individuals of (x,j) will develop to next stage after 1 time unit.
Pup->Fem and Pup->Mal is the number from pupa to female and male, respectively.

Table 11. Age-stage-specific death number (Matrix N-dead)
==

Age (x)	Egg j=1	Larva j=2	Pupa j=3	Female j=4	Male j=5
0	0	-	-	-	-
1	0	-	-	-	-
2	3	-	-	-	-
3	-	0	-	-	-
4	-	1	-	-	-
5	-	0	-	-	-
6	-	0	-	-	-
7	-	0	-	-	-
8	-	1	-	-	-
9	-	0	-	-	-
10	-	0	0	-	-
11	-	0	0	-	-
12	-	0	0	-	-
13	-	0	0	-	-
14	-	0	0	-	-
15	-	-	0	0	-
16	-	-	1	0	0
17	-	-	0	0	0
18	-	-	0	0	0
19	-	-	0	0	0
20	-	-	-	0	1
21	-	-	-	0	1
22	-	-	-	0	0
23	-	-	-	0	1
24	-	-	-	0	0
25	-	-	-	0	0
26	-	-	-	0	0
27	-	-	-	2	0
28	-	-	-	1	1
29	-	-	-	2	3
30	-	-	-	1	4
31	-	-	-	2	3
32	-	-	-	2	0
33	-	-	-	0	0
34	-	-	-	2	0
35	-	-	-	1	1
36	-	-	-	2	1
37	-	-	-	4	0
38	-	-	-	2	0
39	-	-	-	2	1
40	-	-	-	0	0
41	-	-	-	0	1
42	-	-	-	0	0
43	-	-	-	0	1
44	-	-	-	0	-
45	-	-	-	1	-
46	-	-	-	0	-
47	-	-	-	2	-
48	-	-	-	1	-
49	-	-	-	2	-

All individuals are dead on 50 days.
Total death = 54. This must equal to the total individuals 54.
If one decimal is shown, it is due to rounding-off problem.

213

Table 12. Age-stage-specific fecundity f(x,j) (Matrix F)

Age (x)	Egg j=1	Larva j=2	Pupa j=3	Female j=4	Male j=5
0	0	-	-	-	-
1	0	-	-	-	-
2	0	-	-	-	-
3	-	0	-	-	-
4	-	0	-	-	-
5	-	0	-	-	-
6	-	0	-	-	-
7	-	0	-	-	-
8	-	0	-	-	-
9	-	0	-	-	-
10	-	0	0	-	-
11	-	0	0	-	-
12	-	0	0	-	-
13	-	0	0	-	-
14	-	0	0	-	-
15	-	-	0	0	-
16	-	-	0	11	0
17	-	-	0	15	0
18	-	-	0	33.3571	0
19	-	-	0	36.9643	0
20	-	-	-	25.3793	0
21	-	-	-	26	0
22	-	-	-	15.5862	0
23	-	-	-	12.4828	0
24	-	-	-	12.8966	0
25	-	-	-	10.5862	0
26	-	-	-	7.5517	0
27	-	-	-	6.2069	0
28	-	-	-	5.6667	0
29	-	-	-	5.2308	0
30	-	-	-	4.875	0
31	-	-	-	3.8261	0
32	-	-	-	2.619	0
33	-	-	-	2.1053	0
34	-	-	-	1.5789	0
35	-	-	-	2.5294	0
36	-	-	-	1.8125	0
37	-	-	-	1.7143	0
38	-	-	-	1.7	0
39	-	-	-	1.125	0
40	-	-	-	1.5	0
41	-	-	-	1.3333	0
42	-	-	-	0.6667	0
43	-	-	-	0.6667	0
44	-	-	-	0	-
45	-	-	-	0	-
46	-	-	-	0	-
47	-	-	-	0	-
48	-	-	-	0	-
49	-	-	-	0	-

The f(x,j) is the mean fecundity of individuals of age x and stage j.
If one decimal is shown, it is due to rounding-off problem.

Table 13. Age-stage-specific total fecundity (Matrix Ft(x,j))
===
Age (x)	Egg j=1	Larva j=2	Pupa j=3	Female j=4	Male j=5
0	0	–	–	–	–
1	0	–	–	–	–
2	0	–	–	–	–
3	–	0	–	–	–
4	–	0	–	–	–
5	–	0	–	–	–
6	–	0	–	–	–
7	–	0	–	–	–
8	–	0	–	–	–
9	–	0	–	–	–
10	–	0	0	–	–
11	–	0	0	–	–
12	–	0	0	–	–
13	–	0	0	–	–
14	–	0	0	–	–
15	–	–	0	0	–
16	–	–	0	66	0
17	–	–	0	345	0
18	–	–	0	934	0
19	–	–	0	1035	0
20	–	–	–	736	0
21	–	–	–	754	0
22	–	–	–	452	0
23	–	–	–	362	0
24	–	–	–	374	0
25	–	–	–	307	0
26	–	–	–	219	0
27	–	–	–	180	0
28	–	–	–	153	0
29	–	–	–	136	0
30	–	–	–	117	0
31	–	–	–	88	0
32	–	–	–	55	0
33	–	–	–	40	0
34	–	–	–	30	0
35	–	–	–	43	0
36	–	–	–	29	0
37	–	–	–	24	0
38	–	–	–	17	0
39	–	–	–	9	0
40	–	–	–	9	0
41	–	–	–	8	0
42	–	–	–	4	0
43	–	–	–	4	0
44	–	–	–	0	–
45	–	–	–	0	–
46	–	–	–	0	–
47	–	–	–	0	–
48	–	–	–	0	–
49	–	–	–	0	–
Sum	0	0	0	6530	0

The Ft(x,j) is the total fecundity of all individuals of age x and stage j.
It is the total eggs reproduced by the cohort at age x.
Ftotal =6530 (Total eggs laid by the whole population).

Table 14. Age-stage-specific cumulative total fecundity (Matrix Ft,cumu(x,j))

Age (x)	Egg j=1	Larva j=2	Pupa j=3	Female j=4	Male j=5
0	0	-	-	-	-
1	0	-	-	-	-
2	0	-	-	-	-
3	-	0	-	-	-
4	-	0	-	-	-
5	-	0	-	-	-
6	-	0	-	-	-
7	-	0	-	-	-
8	-	0	-	-	-
9	-	0	-	-	-
10	-	0	0	-	-
11	-	0	0	-	-
12	-	0	0	-	-
13	-	0	0	-	-
14	-	0	0	-	-
15	-	-	0	0	-
16	-	-	0	66	0
17	-	-	0	411	0
18	-	-	0	1345	0
19	-	-	0	2380	0
20	-	-	-	3116	0
21	-	-	-	3870	0
22	-	-	-	4322	0
23	-	-	-	4684	0
24	-	-	-	5058	0
25	-	-	-	5365	0
26	-	-	-	5584	0
27	-	-	-	5764	0
28	-	-	-	5917	0
29	-	-	-	6053	0
30	-	-	-	6170	0
31	-	-	-	6258	0
32	-	-	-	6313	0
33	-	-	-	6353	0
34	-	-	-	6383	0
35	-	-	-	6426	0
36	-	-	-	6455	0
37	-	-	-	6479	0
38	-	-	-	6496	0
39	-	-	-	6505	0
40	-	-	-	6514	0
41	-	-	-	6522	0
42	-	-	-	6526	0
43	-	-	-	6530	0
44	-	-	-	6530	-
45	-	-	-	6530	-
46	-	-	-	6530	-
47	-	-	-	6530	-
48	-	-	-	6530	-
49	-	-	-	6530	-
Sum	0	0	0	6530	0

The Ft,cumu(x,j) is the cumulative total fecundity of all females to age x.
It is the cumulative total eggs reproduced by the cohort to age x.
Ftotal =6530 (Total eggs laid by the whole population).

Table 15. Age-specific cumulative total fecundity.
===

Age (x)	Cumu. Ftotal	Cumu. %
0	0	0
1	0	0
2	0	0
3	0	0
4	0	0
5	0	0
6	0	0
7	0	0
8	0	0
9	0	0
10	0	0
11	0	0
12	0	0
13	0	0
14	0	0
15	0	0
16	66	1.01
17	411	6.29
18	1345	20.6
19	2380	36.45
20	3116	47.72
21	3870	59.26
22	4322	66.19
23	4684	71.73
24	5058	77.46
25	5365	82.16
26	5584	85.51
27	5764	88.27
28	5917	90.61
29	6053	92.7
30	6170	94.49
31	6258	95.83
32	6313	96.68
33	6353	97.29
34	6383	97.75
35	6426	98.41
36	6455	98.85
37	6479	99.22
38	6496	99.48
39	6505	99.62
40	6514	99.75
41	6522	99.88
42	6526	99.94
43	6530	100
44	6530	100
45	6530	100
46	6530	100
47	6530	100
48	6530	100
49	6530	100

Table 16. Age-stage-specific survival rate (1-mortality) (Matrix U)

Age (x)	Egg j=1	Larva j=2	Pupa j=3	Female j=4	Male j=5
0	1	-	-	-	-
1	1	-	-	-	-
2	0.9444	-	-	-	-
3	-	1	-	-	-
4	-	0.9804	-	-	-
5	-	1	-	-	-
6	-	1	-	-	-
7	-	1	-	-	-
8	-	0.98	-	-	-
9	-	1	-	-	-
10	-	1	1	-	-
11	-	1	1	-	-
12	-	1	1	-	-
13	-	1	1	-	-
14	-	1	1	-	-
15	-	-	1	1	-
16	-	-	0.973	1	1
17	-	-	1	1	1
18	-	-	1	1	1
19	-	-	1	1	1
20	-	-	-	1	0.9474
21	-	-	-	1	0.9444
22	-	-	-	1	1
23	-	-	-	1	0.9412
24	-	-	-	1	1
25	-	-	-	1	1
26	-	-	-	1	1
27	-	-	-	0.931	1
28	-	-	-	0.963	0.9375
29	-	-	-	0.9231	0.8
30	-	-	-	0.9583	0.6667
31	-	-	-	0.913	0.625
32	-	-	-	0.9048	1
33	-	-	-	1	1
34	-	-	-	0.8947	1
35	-	-	-	0.9412	0.8
36	-	-	-	0.875	0.75
37	-	-	-	0.7143	1
38	-	-	-	0.8	1
39	-	-	-	0.75	0.6667
40	-	-	-	1	1
41	-	-	-	1	0.5
42	-	-	-	1	1
43	-	-	-	1	0
44	-	-	-	1	-
45	-	-	-	0.8333	-
46	-	-	-	1	-
47	-	-	-	0.6	-
48	-	-	-	0.6667	-
49	-	-	-	0	-

u(x,j) is the probability that individuals of age x and stage j will remain alive after 1 time unit.

Table 17. Age-stage-specific survival number (Matrix Ns)
===

Age (x)	Egg j=1	Larva j=2	Pupa j=3	Female j=4	Male j=5
0	54	−	−	−	−
1	54	−	−	−	−
2	51	−	−	−	−
3	−	51	−	−	−
4	−	50	−	−	−
5	−	50	−	−	−
6	−	50	−	−	−
7	−	50	−	−	−
8	−	49	−	−	−
9	−	49	−	−	−
10	−	48	1	−	−
11	−	42	7	−	−
12	−	26	23	−	−
13	−	1	48	−	−
14	−	1	48	−	−
15	−	−	48	1	−
16	−	−	36	6	6
17	−	−	11	23	14
18	−	−	1	28	19
19	−	−	1	28	19
20	−	−	−	29	18
21	−	−	−	29	17
22	−	−	−	29	17
23	−	−	−	29	16
24	−	−	−	29	16
25	−	−	−	29	16
26	−	−	−	29	16
27	−	−	−	27	16
28	−	−	−	26	15
29	−	−	−	24	12
30	−	−	−	23	8
31	−	−	−	21	5
32	−	−	−	19	5
33	−	−	−	19	5
34	−	−	−	17	5
35	−	−	−	16	4
36	−	−	−	14	3
37	−	−	−	10	3
38	−	−	−	8	3
39	−	−	−	6	2
40	−	−	−	6	2
41	−	−	−	6	1
42	−	−	−	6	1
43	−	−	−	6	0
44	−	−	−	6	−
45	−	−	−	5	−
46	−	−	−	5	−
47	−	−	−	3	−
48	−	−	−	2	−
49	−	−	−	0	−

ns(x,j) is the number of individuals of age x and stage j will remain alive 1 time unit.

Table 18. Survival rate to each age-stage interval (Matrix S)
==

Age (x)	Egg j=1	Larva j=2	Pupa j=3	Female j=4	Male j=5
0	1	-	-	-	-
1	1	-	-	-	-
2	1	-	-	-	-
3	-	0.9444	-	-	-
4	-	0.9444	-	-	-
5	-	0.9259	-	-	-
6	-	0.9259	-	-	-
7	-	0.9259	-	-	-
8	-	0.9259	-	-	-
9	-	0.9074	-	-	-
10	-	0.8889	0.0185	-	-
11	-	0.7778	0.1296	-	-
12	-	0.4815	0.4259	-	-
13	-	0.0185	0.8889	-	-
14	-	0.0185	0.8889	-	-
15	-	-	0.8889	0.0185	-
16	-	-	0.6852	0.1111	0.1111
17	-	-	0.2037	0.4259	0.2593
18	-	-	0.0185	0.5185	0.3519
19	-	-	0.0185	0.5185	0.3519
20	-	-	-	0.537	0.3519
21	-	-	-	0.537	0.3333
22	-	-	-	0.537	0.3148
23	-	-	-	0.537	0.3148
24	-	-	-	0.537	0.2963
25	-	-	-	0.537	0.2963
26	-	-	-	0.537	0.2963
27	-	-	-	0.537	0.2963
28	-	-	-	0.5	0.2963
29	-	-	-	0.4815	0.2778
30	-	-	-	0.4444	0.2222
31	-	-	-	0.4259	0.1481
32	-	-	-	0.3889	0.0926
33	-	-	-	0.3519	0.0926
34	-	-	-	0.3519	0.0926
35	-	-	-	0.3148	0.0926
36	-	-	-	0.2963	0.0741
37	-	-	-	0.2593	0.0556
38	-	-	-	0.1852	0.0556
39	-	-	-	0.1481	0.0556
40	-	-	-	0.1111	0.037
41	-	-	-	0.1111	0.037
42	-	-	-	0.1111	0.0185
43	-	-	-	0.1111	0.0185
44	-	-	-	0.1111	-
45	-	-	-	0.1111	-
46	-	-	-	0.0926	-
47	-	-	-	0.0926	-
48	-	-	-	0.0556	-
49	-	-	-	0.037	-

The s(x,j) is the probability that a new-born individual will survive to age x and stage j. s(x,j)=n(x,j)/54

Table 19. Mortality of each age-stage-interval (Matrix Q)
===

Age (x)	Egg j=1	Larva j=2	Pupa j=3	Female j=4	Male j=5
0	0	–	–	–	–
1	0	–	–	–	–
2	0.0556	–	–	–	–
3	–	0	–	–	–
4	–	0.0196	–	–	–
5	–	0	–	–	–
6	–	0	–	–	–
7	–	0	–	–	–
8	–	0.02	–	–	–
9	–	0	–	–	–
10	–	0	0	–	–
11	–	0	0	–	–
12	–	0	0	–	–
13	–	0	0	–	–
14	–	0	0	–	–
15	–	–	0	0	–
16	–	–	0.027	0	0
17	–	–	0	0	0
18	–	–	0	0	0
19	–	–	0	0	0
20	–	–	–	0	0.0526
21	–	–	–	0	0.0556
22	–	–	–	0	0
23	–	–	–	0	0.0588
24	–	–	–	0	0
25	–	–	–	0	0
26	–	–	–	0	0
27	–	–	–	0.069	0
28	–	–	–	0.037	0.0625
29	–	–	–	0.0769	0.2
30	–	–	–	0.0417	0.3333
31	–	–	–	0.087	0.375
32	–	–	–	0.0952	0
33	–	–	–	0	0
34	–	–	–	0.1053	0
35	–	–	–	0.0588	0.2
36	–	–	–	0.125	0.25
37	–	–	–	0.2857	0
38	–	–	–	0.2	0
39	–	–	–	0.25	0.3333
40	–	–	–	0	0
41	–	–	–	0	0.5
42	–	–	–	0	0
43	–	–	–	0	1
44	–	–	–	0	–
45	–	–	–	0.1667	–
46	–	–	–	0	–
47	–	–	–	0.4	–
48	–	–	–	0.3333	–
49	–	–	–	1	–

The q(x,j) is the probability that individuals of age x and stage j will die after 1 time unit.

Table 20. Distribution of mortality (Matrix P)

Age (x)	Egg j=1	Larva j=2	Pupa j=3	Female j=4	Male j=5
0	0	-	-	-	-
1	0	-	-	-	-
2	0.0556	-	-	-	-
3	-	0	-	-	-
4	-	0.0185	-	-	-
5	-	0	-	-	-
6	-	0	-	-	-
7	-	0	-	-	-
8	-	0.0185	-	-	-
9	-	0	-	-	-
10	-	0	0	-	-
11	-	0	0	-	-
12	-	0	0	-	-
13	-	0	0	-	-
14	-	0	0	-	-
15	-	-	0	0	-
16	-	-	0.0185	0	0
17	-	-	0	0	0
18	-	-	0	0	0
19	-	-	0	0	0
20	-	-	-	0	0.0185
21	-	-	-	0	0.0185
22	-	-	-	0	0
23	-	-	-	0	0.0185
24	-	-	-	0	0
25	-	-	-	0	0
26	-	-	-	0	0
27	-	-	-	0.037	0
28	-	-	-	0.0185	0.0185
29	-	-	-	0.037	0.0556
30	-	-	-	0.0185	0.0741
31	-	-	-	0.037	0.0556
32	-	-	-	0.037	0
33	-	-	-	0	0
34	-	-	-	0.037	0
35	-	-	-	0.0185	0.0185
36	-	-	-	0.037	0.0185
37	-	-	-	0.0741	0
38	-	-	-	0.037	0
39	-	-	-	0.037	0.0185
40	-	-	-	0	0
41	-	-	-	0	0.0185
42	-	-	-	0	0
43	-	-	-	0	0.0185
44	-	-	-	0	-
45	-	-	-	0.0185	-
46	-	-	-	0	-
47	-	-	-	0.037	-
48	-	-	-	0.0185	-
49	-	-	-	0.037	-

The p(x,j) is the probability that a newborn individual will die in age x and stage j.

Table 21. Distribution of mortality in number (Matrix W)
==

Age (x)	Egg j=1	Larva j=2	Pupa j=3	Female j=4	Male j=5
0	0	–	–	–	–
1	0	–	–	–	–
2	3	–	–	–	–
3	–	0	–	–	–
4	–	1	–	–	–
5	–	0	–	–	–
6	–	0	–	–	–
7	–	0	–	–	–
8	–	1	–	–	–
9	–	0	–	–	–
10	–	0	0	–	–
11	–	0	0	–	–
12	–	0	0	–	–
13	–	0	0	–	–
14	–	0	0	–	–
15	–	–	0	0	–
16	–	–	1	0	0
17	–	–	0	0	0
18	–	–	0	0	0
19	–	–	0	0	0
20	–	–	–	0	1
21	–	–	–	0	1
22	–	–	–	0	0
23	–	–	–	0	1
24	–	–	–	0	0
25	–	–	–	0	0
26	–	–	–	0	0
27	–	–	–	2	0
28	–	–	–	1	1
29	–	–	–	2	3
30	–	–	–	1	4
31	–	–	–	2	3
32	–	–	–	2	0
33	–	–	–	0	0
34	–	–	–	2	0
35	–	–	–	1	1
36	–	–	–	2	1
37	–	–	–	4	0
38	–	–	–	2	0
39	–	–	–	2	1
40	–	–	–	0	0
41	–	–	–	0	1
42	–	–	–	0	0
43	–	–	–	0	1
44	–	–	–	0	–
45	–	–	–	1	–
46	–	–	–	0	–
47	–	–	–	2	–
48	–	–	–	1	–
49	–	–	–	2	–

The $w(x,j)$ is the number of individuals died in age x and stage j.
(For Prof. Dr. Chi and his students only)

223

Table 22. Age-specific distribution of mortality AD(x) and number of deaths
AD(x): the probability that an individual of age x will die after one age unit.
No. dead D(x): Number of individuals of age x will die in age interval x to <x+1.
===

Age (x)	Age mortality AD(x)	No. dead D(x) (between x and x+1)
0	0	0
1	0	0
2	0.055556	3
3	0	0
4	0.018519	1
5	0	0
6	0	0
7	0	0
8	0.018519	1
9	0	0
10	0	0
11	0	0
12	0	0
13	0	0
14	0	0
15	0	0
16	0.018519	1
17	0	0
18	0	0
19	0	0
20	0.018519	1
21	0.018519	1
22	0	0
23	0.018519	1
24	0	0
25	0	0
26	0	0
27	0.037037	2
28	0.037037	2
29	0.092593	5
30	0.092593	5
31	0.092593	5
32	0.037037	2
33	0	0
34	0.037037	2
35	0.037037	2
36	0.055556	3
37	0.074074	4
38	0.037037	2
39	0.055556	3
40	0	0
41	0.018519	1
42	0	0
43	0.018519	1
44	0	0
45	0.018519	1
46	0	0
47	0.037037	2
48	0.018519	1
49	0.037037	2

Table 23. Age-specific survival rate l(x)
==

Age	l(x)	Survival	Exp. death	Cumu. death
0	1	54	0	0
1	1	54	0	0
2	1	54	3	3
3	0.944444	51	0	3
4	0.944444	51	1	4
5	0.925926	50	0	4
6	0.925926	50	0	4
7	0.925926	50	0	4
8	0.925926	50	1	5
9	0.907407	49	0	5
10	0.907407	49	0	5
11	0.907407	49	0	5
12	0.907407	49	0	5
13	0.907407	49	0	5
14	0.907407	49	0	5
15	0.907407	49	0	5
16	0.907407	49	1	6
17	0.888889	48	0	6
18	0.888889	48	0	6
19	0.888889	48	0	6
20	0.888889	48	1	7
21	0.87037	47	1	8
22	0.851852	46	0	8
23	0.851852	46	1	9
24	0.833333	45	0	9
25	0.833333	45	0	9
26	0.833333	45	0	9
27	0.833333	45	2	11
28	0.796296	43	2	13
29	0.759259	41	5	18
30	0.666667	36	5	23
31	0.574074	31	5	28
32	0.481481	26	2	30
33	0.444444	24	0	30
34	0.444444	24	2	32
35	0.407407	22	2	34
36	0.37037	20	3	37
37	0.314815	17	4	41
38	0.240741	13	2	43
39	0.203704	11	3	46
40	0.148148	8	0	46
41	0.148148	8	1	47
42	0.12963	7	0	47
43	0.12963	7	1	48
44	0.111111	6	0	48
45	0.111111	6	1	49
46	0.092593	5	0	49
47	0.092593	5	2	51
48	0.055556	3	1	52
49	0.037037	2	2	54

Exp. death: expected death = the number of individuals did not survive from age x to x+1.
Cumu. death: cumulative death = the number of individuals did not survive from age 0 to age x+1.

Table 24. P(j): Distribution of mortality to each stage: the probability that a newborn will die in stage j and the number of deaths in stage j.

Stage (j)	Egg	Larva	Pupa	Female	Male
P(j)	0.0556	0.037	0.0185	0.537	0.3519
D(j)	3	2	1	29	19
I(j)	54	51	49	29	19
Q(j)	0.0556	0.0392	0.0204	1	1

P(j): the distribution of mortality to stage j. Sum[P(j)]=1.
Q(j): the stage-specific mortality (probability of an individual of stage j will die in stage j).
D(j): the number of deaths occurred in stage j.
I(j): the number of individuals entered stage j.
P(j) = D(j)/ 54 .
Q(j) = D(j)/I(j).

Table 25. Stage-specific survival rate and number from stage j to j+1. For the last preadult stage (i.e., Pupa), it is the survival rate from the last preadult stage to adult (female and male). All female and male adults will die in adult stage.

Stage (j)	Egg	Larva	Pupa	Female	Male
Probability	0.9444	0.9608	0.9796	0	0
D(j)	3	2	1	29	19
N(j)	51	49	48	0	0
I(j)	54	51	49	29	19

D(j): the number of death occurred in stage j.
N(j): the number of individuals in stage j will survive to stage j+1.
I(j): the number of individuals entered stage j.
The probability is calculated as N(j)/I(j).
The probability from pupa to female is 0.591837 . It is 29 / 49 .
The probability from pupa to male is 0.387755 . It is 19 / 49 .

Table 26. Stage survival rate. It is the probability that a newborn individual will survive to stage j (but it may die in stage j).

Stage (j)	Egg	Larva	Pupa	Female	Male
Probability	1	0.9444	0.9074	0.537	0.3519
I(j)	54	51	49	29	19

I(j): the number of individuals entered stage j.
The probability is calculated as I(j)/ 54 .
The preadult survival rate (Sa) is 0.888888888888889
Sa=(29 + 19)/ 54

```
Table 27. Age-stage specific life expectancy (matrix E)
=====================================================
Age      Egg        Larva      Pupa      Female    Male
(x)      j=1        j=2        j=3       j=4       j=5
-----------------------------------------------------
 0       32.07       -          -         -         -
 1       31.07       -          -         -         -
 2       30.07       -          -         -         -
 3        -         30.78       -         -         -
 4        -         29.78       -         -         -
 5        -         29.36       -         -         -
 6        -         28.36       -         -         -
 7        -         27.36       -         -         -
 8        -         26.36       -         -         -
 9        -         25.88       -         -         -
10        -         24.88      24.88      -         -
11        -         23.88      23.88      -         -
12        -         22.88      22.88      -         -
13        -         21.82      21.88      -         -
14        -         20.82      20.88      -         -
15        -          -         19.82     22.48      -
16        -          -         18.95     21.48     15.84
17        -          -         17.92     20.48     14.84
18        -          -         19.48     19.48     13.84
19        -          -         18.48     18.48     12.84
20        -          -          -        17.48     11.84
21        -          -          -        16.48     11.44
22        -          -          -        15.48     11.06
23        -          -          -        14.48     10.06
24        -          -          -        13.48      9.63
25        -          -          -        12.48      8.63
26        -          -          -        11.48      7.63
27        -          -          -        10.48      6.63
28        -          -          -        10.19      5.63
29        -          -          -         9.54      4.93
30        -          -          -         9.25      4.92
31        -          -          -         8.61      5.87
32        -          -          -         8.33      7.8
33        -          -          -         8.11      6.8
34        -          -          -         7.11      5.8
35        -          -          -         6.82      4.8
36        -          -          -         6.19      4.75
37        -          -          -         5.93      5
38        -          -          -         6.9       4
39        -          -          -         7.37      3
40        -          -          -         8.5       3
41        -          -          -         7.5       2
42        -          -          -         6.5       2
43        -          -          -         5.5       1
44        -          -          -         4.5       -
45        -          -          -         3.5       -
46        -          -          -         3         -
47        -          -          -         2         -
48        -          -          -         1.67      -
49        -          -          -         1         -
-------------------------------------------------
e(x,j) is the life expectancy of individuals of age x and stage j.
Life expectancy of newborn, E(0,1)= 32.07
Maximal life expectancy Max(Exj)= 32.07  at age  0 and stage  1 .
If there is significant difference, there must be high mortality before the age of
Max(Exj), or there is significant difference between female and male adults.
```

Table 28. Age-stage specific reproductive value (Matrix V)
==

Age (x)	Egg j=1	Larva j=2	Pupa j=3	Female j=4	Male j=5
0	1.25	-	-	-	-
1	1.56	-	-	-	-
2	1.95	-	-	-	-
3	-	2.58	-	-	-
4	-	3.23	-	-	-
5	-	4.11	-	-	-
6	-	5.14	-	-	-
7	-	6.42	-	-	-
8	-	8.03	-	-	-
9	-	10.24	-	-	-
10	-	12.8	12.8	-	-
11	-	15.99	16	-	-
12	-	19.98	19.99	-	-
13	-	24.48	24.98	-	-
14	-	30.59	31.22	-	-
15	-	-	38.23	75.98	-
16	-	-	49.15	94.95	0
17	-	-	44.47	104.91	0
18	-	-	49.43	112.36	0
19	-	-	61.77	98.74	0
20	-	-	-	77.2	0
21	-	-	-	64.75	0
22	-	-	-	48.43	0
23	-	-	-	41.05	0
24	-	-	-	35.7	0
25	-	-	-	28.49	0
26	-	-	-	22.38	0
27	-	-	-	18.53	0
28	-	-	-	16.54	0
29	-	-	-	14.11	0
30	-	-	-	12.02	0
31	-	-	-	9.31	0
32	-	-	-	7.51	0
33	-	-	-	6.76	0
34	-	-	-	5.81	0
35	-	-	-	5.91	0
36	-	-	-	4.49	0
37	-	-	-	3.83	0
38	-	-	-	3.7	0
39	-	-	-	3.13	0
40	-	-	-	3.34	0
41	-	-	-	2.29	0
42	-	-	-	1.2	0
43	-	-	-	0.6667	0
44	-	-	-	0	-
45	-	-	-	0	-
46	-	-	-	0	-
47	-	-	-	0	-
48	-	-	-	0	-
49	-	-	-	0	-

v(x,j) is the reproductive value of individuals of age x and stage j.

Table 29. Stable age-stage-distribution (SASD) (Matrix A) (Newborn = 1)
===

Age (x)	Egg j=1	Larva j=2	Pupa j=3	Female j=4	Male j=5
0	1	–	–	–	–
1	0.8002	–	–	–	–
2	0.6403	–	–	–	–
3	–	0.4839	–	–	–
4	–	0.3872	–	–	–
5	–	0.3038	–	–	–
6	–	0.2431	–	–	–
7	–	0.1945	–	–	–
8	–	0.1556	–	–	–
9	–	0.1221	–	–	–
10	–	0.0957	0.002	–	–
11	–	0.067	0.0112	–	–
12	–	0.0332	0.0294	–	–
13	–	0.001	0.049	–	–
14	–	0.0008	0.0392	–	–
15	–	–	0.0314	0.0007	–
16	–	–	0.0194	0.0031	0.0031
17	–	–	0.0046	0.0096	0.0059
18	–	–	0.0003	0.0094	0.0064
19	–	–	0.0003	0.0075	0.0051
20	–	–	–	0.0062	0.0041
21	–	–	–	0.005	0.0031
22	–	–	–	0.004	0.0023
23	–	–	–	0.0032	0.0019
24	–	–	–	0.0026	0.0014
25	–	–	–	0.002	0.0011
26	–	–	–	0.0016	0.0009
27	–	–	–	0.0013	0.0007
28	–	–	–	0.001	0.0006
29	–	–	–	0.0008	0.0004
30	–	–	–	0.0006	0.0003
31	–	–	–	0.0004	0.0001
32	–	–	–	0.0003	0.0001
33	–	–	–	0.0002	0.0001
34	–	–	–	0.0002	0
35	–	–	–	0.0001	0
36	–	–	–	0.0001	0
37	–	–	–	0.0001	0
38	–	–	–	0	0
39	–	–	–	0	0
40	–	–	–	0	0
41	–	–	–	0	0
42	–	–	–	0	0
43	–	–	–	0	0
44	–	–	–	0	–
45	–	–	–	0	–
46	–	–	–	0	–
47	–	–	–	0	–
48	–	–	–	0	–
49	–	–	–	0	–

a(x,j) is the proportion of individuals in age x and stage j in comparison with a(0,1) (the newborn).

Table 30. Stable age-stage-distribution (SASD) (Matrix B) (in percentage)

Age (x)	Egg j=1	Larva j=2	Pupa j=3	Female j=4	Male j=5
0	20.78	-	-	-	-
1	16.63	-	-	-	-
2	13.3	-	-	-	-
3	-	10.05	-	-	-
4	-	8.05	-	-	-
5	-	6.31	-	-	-
6	-	5.05	-	-	-
7	-	4.04	-	-	-
8	-	3.23	-	-	-
9	-	2.54	-	-	-
10	-	1.99	0.0414	-	-
11	-	1.39	0.232	-	-
12	-	0.6895	0.6099	-	-
13	-	0.0212	1.02	-	-
14	-	0.017	0.815	-	-
15	-	-	0.6522	0.0136	-
16	-	-	0.4023	0.0652	0.0652
17	-	-	0.0957	0.2001	0.1218
18	-	-	0.007	0.1949	0.1323
19	-	-	0.0056	0.156	0.1058
20	-	-	-	0.1293	0.0847
21	-	-	-	0.1034	0.0642
22	-	-	-	0.0828	0.0485
23	-	-	-	0.0662	0.0388
24	-	-	-	0.053	0.0292
25	-	-	-	0.0424	0.0234
26	-	-	-	0.0339	0.0187
27	-	-	-	0.0272	0.015
28	-	-	-	0.0202	0.012
29	-	-	-	0.0156	0.009
30	-	-	-	0.0115	0.0058
31	-	-	-	0.0088	0.0031
32	-	-	-	0.0065	0.0015
33	-	-	-	0.0047	0.0012
34	-	-	-	0.0037	0.001
35	-	-	-	0.0027	0.0008
36	-	-	-	0.002	0.0005
37	-	-	-	0.0014	0.0003
38	-	-	-	0.0008	0.0002
39	-	-	-	0.0005	0.0002
40	-	-	-	0.0003	0.0001
41	-	-	-	0.0002	0.0001
42	-	-	-	0.0002	0
43	-	-	-	0.0002	0
44	-	-	-	0.0001	-
45	-	-	-	0.0001	-
46	-	-	-	0.0001	-
47	-	-	-	0.0001	-
48	-	-	-	0	-
49	-	-	-	0	-

b(x,j) is the proportion of individuals in age x and stage j when the total cohort is 100.

Table 31. Stable age-stage-distribution (SASD) (Matrix B2) (sum = 1)
==

Age (x)	Egg j=1	Larva j=2	Pupa j=3	Female j=4	Male j=5
0	0.2078	-	-	-	-
1	0.1663	-	-	-	-
2	0.133	-	-	-	-
3	-	0.1005	-	-	-
4	-	0.0805	-	-	-
5	-	0.0631	-	-	-
6	-	0.0505	-	-	-
7	-	0.0404	-	-	-
8	-	0.0323	-	-	-
9	-	0.0254	-	-	-
10	-	0.0199	0.0004	-	-
11	-	0.0139	0.0023	-	-
12	-	0.0069	0.0061	-	-
13	-	0.0002	0.0102	-	-
14	-	0.0002	0.0082	-	-
15	-	-	0.0065	0.0001	-
16	-	-	0.004	0.0007	0.0007
17	-	-	0.001	0.002	0.0012
18	-	-	0.0001	0.0019	0.0013
19	-	-	0.0001	0.0016	0.0011
20	-	-	-	0.0013	0.0008
21	-	-	-	0.001	0.0006
22	-	-	-	0.0008	0.0005
23	-	-	-	0.0007	0.0004
24	-	-	-	0.0005	0.0003
25	-	-	-	0.0004	0.0002
26	-	-	-	0.0003	0.0002
27	-	-	-	0.0003	0.0001
28	-	-	-	0.0002	0.0001
29	-	-	-	0.0002	0.0001
30	-	-	-	0.0001	0.0001
31	-	-	-	0.0001	0
32	-	-	-	0.0001	0
33	-	-	-	0	0
34	-	-	-	0	0
35	-	-	-	0	0
36	-	-	-	0	0
37	-	-	-	0	0
38	-	-	-	0	0
39	-	-	-	0	0
40	-	-	-	0	0
41	-	-	-	0	0
42	-	-	-	0	0
43	-	-	-	0	0
44	-	-	-	0	-
45	-	-	-	0	-
46	-	-	-	0	-
47	-	-	-	0	-
48	-	-	-	0	-
49	-	-	-	0	-

b2(x,j) is the proportion of individuals in age x and stage j and the total cohort is 1.

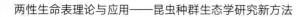

```
Table 32. The stable age distribution a(x)  (newborn = 1)
=====================
Age        SAD a(x)
--------------------
 0         1
 1         0.8002
 2         0.6403
 3         0.4839
 4         0.3872
 5         0.3038
 6         0.2431
 7         0.1945
 8         0.1556
 9         0.1221
10         0.0977
11         0.0782
12         0.0625
13         0.05
14         0.04
15         0.032
16         0.0256
17         0.0201
18         0.0161
19         0.0129
20         0.0103
21         0.0081
22         0.0063
23         0.0051
24         0.004
25         0.0032
26         0.0025
27         0.002
28         0.0016
29         0.0012
30         0.0008
31         0.0006
32         0.0004
33         0.0003
34         0.0002
35         0.0002
36         0.0001
37         0.0001
38         0.0001
39         0
40         0
41         0
42         0
43         0
44         0
45         0
46         0
47         0
48         0
49         0
--------------------
```

```
Table 33. Stable age distribution in percentage
          (total population = 100)
=====================
Age      SAD (%)
--------------------
 0       20.7777
 1       16.6262
 2       13.3041
 3       10.0544
 4       8.0455
 5       6.3117
 6       5.0506
 7       4.0414
 8       3.2339
 9       2.536
10       2.0293
11       1.6238
12       1.2994
13       1.0398
14       0.832
15       0.6658
16       0.5327
17       0.4176
18       0.3342
19       0.2674
20       0.214
21       0.1676
22       0.1313
23       0.1051
24       0.0822
25       0.0658
26       0.0527
27       0.0421
28       0.0322
29       0.0246
30       0.0173
31       0.0119
32       0.008
33       0.0059
34       0.0047
35       0.0035
36       0.0025
37       0.0017
38       0.001
39       0.0007
40       0.0004
41       0.0003
42       0.0002
43       0.0002
44       0.0001
45       0.0001
46       0.0001
47       0.0001
48       0
49       0
--------------------
```

Table 34. Stable stage distribution in percentage
         (Total population = 100)
```
==================================================
   Egg      Larva    Pupa     Female   Male
--------------------------------------------------
   50.708   43.3811  3.8796   1.2478   0.7836
--------------------------------------------------
```

```
Table 35. Stable stage distribution (First stage = 1)
=====================================================
    Egg     Larva   Pupa    Female  Male
-----------------------------------------------------
    1       0.8555  0.0765  0.0246  0.0155
-----------------------------------------------------
```

Table 36. Age-specific life table
Date: 2024/4/18   Time: 10:44:48

x	l(x)	m(x)	l(x)m(x)	f(-r,lx,mx)	SAD (%)	E(x)	R(x)
0	1	0	0	0	20.78	32.07	1.25
1	1	0	0	0	16.63	31.07	1.56
2	1	0	0	0	13.3	30.07	1.95
3	0.944	0	0	0	10.05	30.78	2.58
4	0.944	0	0	0	8.05	29.78	3.23
5	0.926	0	0	0	6.31	29.36	4.11
6	0.926	0	0	0	5.05	28.36	5.14
7	0.926	0	0	0	4.04	27.36	6.42
8	0.926	0	0	0	3.23	26.36	8.03
9	0.907	0	0	0	2.54	25.88	10.24
10	0.907	0	0	0	2.03	24.88	12.8
11	0.907	0	0	0	1.62	23.88	15.99
12	0.907	0	0	0	1.3	22.88	19.98
13	0.907	0	0	0	1.04	21.88	24.97
14	0.907	0	0	0	0.83	20.88	31.21
15	0.907	0	0	0	0.67	19.88	39
16	0.907	1.35	1.22	0.0276	0.53	18.88	48.74
17	0.889	7.19	6.39	0.1156	0.42	18.25	60.46
18	0.889	19.46	17.3	0.2504	0.33	17.25	66.58
19	0.889	21.56	19.17	0.222	0.27	16.25	58.88
20	0.889	15.33	13.63	0.1264	0.21	15.25	46.64
21	0.87	16.04	13.96	0.1036	0.17	14.55	39.95
22	0.852	9.83	8.37	0.0497	0.13	13.85	30.53
23	0.852	7.87	6.7	0.0318	0.11	12.85	25.88
24	0.833	8.31	6.93	0.0263	0.08	12.11	23
25	0.833	6.82	5.69	0.0173	0.07	11.11	18.36
26	0.833	4.87	4.06	0.0099	0.05	10.11	14.42
27	0.833	4	3.33	0.0065	0.04	9.11	11.94
28	0.796	3.56	2.83	0.0044	0.03	8.49	10.38
29	0.759	3.32	2.52	0.0031	0.02	7.85	8.95
30	0.667	3.25	2.17	0.0022	0.02	7.81	8.01
31	0.574	2.84	1.63	0.0013	0.01	7.9	6.91
32	0.481	2.12	1.02	0.0007	0.01	8.23	6.07
33	0.444	1.67	0.74	0.0004	0.01	7.83	5.35
34	0.444	1.25	0.56	0.0002	0	6.83	4.6
35	0.407	1.95	0.8	0.0003	0	6.36	4.57
36	0.37	1.45	0.54	0.0001	0	5.9	3.6
37	0.315	1.41	0.44	0.0001	0	5.76	3.15
38	0.241	1.31	0.31	0.0001	0	6.23	2.85
39	0.204	0.82	0.17	0	0	6.18	2.27
40	0.148	1.12	0.17	0	0	7.13	2.5
41	0.148	1	0.15	0	0	6.13	1.72
42	0.13	0.57	0.07	0	0	5.86	1.03
43	0.13	0.57	0.07	0	0	4.86	0.57
44	0.111	0	0	0	0	4.5	0
45	0.111	0	0	0	0	3.5	0
46	0.093	0	0	0	0	3	0
47	0.093	0	0	0	0	2	0
48	0.056	0	0	0	0	1.67	0
49	0.037	0	0	0	0	1	0

No. of iteration = 24
f(-r,lx,mx): Exp[-r(x+1)]*l(x)*m(x)
The intrinsic rate of increase (r) = 0.222902154922485 /time unit.

```
The finite rate of increase (lambda) = 1.24969829092755 /time unit.
--------------------------------------------------------------------------------
The net reproductive rate (R0) = 120.925925925926 offspring/individual.
--------------------------------------------------------------------------------
The first age of reproductive value of female adult = 15 .
 The peak value of age-specific fecundity m(x) = 21.563  at age 19 . l(x) =
0.888888888888889 .
The peak value of age-stage reproductive value v(x,j) = 112.36  at age 18 .
 The age of peak v(x,j) is  18 . It must be between 15 and TPOP 17.69  or close to
17.69 .
--------------------------------------------------------------------------------
The gross reproduction rate (GRR) = 150.832825901824 offspring/individual.
 Attention:  GRR is not a good parameter, because it ignores the survival rate.
            Please report GRR with caution.  If you report GRR, you should mention
            that GRR cannot represent the population characteristics and it should
            not be used to compare the population fitnees.
--------------------------------------------------------------------------------

The mean generation time (T) = 21.5124801165504 time unit.
The doubling time (DT) = 3.10964773221232
--------------------------------------------------------------------------------

The relationhip is: lambda = 1+b-d or lambda = s+b.
** Attention! ******************************************************************
*  Birth rate rate (b) (at SASD) per time unit = 0.259658378653582           *
*  Survival rate (s) (at SASD) per time unit = 0.990039912273969             *
*  Death rate (d) (at SASD) (per time unit) = 9.96008772603141E-03           *
*  Finite rate (lambda) = 1+b-d = 1.24969829092755 per time unit.            *
*  Finite rate (lambda) = s+b = 1.24969829092755 per time unit.              *
*  The relationship among birth rate, death rate, survival rate, and finite rate *
*  is a good practice for "Critical thinking".                               *
********************************************************************************
SAD (%) - Stable Age Distribution in percent.
SASD - Stable Age-Stage Distribution.
V(x)=l(x)*m(x) - Net maternity.
R(x) - Age-specific reproductive value.
E(x) - Age-specific life expectancy (time units that individuals at age x can still
survive).
The unit for the net reproductive rate is offspring/individual or just offspring.
The unit for the intrinsic rate of increase is time unit^(-1), day^(-1) or week^(-1).
The unit for the finite rate is time unit^(-1), day^(-1), or week^(-1).
The unit for the mean generation time is time unit, day, or week.
The unit for the reproductive value is time unit^(-1), day^(-1) or week^(-1).
The unit for the gross reproductive rate is offspring or eggs.
You can use dimensional analysis to find the unit of each parameter.
--------------------------------------------------------------------------------
Attention!  For a better alignment, only limited digits are listed in this table.
You can find precise data in files for figure preparation (e.g., _Fig_FxLxMxLxMx)
and for further analyses (e.g., G_eggs per oviposition day.txt).
--------------------------------------------------------------------------------
The relationship between Fecundity and R0 should be R0=F*(Nf/N)
Fecundity (F) = 225.172413793103
Adult female (Nf) = 29
Total number at beginning of life table study (N) = 54
The net reproductive rate (R0) = 120.925925925926
********************************************************************************
Attention:
This relationship shows that the two-sex life table is correct. If there is
minor difference, it is due to round off.  If you use traditional female
age-specific life table, you will mostly find erroneous relationship.
********************************************************************************
```

237

Table 37. Cumulative reproductive rate, cumulative contribution to r, and curtailed r

x	l(x)	m(x)	C[v(x)]	C[v(x)]%	C[e(-rW)lm]	r*C[e(-rW)lm]	r(delta)	r(delta)/r (%)
0	1	0	0	0	0	0	—	—
1	1	0	0	0	0	0	—	—
2	1	0	0	0	0	0	—	—
3	0.94	0	0	0	0	0	—	—
4	0.94	0	0	0	0	0	—	—
5	0.93	0	0	0	0	0	—	—
6	0.93	0	0	0	0	0	—	—
7	0.93	0	0	0	0	0	—	—
8	0.93	0	0	0	0	0	—	—
9	0.91	0	0	0	0	0	—	—
10	0.91	0	0	0	0	0	—	—
11	0.91	0	0	0	0	0	—	—
12	0.91	0	0	0	0	0	—	—
13	0.91	0	0	0	0	0	—	—
14	0.91	0	0	0	0	0	—	—
15	0.91	0	0	0	0	0	—	—
16	0.91	1.35	1.22	0.0101	0.0276	0.0062	0.0118	0.053
17	0.89	7.19	7.61	0.0629	0.1432	0.0319	0.1138	0.5106
18	0.89	19.46	24.91	0.206	0.3936	0.0877	0.1727	0.7748
19	0.89	21.56	44.07	0.3645	0.6157	0.1372	0.1975	0.886
20	0.89	15.33	57.7	0.4772	0.742	0.1654	0.2075	0.9311
21	0.87	16.04	71.67	0.5926	0.8456	0.1885	0.2144	0.9619
22	0.85	9.83	80.04	0.6619	0.8953	0.1996	0.2173	0.9751
23	0.85	7.87	86.74	0.7173	0.9271	0.2067	0.2191	0.9831
24	0.83	8.31	93.67	0.7746	0.9535	0.2125	0.2205	0.9894
25	0.83	6.82	99.35	0.8216	0.9708	0.2164	0.2214	0.9934
26	0.83	4.87	103.41	0.8551	0.9806	0.2186	0.2219	0.9957
27	0.83	4	106.74	0.8827	0.9871	0.22	0.2223	0.9972
28	0.8	3.56	109.57	0.9061	0.9915	0.221	0.2225	0.9981
29	0.76	3.32	112.09	0.927	0.9947	0.2217	0.2226	0.9988
30	0.67	3.25	114.26	0.9449	0.9968	0.2222	0.2227	0.9993
31	0.57	2.84	115.89	0.9583	0.9981	0.2225	0.2228	0.9996
32	0.48	2.12	116.91	0.9668	0.9988	0.2226	0.2228	0.9997
33	0.44	1.67	117.65	0.9729	0.9992	0.2227	0.2229	0.9998
34	0.44	1.25	118.2	0.9775	0.9994	0.2228	0.2229	0.9999
35	0.41	1.95	119	0.9841	0.9997	0.2228	0.2229	0.9999
36	0.37	1.45	119.54	0.9885	0.9998	0.2229	0.2229	1

37	0.31	1.41	119.98	0.9922	0.9999	0.2229	0.2229	1
38	0.24	1.31	120.3	0.9948	0.9999	0.2229	0.2229	1
39	0.2	0.82	120.46	0.9962	1	0.2229	0.2229	1
40	0.15	1.12	120.63	0.9975	1	0.2229	0.2229	1
41	0.15	1	120.78	0.9988	1	0.2229	0.2229	1
42	0.13	0.57	120.85	0.9994	1	0.2229	0.2229	1
43	0.13	0.57	120.93	1	1	0.2229	0.2229	1
44	0.11	0	120.93	1	1	0.2229	0.2229	1
45	0.11	0	120.93	1	1	0.2229	0.2229	1
46	0.09	0	120.93	1	1	0.2229	0.2229	1
47	0.09	0	120.93	1	1	0.2229	0.2229	1
48	0.06	0	120.93	1	1	0.2229	0.2229	1
49	0.04	0	120.93	1	1	0.2229	0.2229	1

C[v(x)]l = Cumulative l(x)*m(x).
C[v(x)]l% = {C[v(x)]l}/R0.
C[e(-rW)lm] = Cumulative exp(-r(x+1))*l(x)*m(x)
r*C[e(-rW)lm]=r*Cumulative exp(-r(x+1))*l(x)*m(x): the cumulative contribution to r.
Curtailed r(delta): the intrinsic rate by discarding data after age delta.
Curtailed r(delta)/r (%): the curtailed intrinsic rate by discarding data after age delta in percentage of original intrinsic rate.

Table 38. Basic Statistics of Life History Data (This table is based on routine
          statistics. I suggest you try the bootstrap method.)

Project: Example-B Ver. 4/18/2024
Username: Name. Pt:9c4l
Treatment: B-DBM

Stage	Sex	N	Mean	S.D.	S.E.	Variance
Egg	All	51	3	0	0	0
Larva	All	49	9.41	0.86	0.12	0.75
Pupa	All	48	4.6	0.54	0.08	0.29
Adult	All	48	18.25	6.92	1	47.85
Egg	F	29	3	0	0	0
Larva	F	29	9.69	0.76	0.14	0.58
Pupa	F	29	4.34	0.48	0.09	0.23
Adult	F	29	20.45	6.64	1.23	44.04
Egg	M	19	3	0	0	0
Larva	M	19	8.95	0.85	0.19	0.72
Pupa	M	19	5	0.33	0.08	0.11
Adult	M	19	14.89	6.06	1.39	36.77
Egg	N	3	3	0	0	0
Larva	N	1	10	-	-	-
Pupa	N	-	-	-	-	-
Adult	N	-	-	-	-	-
Egg-Larva	All	49	12.41	0.86	0.12	0.75
Egg-Pupa	All	48	17	0.85	0.12	0.72
Egg-Adult	All	48	35.25	7	1.01	49
Egg-Larva	F	29	12.69	0.76	0.14	0.58
Egg-Pupa	F	29	17.03	0.91	0.17	0.82
Egg-Adult	F	29	37.48	6.76	1.26	45.69
Egg-Larva	M	19	11.95	0.85	0.19	0.72
Egg-Pupa	M	19	16.95	0.78	0.18	0.61
Egg-Adult	M	19	31.84	6.05	1.39	36.58
Egg-Larva	N	1	13	-	-	-
Egg-Pupa	N	-	-	-	-	-
Egg-Adult	N	-	-	-	-	-
Larva-Pupa	All	48	14	0.85	0.12	0.72
Larva-Pupa	F	29	14.03	0.91	0.17	0.82
Larva-Pupa	M	19	13.95	0.78	0.18	0.61
Larva-Pupa	N	-	-	-	-	-
Mean longevity	All	54	32.07	11.34	1.54	128.6
Mean longevity	F	29	37.48	6.76	1.26	45.69
Mean longevity	M	19	31.84	6.05	1.39	36.58
Mean longevity	N	6	6.67	5.57	2.28	31.07
Fecundity (F)	F (all)	29	225.17	50.37	9.35	2536.79
Fecundity (Fr)	Rep. F	29	225.17	50.37	9.35	2536.79

TPOP	F	29	17.69	1.07	0.2	1.15

===

APOP	F	29	0.66	0.67	0.12	0.45

===

Ovi. days	F	29	15	4.16	0.77	17.29

===
F : M : N = 29 : 19 : 6
Among 29 females, 0 female(s) did not produce offspring.
If you use jackknife method, you will get 25 zeros of pseudo-R0.
===
Rep. F: reproductive female, i.e., females have produced offspring.
The mean longevity of male is calculated for those died as male adult.
The mean longevity of female is calculated for those died as female adult.
The mean longevity of type N is calculated for those did not develop to
the adult stage.
The age of peak v(x,j) is 18 . In general, it must be between 15 and TPOP 17.69 or
close to 17.69 .
The oviposition days is different from the "oviposition period".
The oviposition days (ovi. days) is calculated by taking only those days
(time units) with fecundity > 0 into account. It is a parameter for fecundity.
The oviposition period is the duration from the first to the last oviposition.
The percentage of oviposition days is 73.36 %.

****

Note well!
The variances in this table are calculated by using routine statistics.
It is the variance of all individuals. They are different from
the results of bootstrap. In the bootstrap, the variance is calculated by
using all bootstrap sample means. Thus, it is the variance of all means.
****

附录三 Example_0A_Bootstrap 输出文档

Program: Age-Stage, Two-Sex Life Table Analysis (TWOSEX-MSChart).
Table 39. Table of Bootstrap results
Project: Example-B Ver. 4/18/2024
Username: Name. Pt:9c41
Treatment: B-DBM
Analyzed on: 2024-04-18
Bootstrap began: 2024/4/18 10:45:03 . Ended: 2024/4/18 10:46:50 . Total time: 107 sec.
Bootstrap sample size: 54
Total number of bootstrap: 100000
Two-sex mating: Yes. Same bootstrap: No
For B = 1 million version, you will see "No data" in cases of no bootstrap results are estimated.

Table of bootstrapping results of population parameters (TWOSEX mating: Yes)

	r	lambda	R0	T	GRR	F	Nf/N	Longevity
ORIGINAL	0.222902	1.249698	120.92593	21.512	150.83	225.17	0.537	32.07
Original n	54	54	54	54	54	29	54	54
B	100000	100000	100000	100000	100000	100000	100000	100000
Boot. max	0.249391	1.283243	188.46296	22.834	221.25	270.35	0.8148	38.389
Boot. mean	0.222423	1.249133	120.99056	21.525	150.88	225.15	0.5374	32.08
Boot. min	0.17197	1.187643	38.90741	20.67	47.49	180.62	0.1667	24.5
Variance	0.000053	0.000083	257.90605	0.062	309.42	85.81	0.0046	2.33
S.E.	0.0073	0.009111	16.05945	0.249	17.59	9.263	0.0679	1.528

*** Use the "ORIGINAL" (parameter for the cohort) and SE in your paper.   ***
*** For normal distribution and B>=100,000, the bootstrap mean will be close to ORIGINAL.   ***
*** If it is a normal distribution, the percentile confidence intervals (PCI) will be very   ***
*** close to the confidence intervals calculated using the t-value (TCI).   ***
*** If original-SE or original+SE gives illogical results (e.g., R0-SE < 0, F-SE < 0,   ***
*** lambda-SE < 0, etc.), you should report the PCI, not SE.   ***
****
*** The longevity is the total longevity (from birth to death).   ***
*** Because GRR ignores the survival rate, it is not a good statistic.   ***
****

Attention!
SE of intrinsic rate according to Efron: 7.3031635579758-03 (Double check passed).
Original are the parameters calculated using all individuals.
r: intrinsic rate, lambda: finite rate, R0: net reproduction rate,
T: mean generation time, GRR: gross reproduction rate.
F: mean fecundity per female adult.
Nf/N: it is the proportion of female adults in total individuals.
According to Chi (1988), Ro=F*(Female%), this result is consistent with Chi (1988).
Effective bootstraps are bootstraps with non-zero net reproductive rate.

References to cite:
Efron, B., and R. J. Tibshirani. 1993. An Introduction to the Bootstrap.
     Chapman & Hall, New York, USA.
Huang, Yu-Bing, and Chi, H. 2013. Life tables of Bactrocera cucurbitae
     (Diptera: Tephritidae): with an invalidation of the jackknife technique
     Journal of Applied Entomology 137: 327-339. (You should cite this paper)
     ****

Program: Age-Stage, Two-Sex Life Table Analysis (TWOSEX-MSChart).
Table 40. Table of stage means estimated by using bootstrap method
Project: Example-B Ver. 4/18/2024
Username: Name. Pt:9c4l
Treatment: B-DBM
Analyzed on: 2024-04-18
Bootstrap sample size: 54
Total number of bootstrap: 100000

Table of bootstrapping results of stage means

	Egg	Larva	Pupa	Adult	Preadult
Original mean	3	9.41	4.6	18.25	17
B	100000	100000	100000	100000	100000
Boot. max	3	9.92	4.96	22.53	17.56
Boot. mean	3	9.41	4.6	18.25	17
Boot. min	3	8.87	4.29	14.23	16.5
Variance	0	0.0149	0.0059	0.9767	0.01
S.E.	0	0.12	0.08	0.99	0.12

```
*******************************************************************************
*** Use the "original mean" (original cohort) and SE in your paper.        ***
*** If Original-SE or Original+SE gives illogical results, you should report the confidence ***
*** interval based on bootstrap percentiles, not SE.                       ***
*******************************************************************************
```

Program: Age-Stage, Two-Sex Life Table Analysis (TWOSEX-MSChart).
Table 41. Table of number of females, APOP, TPOP, preadult survivorship,
and oviposition days estimated by using bootstrap method

Project: Example-B Ver. 4/18/2024
Username: Name. Pt:9c4l
Treatment: B-DBM
Analyzed on: 2024-04-18
Bootstrap sample size: 54
Total number of bootstrap: 100000

Table of bootstrapping results of APOP, TPOP and Sa
Sa: preadult survival rate (all individuals and both sexes included).
Fn: Number of females
RepF/Fn: Proportion of reproductive females in all females.
Ovi-days: Oviposition days, the mean number of days that an insect has laid eggs.

	Fn	RepF	RepF/Fn	Male	N-type	APOP	TPOP	Sa	Ovi-days
Original mean	29	29	1	19	6	0.6552	17.6897	0.8889	15
B	100000	100000	100000	100000	100000	100000	100000	100000	100000
Boot. max	44	44	1	41	28	1.1923	18.6667	1	18.9655
Boot. mean	29.018	29.018	1	18.9887	5.9934	0.6546	17.6889	0.889	14.9982
Boot. min	9	9	1	6	0	0.16	16.7586	0.6667	12
Variance	13.4307	13.4307	0	12.2559	5.2953	0.0152	0.0389	0.0018	0.5853
S.E.	3.6648	3.6648	0	3.5008	2.3012	0.1232	0.1972	0.0426	0.765

*** USE THE "ORIGINAl" (ORIGINAL COHORT) VALUES AND SE IN YOUR PAPER. ***
*** If Original-SE or Original+SE gives illogical results, you should report the confidence interval based on ***
*** the bootstrap percentiles, not SE. ***

245

```
Program: Age-Stage, Two-Sex Life Table Analysis (TWOSEX-MSChart).
Table 42. Distribution of mortality to each stage by using bootstrap method
Project: Example-B Ver. 4/18/2024
Username: Name. Pt:9c41
Treatment: B-DBM
Analyzed on: 2024-04-18
Total number of bootstrap: 100000
Bootstrap sample size: 54
```

Table of bootstrapping results of the distribution of mortality to each stage

Stage	Egg	Larva	Pupa	Female	Male	Preadult
Original mean	0.055556	0.037037	0.018519	0.537037	0.351852	0.111111
B	100000	100000	100000	100000	100000	100000
Max	0.222222	0.166667	0.12963	0.814815	0.759259	0.33333
Mean	0.055477	0.03699	0.018521	0.53737	0.351642	0.110988
Min	0	0	0	0.166667	0.111111	0
Variance	0.000967	0.00066	0.00034	0.004606	0.004203	0.001816
S.E.	0.031092	0.025693	0.018431	0.067866	0.06483	0.042614

```
*******************************************************************
*** USE THE "ORIGINAl" (ORIGINAL COHORT) VALUES AND SE IN YOUR PAPER.  ***
*** If Original-SE or Original+SE gives illogical results, you should report the confidence  ***
*** interval based on bootstrap percentiles, not SE.  ***
*******************************************************************
```

The preadult mortality is the sum of mortalities in all immature stages.
The sum of mortalities in all stages = 1.

附录四 Paired bootstrap test 输出文档

```
Program: Age-Stage, Two-Sex Life Table Analysis (TWOSEX-MSChart).
Ver. 4/18/2024    Licensee: Name
Table 1. Paired Bootstrap test
```

Main reference:

Chi, H., Kara, H., Ozgokce, M. S., Atlihan, R., Guncan, A., Risvanli, M. R. 2022.
    Innovative application of set theory, Cartesian product, and multinomial theorem
    in demographic research. Entomologia Generalis 42(6): 863-874.

Wei, M.F., Chi, H., Guo, Y.F., Li, X.W., Zhao, L.L., Ma, R.Y. 2020. Demography of Cacopsylla
chinensis (Hemiptera: Psyllidae) reared on four cultivars of Pyrus bretschneideri and
communis (Rosales: Rosaceae) pears with estimations of confidence intervals of specific life
table statistics. Journal of Economic Entomology 113(5): 2343-2353.

```
-------------------------------------------------------------------------------
The results of paired bootstrap test are presented in following three ways.
    1. The t confidence intervals (assuming the results is normally distributed).
    2. Bootstrap percentile confidence intervals (based on the actual sampling results).
    3. P value based on number of bootstrap samples showing significant difference.
Because the t confidence intervals is based on the assumption of normal distribution,
while the bootstrap percentile confidence interval is based on random sampling, they
are different. Although most biological and ecological data are mostly not normal,
the distribution of bootstrap sample means are generally normal (if B is large).
Therefore, a large number of resampling (B = 100,000) is needed to ensure a stable
estimate. However, 100,000 is still a tiny proportion of exact method. If the bootstrap
results are normally distributed, the t confidence interval is similar to the bootstrap
confidence interval.  Moreover, the results of significance test based on three methods
are consistent. Discrepant results will only be observed in extreme cases.
-------------------------------------------------------------------------------

Project:
Number of treatments = 4
Bootstrap number (B) = 100000
If you are asked to use corrected alpha value:
Alpha(Sidak) = 8.5124446108471E-03
If you are asked to use corrected alpha, you have to check the P value of
each paired comparison. If a P value is lower than 8.5124446108471E-03 ,
there is significant difference between them.
Treatment 1 =D:...ootstrap test\Example-B_Effect Boot-A1a-R0.tx
        Variable: R0
Treatment 2 =D:...ootstrap test\Example-C_Effect Boot-A1a-R0.tx
        Variable: R0
Comparison between B-DBM-R0 vs C-Bm-R0
Number of bootstrap resamplings (B)= 100000
===============================================================
                     B-DBM-R0              C-Bm-R0
---------------------------------------------------------------
Original =           120.925925925926     92.85
---------------------------------------------------------------
Bootstrap mean =     120.904643888889     92.8178659999981
Variance =           257.765758124111     902.36867865532
```

```
SE =                    16.0550851173113        30.0394520365356
n                       54                      40
-----------------------------------------------------------------
Difference 1 = 28.075925925926
    Difference 1 is the difference of two original values.
-----------------------------------------------------------------
Difference 2 = 28.086777888891
    Difference 2 is the difference of two bootstrap means.
-----------------------------------------------------------------
Difference 3 = 28.0867778888892
    Difference 3 is the mean of all paired bootstrap differences.
With the increase of B, diff. 2 and 3 will close to diff. 1.
-----------------------------------------------------------------
SE of 100000 differences = 34.0716879556271
*****************************************************************
* t confidence intervals of differences (paired bootstrap test):  *
* 95% CI:                Lower                   Upper           *
*                        -38.6925039233736       94.8660597011519 *
* No signif. diff. btw. B-DBM-R0 and C-Bm-R0.                    *
* If the CI includes 0, there is no significant difference.      *
-----------------------------------------------------------------
# Percentile confidence intervals of paired bootstrap test differences: #
# 95% CI:                Lower                   Upper           #
#                        -41.7                   91.461111111111 #
# No signif. diff. btw. B-DBM-R0 and C-Bm-R0.                    #
# If the CI includes 0, there is no significant difference.      #
#----------------------------------------------------------------#
# Number of insignif. diff. =  41014                             #
# Number of signif. diff. =  58986                               #
# P-value (based on 100000  bootstrap samples) =  0.41014        #
-----------------------------------------------------------------
-----------------------------------------------------------------


Treatment 1 =D:...ootstrap test\Example-B_Effect Boot-A1a-R0.tx
        Variable: R0
Treatment 3 =D:...ootstrap test\Example-D_Effect Boot-A1a-R0.tx
        Variable: R0
Comparison between B-DBM-R0 vs D-Ag-R0
Number of bootstrap resamplings (B)= 100000
=================================================================
                        B-DBM-R0                D-Ag-R0
-----------------------------------------------------------------
Original =              120.925925925926        89.1875
-----------------------------------------------------------------
Bootstrap mean =        120.904643888889        89.186830625
Variance =              257.765758124111        29.4629968772182
SE =                    16.0550851173113        5.42798276316517
n                       54                      32
-----------------------------------------------------------------
Difference 1 = 31.738425925926
    Difference 1 is the difference of two original values.
-----------------------------------------------------------------
Difference 2 = 31.7178132638891
    Difference 2 is the difference of two bootstrap means.
-----------------------------------------------------------------
Difference 3 = 31.7178132638884
    Difference 3 is the mean of all paired bootstrap differences.
With the increase of B, diff. 2 and 3 will close to diff. 1.
```

```
--------------------------------------------------------------------
SE of 100000 differences = 16.9506353624529
********************************************************************
* t confidence intervals of differences (paired bootstrap test):   *
* 95% CI:              Lower                  Upper                 *
*                     -1.50482182364618       64.940448351423       *
* No signif. diff. btw. B-DBM-R0 and D-Ag-R0.                       *
* If the CI includes 0, there is no significant difference.         *
--------------------------------------------------------------------
--------------------------------------------------------------------
# Percentile confidence intervals of paired bootstrap test differences: #
# 95% CI:              Lower                  Upper                 #
#                     -1.1724537037037        65.3125               #
# No signif. diff. btw. B-DBM-R0 and D-Ag-R0.                       #
# If the CI includes 0, there is no significant difference.         #
#------------------------------------------------------------------#
# Number of insignif. diff. =  6170                                #
# Number of signif. diff. =  93830                                 #
# P-value (based on 100000  bootstrap samples) =  0.0617           #
--------------------------------------------------------------------
--------------------------------------------------------------------


Treatment 1 =D:...ootstrap test\Example-B_Effect Boot-A1a-R0.tx
          Variable: R0
Treatment 4 =D:...ootstrap test\Example-A_Effect Boot-A1a-R0.tx
          Variable: R0
Comparison between B-DBM-R0 vs A-PTW-R0
Number of bootstrap resamplings (B)= 100000
====================================================================
                     B-DBM-R0               A-PTW-R0
--------------------------------------------------------------------
Original =           120.925925925926       69.7
--------------------------------------------------------------------
Bootstrap mean =     120.904643888889       69.7167094999995
Variance =           257.765758124111       213.206011377725
SE =                 16.0550851173113       14.6015756470911
n                    54                     20
--------------------------------------------------------------------
Difference 1 = 51.225925925926
   Difference 1 is the difference of two original values.
--------------------------------------------------------------------
Difference 2 = 51.1879343888896
   Difference 2 is the difference of two bootstrap means.
--------------------------------------------------------------------
Difference 3 = 51.1879343888893
   Difference 3 is the mean of all paired bootstrap differences.
With the increase of B, diff. 2 and 3 will close to diff. 1.
--------------------------------------------------------------------
SE of 100000 differences = 21.6710695719836
********************************************************************
* t confidence intervals of differences (paired bootstrap test):   *
* 95% CI:              Lower                  Upper                 *
*                     8.71341818630613       93.6624505914725       *
* Signif. diff. btw. B-DBM-R0 and A-PTW-R0.                         *
* If the CI does not include 0, there is significant difference.    *
--------------------------------------------------------------------
--------------------------------------------------------------------
# Percentile confidence intervals of paired bootstrap test differences: #
# 95% CI:              Lower                  Upper                 #
```

```
#                      9.1518518518518              93.866666666667          #
# Signif. diff. btw. B-DBM-R0 and A-PTW-R0.                                  #
# If the CI does not include 0, there is significant difference.             #
#---------------------------------------------------------------------------#
# Number of insignif. diff. =  1798                                          #
# Number of signif. diff. =  98202                                          #
# P-value (based on 100000  bootstrap samples) =  0.01798                    #
 ---------------------------------------------------------------------------
 ---------------------------------------------------------------------------


Treatment 2 =D:...ootstrap test\Example-C_Effect Boot-A1a-R0.tx
          Variable: R0
Treatment 3 =D:...ootstrap test\Example-D_Effect Boot-A1a-R0.tx
          Variable: R0
Comparison between C-Bm-R0 vs D-Ag-R0
Number of bootstrap resamplings (B)= 100000
===========================================================================
                       C-Bm-R0                      D-Ag-R0
---------------------------------------------------------------------------
Original =             92.85                        89.1875
---------------------------------------------------------------------------
Bootstrap mean =       92.8178659999981             89.186830625
Variance =             902.36867865532              29.4629968772182
SE =                   30.0394520365356             5.42798276316517
n                      40                           32
---------------------------------------------------------------------------
Difference 1 = 3.66249999999999
   Difference 1 is the difference of two original values.
---------------------------------------------------------------------------
Difference 2 = 3.63103537499808
   Difference 2 is the difference of two bootstrap means.
---------------------------------------------------------------------------
Difference 3 = 3.63103537499997
   Difference 3 is the mean of all paired bootstrap differences.
With the increase of B, diff. 2 and 3 will close to diff. 1.
---------------------------------------------------------------------------
SE of 100000 differences = 30.5393483413207
***************************************************************************
* t confidence intervals of differences (paired bootstrap test):          *
* 95% CI:                Lower                      Upper                  *
*                        -56.2249879574483          63.4870587074482       *
* No signif. diff. btw. C-Bm-R0 and D-Ag-R0.                              *
* If the CI includes 0, there is no significant difference.               *
 ---------------------------------------------------------------------------
 ---------------------------------------------------------------------------
# Percentile confidence intervals of paired bootstrap test differences: #
# 95% CI:                Lower                      Upper                  #
#                        -51.71875                  67.33125               #
# No signif. diff. btw. C-Bm-R0 and D-Ag-R0.                              #
# If the CI includes 0, there is no significant difference.               #
#---------------------------------------------------------------------------#
# Number of insignif. diff. =  90708                                        #
# Number of signif. diff. =  9292                                          #
# P-value (based on 100000  bootstrap samples) =  0.90708                   #
 ---------------------------------------------------------------------------
 ---------------------------------------------------------------------------


Treatment 2 =D:...ootstrap test\Example-C_Effect Boot-A1a-R0.tx
          Variable: R0
```

```
Treatment 4 =D:...ootstrap test\Example-A_Effect Boot-A1a-R0.tx
        Variable: R0
Comparison between C-Bm-R0 vs A-PTW-R0
Number of bootstrap resamplings (B)= 100000
==============================================================================
                        C-Bm-R0                 A-PTW-R0
------------------------------------------------------------------------------
Original =              92.85                   69.7
------------------------------------------------------------------------------
Bootstrap mean =        92.8178659999981        69.7167094999995
Variance =              902.36867865532         213.206011377725
SE =                    30.0394520365356        14.6015756470911
n                       40                      20
------------------------------------------------------------------------------
Difference 1 = 23.15
   Difference 1 is the difference of two original values.
------------------------------------------------------------------------------
Difference 2 = 23.1011564999986
   Difference 2 is the difference of two bootstrap means.
------------------------------------------------------------------------------
Difference 3 = 23.1011564999999
   Difference 3 is the mean of all paired bootstrap differences.
With the increase of B, diff. 2 and 3 will close to diff. 1.
------------------------------------------------------------------------------
SE of 100000 differences = 33.4076535024257
******************************************************************************
* t confidence intervals of differences (paired bootstrap test):       *
* 95% CI:               Lower                   Upper                   *
*                       -42.3766416892284       88.5789546892282        *
* No signif. diff. btw. C-Bm-R0 and A-PTW-R0.                           *
* If the CI includes 0, there is no significant difference.             *
------------------------------------------------------------------------------
------------------------------------------------------------------------------
# Percentile confidence intervals of paired bootstrap test differences: #
# 95% CI:               Lower                   Upper                   #
#                       -38.45                  91.85                   #
# No signif. diff. btw. C-Bm-R0 and A-PTW-R0.                           #
# If the CI includes 0, there is no significant difference.             #
#----------------------------------------------------------------------#
# Number of insignif. diff. =  49153                                    #
# Number of signif. diff. =  50847                                      #
# P-value (based on 100000  bootstrap samples) =  0.49153               #
------------------------------------------------------------------------------
------------------------------------------------------------------------------


Treatment 3 =D:...ootstrap test\Example-D_Effect Boot-A1a-R0.tx
        Variable: R0
Treatment 4 =D:...ootstrap test\Example-A_Effect Boot-A1a-R0.tx
        Variable: R0
Comparison between D-Ag-R0 vs A-PTW-R0
Number of bootstrap resamplings (B)= 100000
==============================================================================
                        D-Ag-R0                 A-PTW-R0
------------------------------------------------------------------------------
Original =              89.1875                 69.7
------------------------------------------------------------------------------
Bootstrap mean =        89.186830625            69.7167094999995
Variance =              29.4629968772182        213.206011377725
SE =                    5.42798276316517        14.6015756470911
```

251

```
n                            32                      20
-------------------------------------------------------------------------
Difference 1 = 19.4875
   Difference 1 is the difference of two original values.
-------------------------------------------------------------------------
Difference 2 = 19.4701211250005
   Difference 2 is the difference of two bootstrap means.
-------------------------------------------------------------------------
Difference 3 = 19.4701211249999
   Difference 3 is the mean of all paired bootstrap differences.
With the increase of B, diff. 2 and 3 will close to diff. 1.
-------------------------------------------------------------------------
SE of 100000 differences = 15.5717436118121
*************************************************************************
* t confidence intervals of differences (paired bootstrap test):       *
* 95% CI:              Lower                    Upper                   *
*                      -11.0499357713818        49.9901780213816        *
* No signif. diff. btw. D-Ag-R0 and A-PTW-R0.                           *
* If the CI includes 0, there is no significant difference.            *
-------------------------------------------------------------------------
-------------------------------------------------------------------------
# Percentile confidence intervals of paired bootstrap test differences: #
# 95% CI:              Lower                    Upper                   #
#                      -10.83125                49.90625                #
# No signif. diff. btw. D-Ag-R0 and A-PTW-R0.                           #
# If the CI includes 0, there is no significant difference.            #
#----------------------------------------------------------------------#
# Number of insignif. diff. =  21390                                    #
# Number of signif. diff. =  78610                                      #
# P-value (based on 100000  bootstrap samples) =  0.2139                #
-------------------------------------------------------------------------
-------------------------------------------------------------------------
```

References:
Chi, H., Kara, H., Ozgokce, M. S., Atlihan, R., Guncan, A., and Risvanli, M. R. 2022. Innovative application of set theory, Cartesian product, and multinomial theorem in demographic research. Entomologia Generalis 42(6): 863-874.
Hesterberg, T., Moore, D. S., Monaghan, S., Clipson, A., and Epstein, R. 2005. Bootstrap methods and permutation tests. In Moore D.S. & McCabe G.P. (Eds.), Introduction to the Practice of Statistics (5th ed.). New York, US: W. H. Freeman and Company.
Smucker, M. D., Allan, J., and Carterette, B. 2007. A Comparison of Statistical Significance Tests for Information Retrieval Evaluation. Proceedings of the Sixteenth ACM Conference on Conference on Information and Knowledge Management, Lisbon, Portugal.p. 623-632.
Wei, M. F., Chi, H., Guo, Y. F., Li, X. W., Zhao, L. L., and Ma, R. Y. 2020. Demography of Cacopsylla chinensis (Hemiptera: Psyllidae) reared on four cultivars of Pyrus bretschneideri and P. communis (Rosales: Rosaceae) pears with estimations of confidence intervals of specific life table statistics. Journal of Economic Entomology 113(5):2343-2353.

Table 2. Differences between treatments and lower CI
(This is the t confidence interval based on paired bootstrap differences)
[Upper right triangle: The difference between means (i,j)]
[Lower left triangle: Lower CI of difference between means (i,j) based on t]

```
=========================================================
            B-DBM-R0   C-Bm-R0   D-Ag-R0   A-PTW-R0
---------------------------------------------------------
B-DBM-R0      ----      28.0868   31.7178   51.1879
C-Bm-R0     -38.6925     ----      3.631    23.1012
D-Ag-R0      -1.5048   -56.225     ----     19.4701
A-PTW-R0      8.7134 * -42.3766  -11.0499    ----
---------------------------------------------------------
```

*: Significant at 5% significance level. A P<=0.05 denotes significant difference.
The bootstrap t confidence interval might be different from the bootstrap percentile
confidence interval.

Table 3. Differences between treatments and P-value
[Upper right triangle: The difference between means (i,j)]
[Lower left triangle: P-value of the test between (i,j)]

	B-DBM-R0	C-Bm-R0	D-Ag-R0	A-PTW-R0
B-DBM-R0	----	28.0868	31.7178	51.1879 *
C-Bm-R0	0.4101	----	3.631	23.1012
D-Ag-R0	0.0617	0.9071	----	19.4701
A-PTW-R0	0.018 *	0.4915	0.2139	----

*: Significant at 5% significance level. A P<=0.05 denotes significant difference.

Table 4. Differences between treatments (Paired bootstrap test)
[Upper right triangle: P-value of the test between (i,j)]
[Lower left triangle: The difference between means (i,j)]

```
==============================================================
            B-DBM-R0   C-Bm-R0    D-Ag-R0    A-PTW-R0
--------------------------------------------------------------
B-DBM-R0    ----       0.4101     0.0617     0.018  *
C-Bm-R0     28.0868    ----       0.9071     0.4915
D-Ag-R0     31.7178    3.631      ----       0.2139
A-PTW-R0    51.1879 *  23.1012    19.4701    ----
--------------------------------------------------------------
```

*: Significant at 5% significance level. A P<=0.05 denotes significant difference.

```
Table 5. Differences between treatments (Paired bootstrap test)
[Upper right triangle: P-value of the test between (i,j)]
[Lower left triangle: The difference between means (i,j)]
The original values are listed in the last column
===========================================================
            B-DBM-R0   C-Bm-R0    D-Ag-R0    A-PTW-R0    Original
-----------------------------------------------------------
B-DBM-R0    ------     0.4101     0.0617     0.018  *    120.925925925926
C-Bm-R0     28.0868    ------     0.9071     0.4915      92.85
D-Ag-R0     31.7178    3.631      ------     0.2139      89.1875
A-PTW-R0    51.1879 *  23.1012    19.4701    ------      69.7
-----------------------------------------------------------

*: Significant at 5% significance level. A P<=0.05 denotes significant difference.
```

```
Table 6. Differences between treatments (Paired bootstrap test)
[Upper right triangle: P-value of the test between (i,j)]
[Lower left triangle: P-value of the test between (j,i)]

=============================================================
            B-DBM-R0   C-Bm-R0    D-Ag-R0    A-PTW-R0
-------------------------------------------------------------
B-DBM-R0    ------     0.4101     0.0617     0.018  *
C-Bm-R0     0.4101     ------     0.9071     0.4915
D-Ag-R0     0.0617     0.9071     ------     0.2139
A-PTW-R0    0.018  *   0.4915     0.2139     ------
-------------------------------------------------------------

*: Significant at 5% significance level. A P<=0.05 denotes significant difference.
```

两性生命表理论与应用——昆虫种群生态学研究新方法

Table 7. Preliminary table of differences between treatments.
You can use the following table to mark the differences between treatments.
Only the differences between the first few treatments are marked for you.
Note well! If this table is not completed, you have to complete the rest "_"
yourself. Attention! Not every "_" needs to be filled with a letter.
This is a good practice of "critical thinking".
Note well: "Thinking is the most important thing in science".

```
==============================================================================
Treatment        Original              n        SE                  Difference
------------------------------------------------------------------------------
B-DBM-R0         120.925925925926      54       16.0550851173113    a___
C-Bm-R0          92.85                 40       30.0394520365356    a___
D-Ag-R0          89.1875               32       5.42798276316517    ____
A-PTW-R0         69.7                  20       14.6015756470911    ____
------------------------------------------------------------------------------
```

Paired bootstrap test begins at 2024/4/18 23:53:13
 Total time = 1 sec.

附录五　Example_0.5d_0A_Life Table 输出文档

Program: Age-Stage, Two-Sex Life Table Analysis (TWOSEX-MSChart)

****

Insects and mites are age-stage-structured. Stage differentiation is important to insect physiology, biochemistry, ecology, etc., and is essential when trying to quantify the damage caused by a pest population or the control efficacy of a predator population. We should not ignore this unique feature. Males are important, too. We should not ignore the contribution of male population to biological control. Because the age-stage, two-sex life table includes both sexes, the effect of sex ratio on the population parameters can be taken into consideration when the bootstrap method is used. However, if a female only life table is used, the effect of sex ratio is totally ignored.

****

Date: 2024/5/16
Time: 8:08:42

Ver. 4/18/2024

===
*   ATTENTION!   *
*   The useful files are listed in sequence. The file '_0A_Life table_Output.txt'   *
*   contains all raw data and analytical results of your life table. You should   *
*   carefully read this file several times to check your results, to find useful   *
*   information. Due to the limitation of table listing, only limited digits are *
*   listed in all tables. Therefore, you should not use these data to prepare   *
*   your graphs. For the preparation of graphs, many files with '_Fig_' in file   *
*   name can be imported into SigmaPlot or Excel. Then you can plot nice figures *
*   with ease. I suggest you use SigmaPlot, because Excel cannot produce high   *
*   quality figures.   *
===

Project: Life table example-A Ver. 4/18/2024
Username: Name. Pt:2o7e
Treatment: A-PTW

****
* Time unit used: 0.5   *
****
* Fecundity coefficient: 1   *
****

Table 1. Number of time units spent by each individual in each
         stage, preadult and total longevity (you collected your data every 0.5 time
unit)

Indiv.	Sex	Egg	Larva	Pupa	Adult	Preadult	Total longevity	
1	M	6	11	12	6	29	35	M
2	F	6	10	11	10	27	37	F
3	F	6	11	10	10	27	37	F
4	F	6	12	10	7	28	35	F
5	M	6	12	11	5	29	34	M
6	F	6	12	11	14	29	43	F
7	M	6	13	10	8	29	37	M
8	F	6	11	9	11	26	37	F
9	F	6	12	11	9	29	38	F
10	M	6	12	11	6	29	35	M
11	M	6	12	12	7	30	37	M
12	F	6	12	12	8	30	38	F
13	F	6	13	10	10	29	39	F
14	M	6	13	11	8	30	38	M
15	F	6	13	12	10	31	41	F
16	F	6	13	11	9	30	39	F
17	M	6	14	10	6	30	36	M
18	F	6	14	11	6	31	37	F
19	N	6	13	8 d	-	-	27	N*
20	N	6	10 d	-	-	-	16	N*
N		20	19	18	18	18	20	
Mean		6	12.26	10.83	8.33	29.06	35.8	
Maximum		6	14	12	14	31	43	
Minimum		6	10	9	5	26	16	
Variance		0	1.09	0.74	5.18	1.82	31.43	
S.D.		0	1.05	0.86	2.28	1.35	5.61	
S.E.		0	0.24	0.202	0.536	0.318	1.254	

d – dead.
Max. longevity of male adult = 8
Max. longevity of female adult = 14
Max. total longevity of female = 43
Number of individuals developed to female adult stage = 11
Number of individuals developed to male adult stage = 7
Max. total longevity of male = 38
Number of individuals died in immature stage = 2

Table 5. Age-stage-specific survival - Actual number (Matrix N)
==
Age (x)	Egg j=1	Larva j=2	Pupa j=3	Female j=4	Male j=5
0	20	-	-	-	-
0.5	20	-	-	-	-
1	20	-	-	-	-
1.5	20	-	-	-	-
2	20	-	-	-	-
2.5	20	-	-	-	-
3	20	-	-	-	-
3.5	20	-	-	-	-
4	20	-	-	-	-
4.5	20	-	-	-	-
5	20	-	-	-	-
5.5	20	-	-	-	-
6	-	20	-	-	-
6.5	-	20	-	-	-
7	-	20	-	-	-
7.5	-	20	-	-	-
8	-	20	-	-	-
8.5	-	20	-	-	-
9	-	20	-	-	-
9.5	-	20	-	-	-
10	-	20	-	-	-
10.5	-	20	-	-	-
11	-	20	-	-	-
11.5	-	20	-	-	-
12	-	20	-	-	-
12.5	-	20	-	-	-
13	-	20	-	-	-
13.5	-	20	-	-	-
14	-	20	-	-	-
14.5	-	20	-	-	-
15	-	20	-	-	-
15.5	-	20	-	-	-
16	-	18	1	-	-
16.5	-	18	1	-	-
17	-	15	4	-	-
17.5	-	15	4	-	-
18	-	8	11	-	-
18.5	-	8	11	-	-
19	-	2	17	-	-
19.5	-	2	17	-	-
20	-	-	19	-	-
20.5	-	-	19	-	-
21	-	-	19	-	-
21.5	-	-	19	-	-
22	-	-	19	-	-
22.5	-	-	19	-	-
23	-	-	19	-	-
23.5	-	-	19	-	-
24	-	-	19	-	-
24.5	-	-	19	-	-
25	-	-	19	-	-
25.5	-	-	19	-	-
26	-	-	18	1	-
26.5	-	-	18	1	-

27	–	–	15	3	–
27.5	–	–	15	3	–
28	–	–	14	4	–
28.5	–	–	14	4	–
29	–	–	7	7	4
29.5	–	–	7	7	4
30	–	–	2	9	7
30.5	–	–	2	9	7
31	–	–	–	11	7
31.5	–	–	–	11	7
32	–	–	–	11	7
32.5	–	–	–	11	7
33	–	–	–	11	7
33.5	–	–	–	11	7
34	–	–	–	11	6
34.5	–	–	–	11	6
35	–	–	–	10	4
35.5	–	–	–	10	4
36	–	–	–	10	3
36.5	–	–	–	10	3
37	–	–	–	6	1
37.5	–	–	–	6	1
38	–	–	–	4	–
38.5	–	–	–	4	–
39	–	–	–	2	–
39.5	–	–	–	2	–
40	–	–	–	2	–
40.5	–	–	–	2	–
41	–	–	–	1	–
41.5	–	–	–	1	–
42	–	–	–	1	–
42.5	–	–	–	1	–

All individuals died on 43 days.
Sum[n(x,j)]= 1432. This is the mean longevity of all individuals.
Sum[n(x,j)]/20= 71.6. It is the mean longevity.

Table 6. Age-stage-specific survival - Actual number (Matrix N) with sum
===

Age (x)	Egg j=1	Larva j=2	Pupa j=3	Female j=4	Male j=5	Sum
0	20	–	–	–	–	20
0.5	20	–	–	–	–	20
1	20	–	–	–	–	20
1.5	20	–	–	–	–	20
2	20	–	–	–	–	20
2.5	20	–	–	–	–	20
3	20	–	–	–	–	20
3.5	20	–	–	–	–	20
4	20	–	–	–	–	20
4.5	20	–	–	–	–	20
5	20	–	–	–	–	20
5.5	20	–	–	–	–	20
6	–	20	–	–	–	20
6.5	–	20	–	–	–	20
7	–	20	–	–	–	20
7.5	–	20	–	–	–	20
8	–	20	–	–	–	20
8.5	–	20	–	–	–	20
9	–	20	–	–	–	20
9.5	–	20	–	–	–	20
10	–	20	–	–	–	20
10.5	–	20	–	–	–	20
11	–	20	–	–	–	20
11.5	–	20	–	–	–	20
12	–	20	–	–	–	20
12.5	–	20	–	–	–	20
13	–	20	–	–	–	20
13.5	–	20	–	–	–	20
14	–	20	–	–	–	20
14.5	–	20	–	–	–	20
15	–	20	–	–	–	20
15.5	–	20	–	–	–	20
16	–	18	1	–	–	19
16.5	–	18	1	–	–	19
17	–	15	4	–	–	19
17.5	–	15	4	–	–	19
18	–	8	11	–	–	19
18.5	–	8	11	–	–	19
19	–	2	17	–	–	19
19.5	–	2	17	–	–	19
20	–	–	19	–	–	19
20.5	–	–	19	–	–	19
21	–	–	19	–	–	19
21.5	–	–	19	–	–	19
22	–	–	19	–	–	19
22.5	–	–	19	–	–	19
23	–	–	19	–	–	19
23.5	–	–	19	–	–	19
24	–	–	19	–	–	19
24.5	–	–	19	–	–	19
25	–	–	19	–	–	19
25.5	–	–	19	–	–	19
26	–	–	18	1	–	19
26.5	–	–	18	1	–	19

27	–	–	15	3	–	18
27.5	–	–	15	3	–	18
28	–	–	14	4	–	18
28.5	–	–	14	4	–	18
29	–	–	7	7	4	18
29.5	–	–	7	7	4	18
30	–	–	2	9	7	18
30.5	–	–	2	9	7	18
31	–	–	–	11	7	18
31.5	–	–	–	11	7	18
32	–	–	–	11	7	18
32.5	–	–	–	11	7	18
33	–	–	–	11	7	18
33.5	–	–	–	11	7	18
34	–	–	–	11	6	17
34.5	–	–	–	11	6	17
35	–	–	–	10	4	14
35.5	–	–	–	10	4	14
36	–	–	–	10	3	13
36.5	–	–	–	10	3	13
37	–	–	–	6	1	7
37.5	–	–	–	6	1	7
38	–	–	–	4	–	4
38.5	–	–	–	4	–	4
39	–	–	–	2	–	2
39.5	–	–	–	2	–	2
40	–	–	–	2	–	2
40.5	–	–	–	2	–	2
41	–	–	–	1	–	1
41.5	–	–	–	1	–	1
42	–	–	–	1	–	1
42.5	–	–	–	1	–	1

All individuals died on 43 days.
Sum[n(x,j)]= 1432. This is the mean longevity of all individuals.
Sum[n(x,j)]/20= 71.6. It is the mean longevity.

Table 7. Age-stage-specific growth probability g(x,j) (Matrix G)
==

Age (x)	Egg j=1	Larva j=2	Pupa j=3	Female j=4	Male j=5
0	1	-	-	-	-
0.5	1	-	-	-	-
1	1	-	-	-	-
1.5	1	-	-	-	-
2	1	-	-	-	-
2.5	1	-	-	-	-
3	1	-	-	-	-
3.5	1	-	-	-	-
4	1	-	-	-	-
4.5	1	-	-	-	-
5	1	-	-	-	-
5.5	0	-	-	-	-
6	-	1	-	-	-
6.5	-	1	-	-	-
7	-	1	-	-	-
7.5	-	1	-	-	-
8	-	1	-	-	-
8.5	-	1	-	-	-
9	-	1	-	-	-
9.5	-	1	-	-	-
10	-	1	-	-	-
10.5	-	1	-	-	-
11	-	1	-	-	-
11.5	-	1	-	-	-
12	-	1	-	-	-
12.5	-	1	-	-	-
13	-	1	-	-	-
13.5	-	1	-	-	-
14	-	1	-	-	-
14.5	-	1	-	-	-
15	-	1	-	-	-
15.5	-	0.9	-	-	-
16	-	1	1	-	-
16.5	-	0.8333	1	-	-
17	-	1	1	-	-
17.5	-	0.5333	1	-	-
18	-	1	1	-	-
18.5	-	0.25	1	-	-
19	-	1	1	-	-
19.5	-	0	1	-	-
20	-	-	1	-	-
20.5	-	-	1	-	-
21	-	-	1	-	-
21.5	-	-	1	-	-
22	-	-	1	-	-
22.5	-	-	1	-	-
23	-	-	1	-	-
23.5	-	-	1	-	-
24	-	-	1	-	-
24.5	-	-	1	-	-
25	-	-	1	-	-
25.5	-	-	0.9474	-	-
26	-	-	1	1	-
26.5	-	-	0.8333	1	-

27	-	-	1	1	-
27.5	-	-	0.9333	1	-
28	-	-	1	1	-
28.5	-	-	0.5	1	-
29	-	-	1	1	1
29.5	-	-	0.2857	1	1
30	-	-	1	1	1
30.5	-	-	0	1	1
31	-	-	-	1	1
31.5	-	-	-	1	1
32	-	-	-	1	1
32.5	-	-	-	1	1
33	-	-	-	1	1
33.5	-	-	-	1	0.8571
34	-	-	-	1	1
34.5	-	-	-	0.9091	0.6667
35	-	-	-	1	1
35.5	-	-	-	1	0.75
36	-	-	-	1	1
36.5	-	-	-	0.6	0.3333
37	-	-	-	1	1
37.5	-	-	-	0.6667	0
38	-	-	-	1	-
38.5	-	-	-	0.5	-
39	-	-	-	1	-
39.5	-	-	-	1	-
40	-	-	-	1	-
40.5	-	-	-	0.5	-
41	-	-	-	1	-
41.5	-	-	-	1	-
42	-	-	-	1	-
42.5	-	-	-	0	-

```
g(x,j) is the transition probability that individuals
of (x,j) will be in (x+1,j) after 0.5 time unit.
Sum[n(x,j)]/20= 71.6. It is the mean longevity.
```

```
Table 8. Age-stage-specific growth number (Matrix Ng)
=====================================================
Age      Egg      Larva    Pupa     Female   Male
(x)      j=1      j=2      j=3      j=4      j=5
-----------------------------------------------------
0        20       -        -        -        -
0.5      20       -        -        -        -
1        20       -        -        -        -
1.5      20       -        -        -        -
2        20       -        -        -        -
2.5      20       -        -        -        -
3        20       -        -        -        -
3.5      20       -        -        -        -
4        20       -        -        -        -
4.5      20       -        -        -        -
5        20       -        -        -        -
5.5      0        -        -        -        -
6        -        20       -        -        -
6.5      -        20       -        -        -
7        -        20       -        -        -
7.5      -        20       -        -        -
8        -        20       -        -        -
8.5      -        20       -        -        -
9        -        20       -        -        -
9.5      -        20       -        -        -
10       -        20       -        -        -
10.5     -        20       -        -        -
11       -        20       -        -        -
11.5     -        20       -        -        -
12       -        20       -        -        -
12.5     -        20       -        -        -
13       -        20       -        -        -
13.5     -        20       -        -        -
14       -        20       -        -        -
14.5     -        20       -        -        -
15       -        20       -        -        -
15.5     -        18       -        -        -
16       -        18       1        -        -
16.5     -        15       1        -        -
17       -        15       4        -        -
17.5     -        8        4        -        -
18       -        8        11       -        -
18.5     -        2        11       -        -
19       -        2        17       -        -
19.5     -        0        17       -        -
20       -        -        19       -        -
20.5     -        -        19       -        -
21       -        -        19       -        -
21.5     -        -        19       -        -
22       -        -        19       -        -
22.5     -        -        19       -        -
23       -        -        19       -        -
23.5     -        -        19       -        -
24       -        -        19       -        -
24.5     -        -        19       -        -
25       -        -        19       -        -
25.5     -        -        18       -        -
26       -        -        18       1        -
26.5     -        -        15       1        -
```

27	-	-	15	3	-
27.5	-	-	14	3	-
28	-	-	14	4	-
28.5	-	-	7	4	-
29	-	-	7	7	4
29.5	-	-	2	7	4
30	-	-	2	9	7
30.5	-	-	0	9	7
31	-	-	-	11	7
31.5	-	-	-	11	7
32	-	-	-	11	7
32.5	-	-	-	11	7
33	-	-	-	11	7
33.5	-	-	-	11	6
34	-	-	-	11	6
34.5	-	-	-	10	4
35	-	-	-	10	4
35.5	-	-	-	10	3
36	-	-	-	10	3
36.5	-	-	-	6	1
37	-	-	-	6	1
37.5	-	-	-	4	0
38	-	-	-	4	-
38.5	-	-	-	2	-
39	-	-	-	2	-
39.5	-	-	-	2	-
40	-	-	-	2	-
40.5	-	-	-	1	-
41	-	-	-	1	-
41.5	-	-	-	1	-
42	-	-	-	1	-
42.5	-	-	-	0	-

```
--------------------------------------------------
ng(x,j) is the number of individuals of age x and
stage j will remain in stage j after 0.5 time unit.
Sum[n(x,j)]/20= 71.6. It is the mean longevity.
```

Table 9. Age-stage-specific development probability d(x,j) (Matrix D)
==
Age (x)	Egg->Lar	Lar->Pup	Pup->Fem	Pup->Mal	-
0	0	-	-	-	-
0.5	0	-	-	-	-
1	0	-	-	-	-
1.5	0	-	-	-	-
2	0	-	-	-	-
2.5	0	-	-	-	-
3	0	-	-	-	-
3.5	0	-	-	-	-
4	0	-	-	-	-
4.5	0	-	-	-	-
5	0	-	-	-	-
5.5	1	-	-	-	-
6	-	0	-	-	-
6.5	-	0	-	-	-
7	-	0	-	-	-
7.5	-	0	-	-	-
8	-	0	-	-	-
8.5	-	0	-	-	-
9	-	0	-	-	-
9.5	-	0	-	-	-
10	-	0	-	-	-
10.5	-	0	-	-	-
11	-	0	-	-	-
11.5	-	0	-	-	-
12	-	0	-	-	-
12.5	-	0	-	-	-
13	-	0	-	-	-
13.5	-	0	-	-	-
14	-	0	-	-	-
14.5	-	0	-	-	-
15	-	0	-	-	-
15.5	-	0.05	-	-	-
16	-	0	0	0	-
16.5	-	0.1667	0	0	-
17	-	0	0	0	-
17.5	-	0.4667	0	0	-
18	-	0	0	0	-
18.5	-	0.75	0	0	-
19	-	0	0	0	-
19.5	-	1	0	0	-
20	-	-	0	0	-
20.5	-	-	0	0	-
21	-	-	0	0	-
21.5	-	-	0	0	-
22	-	-	0	0	-
22.5	-	-	0	0	-
23	-	-	0	0	-
23.5	-	-	0	0	-
24	-	-	0	0	-
24.5	-	-	0	0	-
25	-	-	0	0	-
25.5	-	-	0.0526	0	-
26	-	-	0	0	-
26.5	-	-	0.1111	0	-

27	-	-	0	0	-
27.5	-	-	0.0667	0	-
28	-	-	0	0	-
28.5	-	-	0.2143	0.2857	-
29	-	-	0	0	-
29.5	-	-	0.2857	0.4286	-
30	-	-	0	0	-
30.5	-	-	1	0	-
31	-	-	-	-	-
31.5	-	-	-	-	-
32	-	-	-	-	-
32.5	-	-	-	-	-
33	-	-	-	-	-
33.5	-	-	-	-	-
34	-	-	-	-	-
34.5	-	-	-	-	-
35	-	-	-	-	-
35.5	-	-	-	-	-
36	-	-	-	-	-
36.5	-	-	-	-	-
37	-	-	-	-	-
37.5	-	-	-	-	-
38	-	-	-	-	-
38.5	-	-	-	-	-
39	-	-	-	-	-
39.5	-	-	-	-	-
40	-	-	-	-	-
40.5	-	-	-	-	-
41	-	-	-	-	-
41.5	-	-	-	-	-
42	-	-	-	-	-
42.5	-	-	-	-	-

The d(x,j) is the transition probability that individuals
of (x,j) will be in (x+1,j+1) after 0.5 time unit.
Pup->Fem and Pup->Mal is the probability from pupa to female and male, respectively.

Table 10. Age-stage-specific development number nd(x,j) (Matrix Nd)
===

Age (x)	Egg->Lar	Lar->Pup	Pup->Fem	Pup->Mal	-
0	0	-	-	-	-
0.5	0	-	-	-	-
1	0	-	-	-	-
1.5	0	-	-	-	-
2	0	-	-	-	-
2.5	0	-	-	-	-
3	0	-	-	-	-
3.5	0	-	-	-	-
4	0	-	-	-	-
4.5	0	-	-	-	-
5	0	-	-	-	-
5.5	20	-	-	-	-
6	-	0	-	-	-
6.5	-	0	-	-	-
7	-	0	-	-	-
7.5	-	0	-	-	-
8	-	0	-	-	-
8.5	-	0	-	-	-
9	-	0	-	-	-
9.5	-	0	-	-	-
10	-	0	-	-	-
10.5	-	0	-	-	-
11	-	0	-	-	-
11.5	-	0	-	-	-
12	-	0	-	-	-
12.5	-	0	-	-	-
13	-	0	-	-	-
13.5	-	0	-	-	-
14	-	0	-	-	-
14.5	-	0	-	-	-
15	-	0	-	-	-
15.5	-	1	-	-	-
16	-	0	0	0	-
16.5	-	3	0	0	-
17	-	0	0	0	-
17.5	-	7	0	0	-
18	-	0	0	0	-
18.5	-	6	0	0	-
19	-	0	0	0	-
19.5	-	2	0	0	-
20	-	-	0	0	-
20.5	-	-	0	0	-
21	-	-	0	0	-
21.5	-	-	0	0	-
22	-	-	0	0	-
22.5	-	-	0	0	-
23	-	-	0	0	-
23.5	-	-	0	0	-
24	-	-	0	0	-
24.5	-	-	0	0	-
25	-	-	0	0	-
25.5	-	-	1	0	-
26	-	-	0	0	-
26.5	-	-	2	0	-

27	–	–	0	0	–
27.5	–	–	1	0	–
28	–	–	0	0	–
28.5	–	–	3	4	–
29	–	–	0	0	–
29.5	–	–	2	3	–
30	–	–	0	0	–
30.5	–	–	2	0	–
31	–	–	–	–	–
31.5	–	–	–	–	–
32	–	–	–	–	–
32.5	–	–	–	–	–
33	–	–	–	–	–
33.5	–	–	–	–	–
34	–	–	–	–	–
34.5	–	–	–	–	–
35	–	–	–	–	–
35.5	–	–	–	–	–
36	–	–	–	–	–
36.5	–	–	–	–	–
37	–	–	–	–	–
37.5	–	–	–	–	–
38	–	–	–	–	–
38.5	–	–	–	–	–
39	–	–	–	–	–
39.5	–	–	–	–	–
40	–	–	–	–	–
40.5	–	–	–	–	–
41	–	–	–	–	–
41.5	–	–	–	–	–
42	–	–	–	–	–
42.5	–	–	–	–	–

The nd(x,j) is the number of individuals of (x,j)
will develop to next stage after 0.5 time unit.
Pup->Fem and Pup->Mal is the number from pupa to female and male, respectively.

Table 11. Age-stage-specific death number (Matrix N-dead)
==
Age (x)	Egg j=1	Larva j=2	Pupa j=3	Female j=4	Male j=5
0	0	–	–	–	–
0.5	0	–	–	–	–
1	0	–	–	–	–
1.5	0	–	–	–	–
2	0	–	–	–	–
2.5	0	–	–	–	–
3	0	–	–	–	–
3.5	0	–	–	–	–
4	0	–	–	–	–
4.5	0	–	–	–	–
5	0	–	–	–	–
5.5	0	–	–	–	–
6	–	0	–	–	–
6.5	–	0	–	–	–
7	–	0	–	–	–
7.5	–	0	–	–	–
8	–	0	–	–	–
8.5	–	0	–	–	–
9	–	0	–	–	–
9.5	–	0	–	–	–
10	–	0	–	–	–
10.5	–	0	–	–	–
11	–	0	–	–	–
11.5	–	0	–	–	–
12	–	0	–	–	–
12.5	–	0	–	–	–
13	–	0	–	–	–
13.5	–	0	–	–	–
14	–	0	–	–	–
14.5	–	0	–	–	–
15	–	0	–	–	–
15.5	–	1	–	–	–
16	–	0	0	–	–
16.5	–	0	0	–	–
17	–	0	0	–	–
17.5	–	0	0	–	–
18	–	0	0	–	–
18.5	–	0	0	–	–
19	–	0	0	–	–
19.5	–	0	0	–	–
20	–	–	0	–	–
20.5	–	–	0	–	–
21	–	–	0	–	–
21.5	–	–	0	–	–
22	–	–	0	–	–
22.5	–	–	0	–	–
23	–	–	0	–	–
23.5	–	–	0	–	–
24	–	–	0	–	–
24.5	–	–	0	–	–
25	–	–	0	–	–
25.5	–	–	0	–	–
26	–	–	0	0	–
26.5	–	–	1	0	–

273

27	–	–	0	0	–
27.5	–	–	0	0	–
28	–	–	0	0	–
28.5	–	–	0	0	–
29	–	–	0	0	0
29.5	–	–	0	0	0
30	–	–	0	0	0
30.5	–	–	0	0	0
31	–	–	–	0	0
31.5	–	–	–	0	0
32	–	–	–	0	0
32.5	–	–	–	0	0
33	–	–	–	0	0
33.5	–	–	–	0	1
34	–	–	–	0	0
34.5	–	–	–	1	2
35	–	–	–	0	0
35.5	–	–	–	0	1
36	–	–	–	0	0
36.5	–	–	–	4	2
37	–	–	–	0	0
37.5	–	–	–	2	1
38	–	–	–	0	–
38.5	–	–	–	2	–
39	–	–	–	0	–
39.5	–	–	–	0	–
40	–	–	–	0	–
40.5	–	–	–	1	–
41	–	–	–	0	–
41.5	–	–	–	0	–
42	–	–	–	0	–
42.5	–	–	–	1	–

All individuals died on 43 days.
Total death = 20. This must equal to the total individuals 20.
If one decimal is shown, it is due to rounding-off problem.

```
Table 12. Age-stage-specific fecundity f(x,j) (Matrix F)
=======================================================
Age     Egg      Larva    Pupa     Female   Male
(x)     j=1      j=2      j=3      j=4      j=5
-------------------------------------------------------
0       0        -        -        -        -
0.5     0        -        -        -        -
1       0        -        -        -        -
1.5     0        -        -        -        -
2       0        -        -        -        -
2.5     0        -        -        -        -
3       0        -        -        -        -
3.5     0        -        -        -        -
4       0        -        -        -        -
4.5     0        -        -        -        -
5       0        -        -        -        -
5.5     0        -        -        -        -
6       -        0        -        -        -
6.5     -        0        -        -        -
7       -        0        -        -        -
7.5     -        0        -        -        -
8       -        0        -        -        -
8.5     -        0        -        -        -
9       -        0        -        -        -
9.5     -        0        -        -        -
10      -        0        -        -        -
10.5    -        0        -        -        -
11      -        0        -        -        -
11.5    -        0        -        -        -
12      -        0        -        -        -
12.5    -        0        -        -        -
13      -        0        -        -        -
13.5    -        0        -        -        -
14      -        0        -        -        -
14.5    -        0        -        -        -
15      -        0        -        -        -
15.5    -        0        -        -        -
16      -        0        0        -        -
16.5    -        0        0        -        -
17      -        0        0        -        -
17.5    -        0        0        -        -
18      -        0        0        -        -
18.5    -        0        0        -        -
19      -        0        0        -        -
19.5    -        0        0        -        -
20      -        -        0        -        -
20.5    -        -        0        -        -
21      -        -        0        -        -
21.5    -        -        0        -        -
22      -        -        0        -        -
22.5    -        -        0        -        -
23      -        -        0        -        -
23.5    -        -        0        -        -
24      -        -        0        -        -
24.5    -        -        0        -        -
25      -        -        0        -        -
25.5    -        -        0        -        -
26      -        -        0        0        -
26.5    -        -        0        0        -
```

|------|---|---|---|---------|---|
27	-	-	0	0	-
27.5	-	-	0	0	-
28	-	-	0	18.25	-
28.5	-	-	0	18.25	-
29	-	-	0	19.7143	0
29.5	-	-	0	20	0
30	-	-	0	24.2222	0
30.5	-	-	0	24.6667	0
31	-	-	-	7.0909	0
31.5	-	-	-	7.2727	0
32	-	-	-	11.5455	0
32.5	-	-	-	11.9091	0
33	-	-	-	3	0
33.5	-	-	-	3.1818	0
34	-	-	-	1.5455	0
34.5	-	-	-	1.6364	0
35	-	-	-	0.2	0
35.5	-	-	-	0.2	0
36	-	-	-	0.2	0
36.5	-	-	-	0.1	0
37	-	-	-	0.3333	0
37.5	-	-	-	0.3333	0
38	-	-	-	0	-
38.5	-	-	-	0	-
39	-	-	-	0	-
39.5	-	-	-	0	-
40	-	-	-	0	-
40.5	-	-	-	0	-
41	-	-	-	0	-
41.5	-	-	-	0	-
42	-	-	-	0	-
42.5	-	-	-	0	-

The f(x,j) is the mean fecundity of individuals of age x and stage j.
If one decimal is shown, it is due to rounding-off problem.

Table 13. Age-stage-specific total fecundity (Matrix Ft(x,j))
==
Age (x)	Egg j=1	Larva j=2	Pupa j=3	Female j=4	Male j=5
0	0	-	-	-	-
0.5	0	-	-	-	-
1	0	-	-	-	-
1.5	0	-	-	-	-
2	0	-	-	-	-
2.5	0	-	-	-	-
3	0	-	-	-	-
3.5	0	-	-	-	-
4	0	-	-	-	-
4.5	0	-	-	-	-
5	0	-	-	-	-
5.5	0	-	-	-	-
6	-	0	-	-	-
6.5	-	0	-	-	-
7	-	0	-	-	-
7.5	-	0	-	-	-
8	-	0	-	-	-
8.5	-	0	-	-	-
9	-	0	-	-	-
9.5	-	0	-	-	-
10	-	0	-	-	-
10.5	-	0	-	-	-
11	-	0	-	-	-
11.5	-	0	-	-	-
12	-	0	-	-	-
12.5	-	0	-	-	-
13	-	0	-	-	-
13.5	-	0	-	-	-
14	-	0	-	-	-
14.5	-	0	-	-	-
15	-	0	-	-	-
15.5	-	0	-	-	-
16	-	0	0	-	-
16.5	-	0	0	-	-
17	-	0	0	-	-
17.5	-	0	0	-	-
18	-	0	0	-	-
18.5	-	0	0	-	-
19	-	0	0	-	-
19.5	-	0	0	-	-
20	-	-	0	-	-
20.5	-	-	0	-	-
21	-	-	0	-	-
21.5	-	-	0	-	-
22	-	-	0	-	-
22.5	-	-	0	-	-
23	-	-	0	-	-
23.5	-	-	0	-	-
24	-	-	0	-	-
24.5	-	-	0	-	-
25	-	-	0	-	-
25.5	-	-	0	-	-
26	-	-	0	0	-
26.5	-	-	0	0	-

27	-	-	0	0	-
27.5	-	-	0	0	-
28	-	-	0	73	-
28.5	-	-	0	73	-
29	-	-	0	138	0
29.5	-	-	0	140	0
30	-	-	0	218	0
30.5	-	-	0	222	0
31	-	-	-	78	0
31.5	-	-	-	80	0
32	-	-	-	127	0
32.5	-	-	-	131	0
33	-	-	-	33	0
33.5	-	-	-	35	0
34	-	-	-	17	0
34.5	-	-	-	18	0
35	-	-	-	2	0
35.5	-	-	-	2	0
36	-	-	-	2	0
36.5	-	-	-	1	0
37	-	-	-	2	0
37.5	-	-	-	2	0
38	-	-	-	0	-
38.5	-	-	-	0	-
39	-	-	-	0	-
39.5	-	-	-	0	-
40	-	-	-	0	-
40.5	-	-	-	0	-
41	-	-	-	0	-
41.5	-	-	-	0	-
42	-	-	-	0	-
42.5	-	-	-	0	-
Sum	0	0	0	1394	0

The Ft(x,j) is the total fecundity of all individuals of age x and stage j.
It is the total eggs reproduced by the cohort at age x.
Ftotal =1394 (Total eggs laid by the whole population).

Table 14. Age-stage-specific cumulative total fecundity (Matrix Ft,cumu(x,j))
===

Age (x)	Egg j=1	Larva j=2	Pupa j=3	Female j=4	Male j=5
0	0	-	-	-	-
0.5	0	-	-	-	-
1	0	-	-	-	-
1.5	0	-	-	-	-
2	0	-	-	-	-
2.5	0	-	-	-	-
3	0	-	-	-	-
3.5	0	-	-	-	-
4	0	-	-	-	-
4.5	0	-	-	-	-
5	0	-	-	-	-
5.5	0	-	-	-	-
6	-	0	-	-	-
6.5	-	0	-	-	-
7	-	0	-	-	-
7.5	-	0	-	-	-
8	-	0	-	-	-
8.5	-	0	-	-	-
9	-	0	-	-	-
9.5	-	0	-	-	-
10	-	0	-	-	-
10.5	-	0	-	-	-
11	-	0	-	-	-
11.5	-	0	-	-	-
12	-	0	-	-	-
12.5	-	0	-	-	-
13	-	0	-	-	-
13.5	-	0	-	-	-
14	-	0	-	-	-
14.5	-	0	-	-	-
15	-	0	-	-	-
15.5	-	0	-	-	-
16	-	0	0	-	-
16.5	-	0	0	-	-
17	-	0	0	-	-
17.5	-	0	0	-	-
18	-	0	0	-	-
18.5	-	0	0	-	-
19	-	0	0	-	-
19.5	-	0	0	-	-
20	-	-	0	-	-
20.5	-	-	0	-	-
21	-	-	0	-	-
21.5	-	-	0	-	-
22	-	-	0	-	-
22.5	-	-	0	-	-
23	-	-	0	-	-
23.5	-	-	0	-	-
24	-	-	0	-	-
24.5	-	-	0	-	-
25	-	-	0	-	-
25.5	-	-	0	-	-
26	-	-	0	0	-
26.5	-	-	0	0	-

27	-	-	0	0	-
27.5	-	-	0	0	-
28	-	-	0	73	-
28.5	-	-	0	146	-
29	-	-	0	284	0
29.5	-	-	0	424	0
30	-	-	0	642	0
30.5	-	-	0	864	0
31	-	-	-	942	0
31.5	-	-	-	1022	0
32	-	-	-	1149	0
32.5	-	-	-	1280	0
33	-	-	-	1313	0
33.5	-	-	-	1348	0
34	-	-	-	1365	0
34.5	-	-	-	1383	0
35	-	-	-	1385	0
35.5	-	-	-	1387	0
36	-	-	-	1389	0
36.5	-	-	-	1390	0
37	-	-	-	1392	0
37.5	-	-	-	1394	0
38	-	-	-	1394	-
38.5	-	-	-	1394	-
39	-	-	-	1394	-
39.5	-	-	-	1394	-
40	-	-	-	1394	-
40.5	-	-	-	1394	-
41	-	-	-	1394	-
41.5	-	-	-	1394	-
42	-	-	-	1394	-
42.5	-	-	-	1394	-
Sum	0	0	0	1394	0

The $F_{t,cumu}(x,j)$ is the cumulative total fecundity of all females to age x.
It is the cumulative total eggs reproduced by the cohort to age x.
Ftotal =1394 (Total eggs laid by the whole population).

```
Table 16. Age-stage-specific survival rate (1-mortality) (Matrix U)
=====================================================
Age     Egg       Larva     Pupa      Female    Male
(x)     j=1       j=2       j=3       j=4       j=5
-----------------------------------------------------
0       1         -         -         -         -
0.5     1         -         -         -         -
1       1         -         -         -         -
1.5     1         -         -         -         -
2       1         -         -         -         -
2.5     1         -         -         -         -
3       1         -         -         -         -
3.5     1         -         -         -         -
4       1         -         -         -         -
4.5     1         -         -         -         -
5       1         -         -         -         -
5.5     1         -         -         -         -
6       -         1         -         -         -
6.5     -         1         -         -         -
7       -         1         -         -         -
7.5     -         1         -         -         -
8       -         1         -         -         -
8.5     -         1         -         -         -
9       -         1         -         -         -
9.5     -         1         -         -         -
10      -         1         -         -         -
10.5    -         1         -         -         -
11      -         1         -         -         -
11.5    -         1         -         -         -
12      -         1         -         -         -
12.5    -         1         -         -         -
13      -         1         -         -         -
13.5    -         1         -         -         -
14      -         1         -         -         -
14.5    -         1         -         -         -
15      -         1         -         -         -
15.5    -         0.95      -         -         -
16      -         1         1         -         -
16.5    -         1         1         -         -
17      -         1         1         -         -
17.5    -         1         1         -         -
18      -         1         1         -         -
18.5    -         1         1         -         -
19      -         1         1         -         -
19.5    -         1         1         -         -
20      -         -         1         -         -
20.5    -         -         1         -         -
21      -         -         1         -         -
21.5    -         -         1         -         -
22      -         -         1         -         -
22.5    -         -         1         -         -
23      -         -         1         -         -
23.5    -         -         1         -         -
24      -         -         1         -         -
24.5    -         -         1         -         -
25      -         -         1         -         -
25.5    -         -         1         -         -
26      -         -         1         1         -
26.5    -         -         0.9444    1         -
```

27	-	-	1	1	-
27.5	-	-	1	1	-
28	-	-	1	1	-
28.5	-	-	1	1	-
29	-	-	1	1	1
29.5	-	-	1	1	1
30	-	-	1	1	1
30.5	-	-	1	1	1
31	-	-	-	1	1
31.5	-	-	-	1	1
32	-	-	-	1	1
32.5	-	-	-	1	1
33	-	-	-	1	1
33.5	-	-	-	1	0.8571
34	-	-	-	1	1
34.5	-	-	-	0.9091	0.6667
35	-	-	-	1	1
35.5	-	-	-	1	0.75
36	-	-	-	1	1
36.5	-	-	-	0.6	0.3333
37	-	-	-	1	1
37.5	-	-	-	0.6667	0
38	-	-	-	1	-
38.5	-	-	-	0.5	-
39	-	-	-	1	-
39.5	-	-	-	1	-
40	-	-	-	1	-
40.5	-	-	-	0.5	-
41	-	-	-	1	-
41.5	-	-	-	1	-
42	-	-	-	1	-
42.5	-	-	-	0	-

$u(x,j)$ is the probability that individuals of age x and stage j will remain alive after 0.5 time unit.

Table 17. Age-stage-specific survival number (Matrix Ns)
===
Age (x)	Egg j=1	Larva j=2	Pupa j=3	Female j=4	Male j=5
0	20	–	–	–	–
0.5	20	–	–	–	–
1	20	–	–	–	–
1.5	20	–	–	–	–
2	20	–	–	–	–
2.5	20	–	–	–	–
3	20	–	–	–	–
3.5	20	–	–	–	–
4	20	–	–	–	–
4.5	20	–	–	–	–
5	20	–	–	–	–
5.5	20	–	–	–	–
6	–	20	–	–	–
6.5	–	20	–	–	–
7	–	20	–	–	–
7.5	–	20	–	–	–
8	–	20	–	–	–
8.5	–	20	–	–	–
9	–	20	–	–	–
9.5	–	20	–	–	–
10	–	20	–	–	–
10.5	–	20	–	–	–
11	–	20	–	–	–
11.5	–	20	–	–	–
12	–	20	–	–	–
12.5	–	20	–	–	–
13	–	20	–	–	–
13.5	–	20	–	–	–
14	–	20	–	–	–
14.5	–	20	–	–	–
15	–	20	–	–	–
15.5	–	19	–	–	–
16	–	18	1	–	–
16.5	–	18	1	–	–
17	–	15	4	–	–
17.5	–	15	4	–	–
18	–	8	11	–	–
18.5	–	8	11	–	–
19	–	2	17	–	–
19.5	–	2	17	–	–
20	–	–	19	–	–
20.5	–	–	19	–	–
21	–	–	19	–	–
21.5	–	–	19	–	–
22	–	–	19	–	–
22.5	–	–	19	–	–
23	–	–	19	–	–
23.5	–	–	19	–	–
24	–	–	19	–	–
24.5	–	–	19	–	–
25	–	–	19	–	–
25.5	–	–	19	–	–
26	–	–	18	1	–
26.5	–	–	17	1	–

27	–	–	15	3	–
27.5	–	–	15	3	–
28	–	–	14	4	–
28.5	–	–	14	4	–
29	–	–	7	7	4
29.5	–	–	7	7	4
30	–	–	2	9	7
30.5	–	–	2	9	7
31	–	–	–	11	7
31.5	–	–	–	11	7
32	–	–	–	11	7
32.5	–	–	–	11	7
33	–	–	–	11	7
33.5	–	–	–	11	6
34	–	–	–	11	6
34.5	–	–	–	10	4
35	–	–	–	10	4
35.5	–	–	–	10	3
36	–	–	–	10	3
36.5	–	–	–	6	1
37	–	–	–	6	1
37.5	–	–	–	4	0
38	–	–	–	4	–
38.5	–	–	–	2	–
39	–	–	–	2	–
39.5	–	–	–	2	–
40	–	–	–	2	–
40.5	–	–	–	1	–
41	–	–	–	1	–
41.5	–	–	–	1	–
42	–	–	–	1	–
42.5	–	–	–	0	–

```
ns(x,j) is the number of individuals of age x
and stage j will remain alive 0.5 time unit.
```

```
Table 18. Survival rate to each age-stage interval (Matrix S)
==============================================================
Age    Egg      Larva   Pupa    Female   Male
(x)    j=1      j=2     j=3     j=4      j=5
--------------------------------------------------------------
```

Age (x)	Egg j=1	Larva j=2	Pupa j=3	Female j=4	Male j=5
0	1	–	–	–	–
0.5	1	–	–	–	–
1	1	–	–	–	–
1.5	1	–	–	–	–
2	1	–	–	–	–
2.5	1	–	–	–	–
3	1	–	–	–	–
3.5	1	–	–	–	–
4	1	–	–	–	–
4.5	1	–	–	–	–
5	1	–	–	–	–
5.5	1	–	–	–	–
6	–	1	–	–	–
6.5	–	1	–	–	–
7	–	1	–	–	–
7.5	–	1	–	–	–
8	–	1	–	–	–
8.5	–	1	–	–	–
9	–	1	–	–	–
9.5	–	1	–	–	–
10	–	1	–	–	–
10.5	–	1	–	–	–
11	–	1	–	–	–
11.5	–	1	–	–	–
12	–	1	–	–	–
12.5	–	1	–	–	–
13	–	1	–	–	–
13.5	–	1	–	–	–
14	–	1	–	–	–
14.5	–	1	–	–	–
15	–	1	–	–	–
15.5	–	1	–	–	–
16	–	0.9	0.05	–	–
16.5	–	0.9	0.05	–	–
17	–	0.75	0.2	–	–
17.5	–	0.75	0.2	–	–
18	–	0.4	0.55	–	–
18.5	–	0.4	0.55	–	–
19	–	0.1	0.85	–	–
19.5	–	0.1	0.85	–	–
20	–	–	0.95	–	–
20.5	–	–	0.95	–	–
21	–	–	0.95	–	–
21.5	–	–	0.95	–	–
22	–	–	0.95	–	–
22.5	–	–	0.95	–	–
23	–	–	0.95	–	–
23.5	–	–	0.95	–	–
24	–	–	0.95	–	–
24.5	–	–	0.95	–	–
25	–	–	0.95	–	–
25.5	–	–	0.95	–	–
26	–	–	0.9	0.05	–
26.5	–	–	0.9	0.05	–

27	–	–	0.75	0.15	–
27.5	–	–	0.75	0.15	–
28	–	–	0.7	0.2	–
28.5	–	–	0.7	0.2	–
29	–	–	0.35	0.35	0.2
29.5	–	–	0.35	0.35	0.2
30	–	–	0.1	0.45	0.35
30.5	–	–	0.1	0.45	0.35
31	–	–	–	0.55	0.35
31.5	–	–	–	0.55	0.35
32	–	–	–	0.55	0.35
32.5	–	–	–	0.55	0.35
33	–	–	–	0.55	0.35
33.5	–	–	–	0.55	0.35
34	–	–	–	0.55	0.3
34.5	–	–	–	0.55	0.3
35	–	–	–	0.5	0.2
35.5	–	–	–	0.5	0.2
36	–	–	–	0.5	0.15
36.5	–	–	–	0.5	0.15
37	–	–	–	0.3	0.05
37.5	–	–	–	0.3	0.05
38	–	–	–	0.2	–
38.5	–	–	–	0.2	–
39	–	–	–	0.1	–
39.5	–	–	–	0.1	–
40	–	–	–	0.1	–
40.5	–	–	–	0.1	–
41	–	–	–	0.05	–
41.5	–	–	–	0.05	–
42	–	–	–	0.05	–
42.5	–	–	–	0.05	–

The $s(x,j)$ is the probability that a new-born individual will survive to age x and stage j. $s(x,j)=n(x,j)/20$

Table 19. Mortality of each age-stage-interval (Matrix Q)
===

Age (x)	Egg j=1	Larva j=2	Pupa j=3	Female j=4	Male j=5
0	0	-	-	-	-
0.5	0	-	-	-	-
1	0	-	-	-	-
1.5	0	-	-	-	-
2	0	-	-	-	-
2.5	0	-	-	-	-
3	0	-	-	-	-
3.5	0	-	-	-	-
4	0	-	-	-	-
4.5	0	-	-	-	-
5	0	-	-	-	-
5.5	0	-	-	-	-
6	-	0	-	-	-
6.5	-	0	-	-	-
7	-	0	-	-	-
7.5	-	0	-	-	-
8	-	0	-	-	-
8.5	-	0	-	-	-
9	-	0	-	-	-
9.5	-	0	-	-	-
10	-	0	-	-	-
10.5	-	0	-	-	-
11	-	0	-	-	-
11.5	-	0	-	-	-
12	-	0	-	-	-
12.5	-	0	-	-	-
13	-	0	-	-	-
13.5	-	0	-	-	-
14	-	0	-	-	-
14.5	-	0	-	-	-
15	-	0	-	-	-
15.5	-	0.05	-	-	-
16	-	0	0	-	-
16.5	-	0	0	-	-
17	-	0	0	-	-
17.5	-	0	0	-	-
18	-	0	0	-	-
18.5	-	0	0	-	-
19	-	0	0	-	-
19.5	-	0	0	-	-
20	-	-	0	-	-
20.5	-	-	0	-	-
21	-	-	0	-	-
21.5	-	-	0	-	-
22	-	-	0	-	-
22.5	-	-	0	-	-
23	-	-	0	-	-
23.5	-	-	0	-	-
24	-	-	0	-	-
24.5	-	-	0	-	-
25	-	-	0	-	-
25.5	-	-	0	-	-
26	-	-	0	0	-
26.5	-	-	0.0556	0	-

27	-	-	0	0	-
27.5	-	-	0	0	-
28	-	-	0	0	-
28.5	-	-	0	0	-
29	-	-	0	0	0
29.5	-	-	0	0	0
30	-	-	0	0	0
30.5	-	-	0	0	0
31	-	-	-	0	0
31.5	-	-	-	0	0
32	-	-	-	0	0
32.5	-	-	-	0	0
33	-	-	-	0	0
33.5	-	-	-	0	0.1429
34	-	-	-	0	0
34.5	-	-	-	0.0909	0.3333
35	-	-	-	0	0
35.5	-	-	-	0	0.25
36	-	-	-	0	0
36.5	-	-	-	0.4	0.6667
37	-	-	-	0	0
37.5	-	-	-	0.3333	1
38	-	-	-	0	-
38.5	-	-	-	0.5	-
39	-	-	-	0	-
39.5	-	-	-	0	-
40	-	-	-	0	-
40.5	-	-	-	0.5	-
41	-	-	-	0	-
41.5	-	-	-	0	-
42	-	-	-	0	-
42.5	-	-	-	1	-

The $q(x,j)$ is the probability that individuals
of age x and stage j will die after 0.5 time unit.

Table 20. Distribution of mortality (Matrix P)
===

Age (x)	Egg j=1	Larva j=2	Pupa j=3	Female j=4	Male j=5
0	0	−	−	−	−
0.5	0	−	−	−	−
1	0	−	−	−	−
1.5	0	−	−	−	−
2	0	−	−	−	−
2.5	0	−	−	−	−
3	0	−	−	−	−
3.5	0	−	−	−	−
4	0	−	−	−	−
4.5	0	−	−	−	−
5	0	−	−	−	−
5.5	0	−	−	−	−
6	−	0	−	−	−
6.5	−	0	−	−	−
7	−	0	−	−	−
7.5	−	0	−	−	−
8	−	0	−	−	−
8.5	−	0	−	−	−
9	−	0	−	−	−
9.5	−	0	−	−	−
10	−	0	−	−	−
10.5	−	0	−	−	−
11	−	0	−	−	−
11.5	−	0	−	−	−
12	−	0	−	−	−
12.5	−	0	−	−	−
13	−	0	−	−	−
13.5	−	0	−	−	−
14	−	0	−	−	−
14.5	−	0	−	−	−
15	−	0	−	−	−
15.5	−	0.05	−	−	−
16	−	0	0	−	−
16.5	−	0	0	−	−
17	−	0	0	−	−
17.5	−	0	0	−	−
18	−	0	0	−	−
18.5	−	0	0	−	−
19	−	0	0	−	−
19.5	−	0	0	−	−
20	−	−	0	−	−
20.5	−	−	0	−	−
21	−	−	0	−	−
21.5	−	−	0	−	−
22	−	−	0	−	−
22.5	−	−	0	−	−
23	−	−	0	−	−
23.5	−	−	0	−	−
24	−	−	0	−	−
24.5	−	−	0	−	−
25	−	−	0	−	−
25.5	−	−	0	−	−
26	−	−	0	0	−
26.5	−	−	0.05	0	−

27	-	-	0	0	-
27.5	-	-	0	0	-
28	-	-	0	0	-
28.5	-	-	0	0	-
29	-	-	0	0	0
29.5	-	-	0	0	0
30	-	-	0	0	0
30.5	-	-	0	0	0
31	-	-	-	0	0
31.5	-	-	-	0	0
32	-	-	-	0	0
32.5	-	-	-	0	0
33	-	-	-	0	0
33.5	-	-	-	0	0.05
34	-	-	-	0	0
34.5	-	-	-	0.05	0.1
35	-	-	-	0	0
35.5	-	-	-	0	0.05
36	-	-	-	0	0
36.5	-	-	-	0.2	0.1
37	-	-	-	0	0
37.5	-	-	-	0.1	0.05
38	-	-	-	0	-
38.5	-	-	-	0.1	-
39	-	-	-	0	-
39.5	-	-	-	0	-
40	-	-	-	0	-
40.5	-	-	-	0.05	-
41	-	-	-	0	-
41.5	-	-	-	0	-
42	-	-	-	0	-
42.5	-	-	-	0.05	-

The p(x,j) is the probability that a newborn individual will die in age x and stage j.

Table 21. Distribution of mortality in number (Matrix W)
===

Age (x)	Egg j=1	Larva j=2	Pupa j=3	Female j=4	Male j=5
0	0	-	-	-	-
0.5	0	-	-	-	-
1	0	-	-	-	-
1.5	0	-	-	-	-
2	0	-	-	-	-
2.5	0	-	-	-	-
3	0	-	-	-	-
3.5	0	-	-	-	-
4	0	-	-	-	-
4.5	0	-	-	-	-
5	0	-	-	-	-
5.5	0	-	-	-	-
6	-	0	-	-	-
6.5	-	0	-	-	-
7	-	0	-	-	-
7.5	-	0	-	-	-
8	-	0	-	-	-
8.5	-	0	-	-	-
9	-	0	-	-	-
9.5	-	0	-	-	-
10	-	0	-	-	-
10.5	-	0	-	-	-
11	-	0	-	-	-
11.5	-	0	-	-	-
12	-	0	-	-	-
12.5	-	0	-	-	-
13	-	0	-	-	-
13.5	-	0	-	-	-
14	-	0	-	-	-
14.5	-	0	-	-	-
15	-	0	-	-	-
15.5	-	1	-	-	-
16	-	0	0	-	-
16.5	-	0	0	-	-
17	-	0	0	-	-
17.5	-	0	0	-	-
18	-	0	0	-	-
18.5	-	0	0	-	-
19	-	0	0	-	-
19.5	-	0	0	-	-
20	-	-	0	-	-
20.5	-	-	0	-	-
21	-	-	0	-	-
21.5	-	-	0	-	-
22	-	-	0	-	-
22.5	-	-	0	-	-
23	-	-	0	-	-
23.5	-	-	0	-	-
24	-	-	0	-	-
24.5	-	-	0	-	-
25	-	-	0	-	-
25.5	-	-	0	-	-
26	-	-	0	0	-
26.5	-	-	1	0	-

27	-	-	0	0	-
27.5	-	-	0	0	-
28	-	-	0	0	-
28.5	-	-	0	0	-
29	-	-	0	0	0
29.5	-	-	0	0	0
30	-	-	0	0	0
30.5	-	-	0	0	0
31	-	-	-	0	0
31.5	-	-	-	0	0
32	-	-	-	0	0
32.5	-	-	-	0	0
33	-	-	-	0	0
33.5	-	-	-	0	1
34	-	-	-	0	0
34.5	-	-	-	1	2
35	-	-	-	0	0
35.5	-	-	-	0	1
36	-	-	-	0	0
36.5	-	-	-	4	2
37	-	-	-	0	0
37.5	-	-	-	2	1
38	-	-	-	0	-
38.5	-	-	-	2	-
39	-	-	-	0	-
39.5	-	-	-	0	-
40	-	-	-	0	-
40.5	-	-	-	1	-
41	-	-	-	0	-
41.5	-	-	-	0	-
42	-	-	-	0	-
42.5	-	-	-	1	-

The w(x,j) is the number of individuals died in age x and stage j.
(For Prof. Dr. Chi and his students only)

Table 27. Age-stage specific life expectancy (matrix E)
===

Age (x)	Egg j=1	Larva j=2	Pupa j=3	Female j=4	Male j=5
0	35.8	–	–	–	–
0.5	35.3	–	–	–	–
1	34.8	–	–	–	–
1.5	34.3	–	–	–	–
2	33.8	–	–	–	–
2.5	33.3	–	–	–	–
3	32.8	–	–	–	–
3.5	32.3	–	–	–	–
4	31.8	–	–	–	–
4.5	31.3	–	–	–	–
5	30.8	–	–	–	–
5.5	30.3	–	–	–	–
6	–	29.8	–	–	–
6.5	–	29.3	–	–	–
7	–	28.8	–	–	–
7.5	–	28.3	–	–	–
8	–	27.8	–	–	–
8.5	–	27.3	–	–	–
9	–	26.8	–	–	–
9.5	–	26.3	–	–	–
10	–	25.8	–	–	–
10.5	–	25.3	–	–	–
11	–	24.8	–	–	–
11.5	–	24.3	–	–	–
12	–	23.8	–	–	–
12.5	–	23.3	–	–	–
13	–	22.8	–	–	–
13.5	–	22.3	–	–	–
14	–	21.8	–	–	–
14.5	–	21.3	–	–	–
15	–	20.8	–	–	–
15.5	–	20.3	–	–	–
16	–	20.84	20.84	–	–
16.5	–	20.34	20.34	–	–
17	–	19.84	19.84	–	–
17.5	–	19.34	19.34	–	–
18	–	18.84	18.84	–	–
18.5	–	18.34	18.34	–	–
19	–	17.84	17.84	–	–
19.5	–	17.34	17.34	–	–
20	–	–	16.84	–	–
20.5	–	–	16.34	–	–
21	–	–	15.84	–	–
21.5	–	–	15.34	–	–
22	–	–	14.84	–	–
22.5	–	–	14.34	–	–
23	–	–	13.84	–	–
23.5	–	–	13.34	–	–
24	–	–	12.84	–	–
24.5	–	–	12.34	–	–
25	–	–	11.84	–	–
25.5	–	–	11.34	–	–
26	–	–	10.76	12.27	–
26.5	–	–	10.26	11.77	–

27	–	–	10.21	11.27	–
27.5	–	–	9.71	10.77	–
28	–	–	9.14	10.27	–
28.5	–	–	8.64	9.77	–
29	–	–	8.3	9.27	7
29.5	–	–	7.8	8.77	6.5
30	–	–	8.27	8.27	6
30.5	–	–	7.77	7.77	5.5
31	–	–	–	7.27	5
31.5	–	–	–	6.77	4.5
32	–	–	–	6.27	4
32.5	–	–	–	5.77	3.5
33	–	–	–	5.27	3
33.5	–	–	–	4.77	2.5
34	–	–	–	4.27	2.33
34.5	–	–	–	3.77	1.83
35	–	–	–	3.6	2
35.5	–	–	–	3.1	1.5
36	–	–	–	2.6	1.33
36.5	–	–	–	2.1	0.83
37	–	–	–	2.67	1
37.5	–	–	–	2.17	0.5
38	–	–	–	2.5	–
38.5	–	–	–	2	–
39	–	–	–	3	–
39.5	–	–	–	2.5	–
40	–	–	–	2	–
40.5	–	–	–	1.5	–
41	–	–	–	2	–
41.5	–	–	–	1.5	–
42	–	–	–	1	–
42.5	–	–	–	0.5	–

----

e(x,j) is the life expectancy of individuals of age x and stage j.
Life expectancy of newborn, E(0,1)= 35.8
Maximal life expectancy Max(Exj)= 35.8 at age 0 and stage 1 .
If there is significant difference, there must be high mortality before the age of Max(Exj),
or there is significant difference between female and male adults.

Table 28. Age-stage specific reproductive value (Matrix V)
===

Age (x)	Egg j=1	Larva j=2	Pupa j=3	Female j=4	Male j=5
0	1.07	-	-	-	-
0.5	1.15	-	-	-	-
1	1.23	-	-	-	-
1.5	1.32	-	-	-	-
2	1.41	-	-	-	-
2.5	1.51	-	-	-	-
3	1.62	-	-	-	-
3.5	1.73	-	-	-	-
4	1.85	-	-	-	-
4.5	1.98	-	-	-	-
5	2.13	-	-	-	-
5.5	2.28	-	-	-	-
6	-	2.44	-	-	-
6.5	-	2.61	-	-	-
7	-	2.8	-	-	-
7.5	-	2.99	-	-	-
8	-	3.21	-	-	-
8.5	-	3.43	-	-	-
9	-	3.68	-	-	-
9.5	-	3.94	-	-	-
10	-	4.22	-	-	-
10.5	-	4.52	-	-	-
11	-	4.84	-	-	-
11.5	-	5.18	-	-	-
12	-	5.55	-	-	-
12.5	-	5.94	-	-	-
13	-	6.37	-	-	-
13.5	-	6.82	-	-	-
14	-	7.3	-	-	-
14.5	-	7.82	-	-	-
15	-	8.37	-	-	-
15.5	-	8.97	-	-	-
16	-	10.11	10.11	-	-
16.5	-	10.83	10.83	-	-
17	-	11.6	11.6	-	-
17.5	-	12.42	12.42	-	-
18	-	13.3	13.3	-	-
18.5	-	14.24	14.24	-	-
19	-	15.25	15.25	-	-
19.5	-	16.34	16.34	-	-
20	-	-	17.5	-	-
20.5	-	-	18.74	-	-
21	-	-	20.07	-	-
21.5	-	-	21.49	-	-
22	-	-	23.02	-	-
22.5	-	-	24.65	-	-
23	-	-	26.4	-	-
23.5	-	-	28.27	-	-
24	-	-	30.28	-	-
24.5	-	-	32.43	-	-
25	-	-	34.73	-	-
25.5	-	-	37.19	-	-
26	-	-	36.48	100.09	-
26.5	-	-	39.07	107.19	-

27	–	–	34.91	114.8	–
27.5	–	–	37.38	122.94	–
28	–	–	33.49	131.67	–
28.5	–	–	35.87	121.46	–
29	–	–	29.46	110.54	0
29.5	–	–	31.55	97.27	0
30	–	–	35.5	82.75	0
30.5	–	–	38.01	62.68	0
31	–	–	–	40.71	0
31.5	–	–	–	36.01	0
32	–	–	–	30.77	0
32.5	–	–	–	20.59	0
33	–	–	–	9.3	0
33.5	–	–	–	6.74	0
34	–	–	–	3.82	0
34.5	–	–	–	2.43	0
35	–	–	–	0.9365	0
35.5	–	–	–	0.7888	0
36	–	–	–	0.6306	0
36.5	–	–	–	0.4611	0
37	–	–	–	0.6446	0
37.5	–	–	–	0.3333	0
38	–	–	–	0	–
38.5	–	–	–	0	–
39	–	–	–	0	–
39.5	–	–	–	0	–
40	–	–	–	0	–
40.5	–	–	–	0	–
41	–	–	–	0	–
41.5	–	–	–	0	–
42	–	–	–	0	–
42.5	–	–	–	0	–

$v(x,j)$ is the reproductive value of individuals of age x and stage j.

Table 29. Stable age-stage-distribution (SASD) (Matrix A) (Newborn = 1)
==
Age (x)	Egg j=1	Larva j=2	Pupa j=3	Female j=4	Male j=5
0	1	-	-	-	-
0.5	0.9337	-	-	-	-
1	0.8719	-	-	-	-
1.5	0.8141	-	-	-	-
2	0.7602	-	-	-	-
2.5	0.7098	-	-	-	-
3	0.6628	-	-	-	-
3.5	0.6189	-	-	-	-
4	0.5779	-	-	-	-
4.5	0.5396	-	-	-	-
5	0.5038	-	-	-	-
5.5	0.4704	-	-	-	-
6	-	0.4393	-	-	-
6.5	-	0.4102	-	-	-
7	-	0.383	-	-	-
7.5	-	0.3576	-	-	-
8	-	0.3339	-	-	-
8.5	-	0.3118	-	-	-
9	-	0.2911	-	-	-
9.5	-	0.2718	-	-	-
10	-	0.2538	-	-	-
10.5	-	0.237	-	-	-
11	-	0.2213	-	-	-
11.5	-	0.2066	-	-	-
12	-	0.193	-	-	-
12.5	-	0.1802	-	-	-
13	-	0.1682	-	-	-
13.5	-	0.1571	-	-	-
14	-	0.1467	-	-	-
14.5	-	0.137	-	-	-
15	-	0.1279	-	-	-
15.5	-	0.1194	-	-	-
16	-	0.1004	0.0056	-	-
16.5	-	0.0937	0.0052	-	-
17	-	0.0729	0.0194	-	-
17.5	-	0.0681	0.0182	-	-
18	-	0.0339	0.0466	-	-
18.5	-	0.0317	0.0435	-	-
19	-	0.0074	0.0628	-	-
19.5	-	0.0069	0.0587	-	-
20	-	-	0.0612	-	-
20.5	-	-	0.0572	-	-
21	-	-	0.0534	-	-
21.5	-	-	0.0498	-	-
22	-	-	0.0465	-	-
22.5	-	-	0.0434	-	-
23	-	-	0.0406	-	-
23.5	-	-	0.0379	-	-
24	-	-	0.0354	-	-
24.5	-	-	0.033	-	-
25	-	-	0.0308	-	-
25.5	-	-	0.0288	-	-
26	-	-	0.0255	0.0014	-
26.5	-	-	0.0238	0.0013	-

27	–	–	0.0185	0.0037	–
27.5	–	–	0.0173	0.0035	–
28	–	–	0.0151	0.0043	–
28.5	–	–	0.0141	0.004	–
29	–	–	0.0066	0.0066	0.0038
29.5	–	–	0.0061	0.0061	0.0035
30	–	–	0.0016	0.0074	0.0057
30.5	–	–	0.0015	0.0069	0.0053
31	–	–	–	0.0078	0.005
31.5	–	–	–	0.0073	0.0047
32	–	–	–	0.0068	0.0044
32.5	–	–	–	0.0064	0.0041
33	–	–	–	0.006	0.0038
33.5	–	–	–	0.0056	0.0035
34	–	–	–	0.0052	0.0028
34.5	–	–	–	0.0049	0.0026
35	–	–	–	0.0041	0.0016
35.5	–	–	–	0.0038	0.0015
36	–	–	–	0.0036	0.0011
36.5	–	–	–	0.0034	0.001
37	–	–	–	0.0019	0.0003
37.5	–	–	–	0.0018	0.0003
38	–	–	–	0.0011	–
38.5	–	–	–	0.001	–
39	–	–	–	0.0005	–
39.5	–	–	–	0.0004	–
40	–	–	–	0.0004	–
40.5	–	–	–	0.0004	–
41	–	–	–	0.0002	–
41.5	–	–	–	0.0002	–
42	–	–	–	0.0002	–
42.5	–	–	–	0.0001	–

----

a(x,j) is the proportion of individuals in age x and stage j
in comparison with a(0,1) (the newborn).

Table 30. Stable age-stage-distribution (SASD) (Matrix B) (in percentage)

Age (x)	Egg j=1	Larva j=2	Pupa j=3	Female j=4	Male j=5
0	6.71	–	–	–	–
0.5	6.26	–	–	–	–
1	5.85	–	–	–	–
1.5	5.46	–	–	–	–
2	5.1	–	–	–	–
2.5	4.76	–	–	–	–
3	4.45	–	–	–	–
3.5	4.15	–	–	–	–
4	3.88	–	–	–	–
4.5	3.62	–	–	–	–
5	3.38	–	–	–	–
5.5	3.16	–	–	–	–
6	–	2.95	–	–	–
6.5	–	2.75	–	–	–
7	–	2.57	–	–	–
7.5	–	2.4	–	–	–
8	–	2.24	–	–	–
8.5	–	2.09	–	–	–
9	–	1.95	–	–	–
9.5	–	1.82	–	–	–
10	–	1.7	–	–	–
10.5	–	1.59	–	–	–
11	–	1.48	–	–	–
11.5	–	1.39	–	–	–
12	–	1.29	–	–	–
12.5	–	1.21	–	–	–
13	–	1.13	–	–	–
13.5	–	1.05	–	–	–
14	–	0.984	–	–	–
14.5	–	0.9188	–	–	–
15	–	0.8579	–	–	–
15.5	–	0.8011	–	–	–
16	–	0.6732	0.0374	–	–
16.5	–	0.6286	0.0349	–	–
17	–	0.4891	0.1304	–	–
17.5	–	0.4567	0.1218	–	–
18	–	0.2274	0.3127	–	–
18.5	–	0.2124	0.292	–	–
19	–	0.0496	0.4214	–	–
19.5	–	0.0463	0.3935	–	–
20	–	–	0.4106	–	–
20.5	–	–	0.3834	–	–
21	–	–	0.358	–	–
21.5	–	–	0.3343	–	–
22	–	–	0.3122	–	–
22.5	–	–	0.2915	–	–
23	–	–	0.2722	–	–
23.5	–	–	0.2541	–	–
24	–	–	0.2373	–	–
24.5	–	–	0.2216	–	–
25	–	–	0.2069	–	–
25.5	–	–	0.1932	–	–
26	–	–	0.1709	0.0095	–
26.5	–	–	0.1596	0.0089	–

299

27	–	–	0.1242	0.0248	–
27.5	–	–	0.1159	0.0232	–
28	–	–	0.101	0.0289	–
28.5	–	–	0.0943	0.027	–
29	–	–	0.044	0.044	0.0252
29.5	–	–	0.0411	0.0411	0.0235
30	–	–	0.011	0.0494	0.0384
30.5	–	–	0.0102	0.0461	0.0359
31	–	–	–	0.0526	0.0335
31.5	–	–	–	0.0491	0.0313
32	–	–	–	0.0459	0.0292
32.5	–	–	–	0.0428	0.0273
33	–	–	–	0.04	0.0255
33.5	–	–	–	0.0373	0.0238
34	–	–	–	0.0349	0.019
34.5	–	–	–	0.0326	0.0178
35	–	–	–	0.0276	0.0111
35.5	–	–	–	0.0258	0.0103
36	–	–	–	0.0241	0.0072
36.5	–	–	–	0.0225	0.0068
37	–	–	–	0.0126	0.0021
37.5	–	–	–	0.0118	0.002
38	–	–	–	0.0073	–
38.5	–	–	–	0.0068	–
39	–	–	–	0.0032	–
39.5	–	–	–	0.003	–
40	–	–	–	0.0028	–
40.5	–	–	–	0.0026	–
41	–	–	–	0.0012	–
41.5	–	–	–	0.0011	–
42	–	–	–	0.0011	–
42.5	–	–	–	0.001	–

----

b(x,j) is the proportion of individuals in age x and stage j
when the total cohort is 100.

Table 31. Stable age-stage-distribution (SASD) (Matrix B2) (sum = 1)
==

Age (x)	Egg j=1	Larva j=2	Pupa j=3	Female j=4	Male j=5
0	0.0671	-	-	-	-
0.5	0.0626	-	-	-	-
1	0.0585	-	-	-	-
1.5	0.0546	-	-	-	-
2	0.051	-	-	-	-
2.5	0.0476	-	-	-	-
3	0.0445	-	-	-	-
3.5	0.0415	-	-	-	-
4	0.0388	-	-	-	-
4.5	0.0362	-	-	-	-
5	0.0338	-	-	-	-
5.5	0.0316	-	-	-	-
6	-	0.0295	-	-	-
6.5	-	0.0275	-	-	-
7	-	0.0257	-	-	-
7.5	-	0.024	-	-	-
8	-	0.0224	-	-	-
8.5	-	0.0209	-	-	-
9	-	0.0195	-	-	-
9.5	-	0.0182	-	-	-
10	-	0.017	-	-	-
10.5	-	0.0159	-	-	-
11	-	0.0148	-	-	-
11.5	-	0.0139	-	-	-
12	-	0.0129	-	-	-
12.5	-	0.0121	-	-	-
13	-	0.0113	-	-	-
13.5	-	0.0105	-	-	-
14	-	0.0098	-	-	-
14.5	-	0.0092	-	-	-
15	-	0.0086	-	-	-
15.5	-	0.008	-	-	-
16	-	0.0067	0.0004	-	-
16.5	-	0.0063	0.0003	-	-
17	-	0.0049	0.0013	-	-
17.5	-	0.0046	0.0012	-	-
18	-	0.0023	0.0031	-	-
18.5	-	0.0021	0.0029	-	-
19	-	0.0005	0.0042	-	-
19.5	-	0.0005	0.0039	-	-
20	-	-	0.0041	-	-
20.5	-	-	0.0038	-	-
21	-	-	0.0036	-	-
21.5	-	-	0.0033	-	-
22	-	-	0.0031	-	-
22.5	-	-	0.0029	-	-
23	-	-	0.0027	-	-
23.5	-	-	0.0025	-	-
24	-	-	0.0024	-	-
24.5	-	-	0.0022	-	-
25	-	-	0.0021	-	-
25.5	-	-	0.0019	-	-
26	-	-	0.0017	0.0001	-
26.5	-	-	0.0016	0.0001	-

27	–	–	0.0012	0.0002	–
27.5	–	–	0.0012	0.0002	–
28	–	–	0.001	0.0003	–
28.5	–	–	0.0009	0.0003	–
29	–	–	0.0004	0.0004	0.0003
29.5	–	–	0.0004	0.0004	0.0002
30	–	–	0.0001	0.0005	0.0004
30.5	–	–	0.0001	0.0005	0.0004
31	–	–	–	0.0005	0.0003
31.5	–	–	–	0.0005	0.0003
32	–	–	–	0.0005	0.0003
32.5	–	–	–	0.0004	0.0003
33	–	–	–	0.0004	0.0003
33.5	–	–	–	0.0004	0.0002
34	–	–	–	0.0003	0.0002
34.5	–	–	–	0.0003	0.0002
35	–	–	–	0.0003	0.0001
35.5	–	–	–	0.0003	0.0001
36	–	–	–	0.0002	0.0001
36.5	–	–	–	0.0002	0.0001
37	–	–	–	0.0001	0
37.5	–	–	–	0.0001	0
38	–	–	–	0.0001	–
38.5	–	–	–	0.0001	–
39	–	–	–	0	–
39.5	–	–	–	0	–
40	–	–	–	0	–
40.5	–	–	–	0	–
41	–	–	–	0	–
41.5	–	–	–	0	–
42	–	–	–	0	–
42.5	–	–	–	0	–

b2(x,j) is the proportion of individuals in age x and stage j and the total cohort is 1.

附录六　Example_0.5d_0A_Bootstrap 输出文档

Program: Age-Stage, Two-Sex Life Table Analysis (TWOSEX-MSChart).
Table 39. Table of Bootstrap results
Project: Life table example-A Ver. 4/18/2024
Username: Name. Pt:2o7e
Treatment: A-PTW
Analyzed on: 2024-05-16
Bootstrap began: 2024/5/16 8:09:34 . Ended: 2024/5/16 8:12:42 . Total time: 3.13 min.
Bootstrap sample size: 20
Total number of bootstrap: 100000
Two-sex mating: Yes. Same bootstrap: No
For B = 1 million version, you will see "No data" in cases of no bootstrap results are estimated.

Table of bootstrapping results of population parameters (TWOSEX mating: Yes)

	r	lambda	R0	T	GRR	F	Nf/N	Longevity
ORIGINAL	0.137108	1.146952	69.7	30.955	78.04	126.73	0.55	35.8
Original n	20	20	20	20	20	11	20	20
B	100000	100000	100000	100000	100000	100000	100000	100000
Boot. max	0.157992	1.171157	125.8	32.73	138.15	161.44	0.95	39.6
Boot. mean	0.136343	1.146106	69.7254	30.962	78.07	126.73	0.5502	35.8
Boot. min	0.085346	1.089094	13	29.375	16.25	91	0.1	28.45
Variance	0.000054	0.000071	214.2346	0.153	231.34	51.32	0.0124	1.5
S.E.	0.00737	0.008425	14.63676	0.391	15.21	7.164	0.1114	1.226

*** Use the "ORIGINAL" (parameter for the cohort) and SE in your paper.   ***
*** For normal distribution and B>=100,000, the bootstrap mean will be close to ORIGINAL.   ***
*** If it is a normal distribution, the percentile confidence intervals (PCI) will be very   ***
*** close to the confidence intervals calculated using the t-value (TCI).   ***
*** If original-SE or original+SE gives illogical results (e.g., R0-SE < 0, F-SE < 0,   ***
*** lambda-SE < 0, etc.), you should report the PCI, not SE.   ***
*** The longevity is the total longevity (from birth to death).   ***
*** Because GRR ignores the survival rate, it is not a good statistic.   ***

Attention!
SE of intrinsic rate according to Efron: 7.37010660823252E-03 (Double check passed).
Original are the parameters calculated using all individuals.
r: intrinsic rate, lambda: finite rate, R0: net reproduction rate,
T: mean generation time, GRR: gross reproduction rate.
F: mean fecundity per female adult.
Nf/N: it is the proportion of female adults in total individuals.
According to Chi (1988), Ro=F*(Female), this result is consistent with Chi (1988).
Effective bootstraps are bootstraps with non-zero net reproductive rate.

References to cite:
Efron, B., and R. J. Tibshirani. 1993. An Introduction to the Bootstrap.
    Chapman & Hall, New York, USA.
Huang, Yu-Bing, and Chi, H. 2013. Life tables of Bactrocera cucurbitae
    (Diptera: Tephritidae): with an invalidation of the jackknife technique
    Journal of Applied Entomology 137: 327-339. (You should cite this paper)
****

附录七 6个个体的多项式系数与各种组合

6个个体的种群的个体组成和多项式系数（M_i）。在第1项中，所有6个个体都是 a。在第2项中，有5个 a 和1个 b。在第287项中，所有个体都是不同的（abcdef）。

Item no.	M_i	Individual composition						Item in set Q	Item no.	M_i	Individual composition						Item in set Q
1	1	1	1	1	1	1	1	a^6	36	120	1	1	1	2	3	4	a^3bcd
2	6	1	1	1	1	1	2	a^5b	37	180	1	1	2	2	3	4	a^2b^2cd
3	15	1	1	1	1	2	2	a^4b^2	38	120	1	2	2	2	3	4	ab^3cd
4	20	1	1	1	2	2	2	a^3b^3	39	30	2	2	2	2	3	4	b^4cd
5	15	1	1	2	2	2	2	a^2b^4	40	60	1	1	1	3	3	4	a^3c^2d
6	6	1	2	2	2	2	2	ab^5	41	180	1	1	2	3	3	4	a^2bc^2d
7	1	2	2	2	2	2	2	b^6	42	180	1	2	2	3	3	4	ab^2c^2d
8	6	1	1	1	1	1	3	a^5c	43	60	2	2	2	3	3	4	b^3c^2d
9	30	1	1	1	1	2	3	a^4bc	44	60	1	1	3	3	3	4	a^2c^3d
10	60	1	1	1	2	2	3	a^3b^2c	45	120	1	2	3	3	3	4	abc^3d
11	60	1	1	2	2	3	3	a^2b^3c	46	60	2	2	3	3	3	4	b^2c^3d
12	30	1	2	2	2	2	3	ab^4c	47	30	1	3	3	3	3	4	ac^4d
13	6	1	1	1	1	1	3	b^5c	48	30	2	3	3	3	3	4	bc^4d
14	15	1	1	1	1	3	3	a^4c^2	49	6	3	3	3	3	3	4	c^5d
15	60	1	1	1	2	3	3	a^3bc^2	50	15	1	1	1	1	4	4	a^4d^2
16	90	1	1	2	2	3	3	$a^2b^2c^2$	51	60	1	1	1	2	3	3	a^3bd^2
17	60	1	2	2	2	3	3	ab^3c^2	52	90	1	1	2	2	4	4	$a^2b^2d^2$
18	15	1	1	1	1	3	3	b^4c^2	53	60	1	2	2	2	4	4	ab^3d^2
19	20	1	1	1	3	3	3	a^3c^3	54	15	2	2	2	2	4	4	b^4d^2
20	60	1	1	2	3	3	3	a^2bc^3	55	60	1	1	1	3	4	4	a^3cd^2
21	60	1	2	2	3	3	3	ab^2c^3	56	180	1	1	2	3	4	4	a^2bcd^2
22	20	2	2	2	3	3	3	b^3c^3	57	180	1	2	2	3	4	4	ab^2cd^2
23	15	1	1	3	3	3	3	a^2c^4	58	60	2	2	2	3	4	4	b^3cd^2
24	30	1	2	3	3	3	3	abc^4	59	90	1	1	3	3	4	4	$a^2c^2d^2$
25	15	2	2	3	3	3	3	b^2c^4	60	180	1	2	3	3	4	4	abc^2d^2
26	6	1	3	3	3	3	3	ac^5	61	90	2	2	3	3	4	4	$b^2c^2d^2$
27	6	2	3	3	3	3	3	bc^5	62	60	1	3	3	3	4	4	ac^3d^2
28	1	3	3	3	3	3	3	c^6	63	60	2	3	3	3	4	4	bc^3d^2
29	6	1	1	1	1	1	4	a^5d	64	15	3	3	3	3	4	4	c^4d^2
30	30	1	1	1	1	2	4	a^4bd	65	20	1	1	1	4	4	4	a^3d^3
31	60	1	1	1	2	2	4	a^3b^2d	66	60	1	1	2	4	4	4	a^2bd^3
32	60	1	1	2	2	2	4	a^2b^3d	67	60	1	2	2	4	4	4	ab^2d^3
33	30	1	2	2	2	2	4	ab^4d	68	20	2	2	2	4	4	4	b^3d^3
34	6	2	2	2	2	2	4	b^5d	69	60	1	1	3	4	4	4	a^2cd^3
35	30	1	1	1	1	3	4	a^4cd	70	120	1	2	3	4	4	4	$abcd^3$

（续）

Item no.	M_i	Individual composition						Item in set Q	Item no.	M_i	Individual composition						Item in set Q
71	60	2	2	3	4	4	4	b^2cd^3	112	360	1	1	2	3	4	5	a^2bcde
72	60	1	3	3	4	4	4	ac^2d^3	113	360	1	2	2	3	4	5	ab^2cde
73	60	2	3	3	4	4	4	bc^2d^3	114	120	2	2	2	3	4	5	b^3cde
74	20	3	3	3	4	4	4	c^3d^3	115	180	1	1	3	3	4	5	a^2c^2de
75	15	1	1	4	4	4	4	a^2d^4	116	360	1	2	3	3	4	5	abc^2de
76	30	1	2	4	4	4	4	abd^4	117	180	2	2	3	3	4	5	b^2c^2de
77	15	2	2	4	4	4	4	b^2d^4	118	120	1	3	3	3	4	5	ac^3de
78	30	1	3	4	4	4	4	acd^4	119	120	2	3	3	3	4	5	bc^3de
79	30	2	3	4	4	4	4	bcd^4	120	30	3	3	3	3	4	5	c^4de
80	15	3	3	4	4	4	4	c^2d^4	121	60	1	1	1	4	4	5	a^3d^2e
81	6	1	4	4	4	4	4	ad^5	122	180	1	1	2	4	4	5	a^2bd^2e
82	6	2	4	4	4	4	4	bd^5	123	180	1	2	2	4	4	5	ab^2d^2e
83	6	3	4	4	4	4	4	cd^5	124	60	2	2	2	4	4	5	b^3d^2e
84	1	4	4	4	4	4	4	d^6	125	180	1	1	3	4	4	5	a^2cd^2e
85	6	1	1	1	1	1	5	a^5e	126	360	1	2	3	4	4	5	$abcd^2e$
86	30	1	1	1	1	2	5	a^4be	127	180	2	2	3	4	4	5	b^2cd^2e
87	60	1	1	1	2	2	5	a^3b^2e	128	180	1	3	3	4	4	5	ac^2d^2e
88	60	1	1	2	2	2	5	a^2b^3e	129	180	2	3	3	4	4	5	bc^2d^2e
89	30	1	2	2	2	2	5	ab^4e	130	60	3	3	3	4	4	5	c^3d^2e
90	6	2	2	2	2	2	5	b^5e	131	60	1	1	4	4	4	5	a^2d^3e
91	30	1	1	1	1	3	5	a^4ce	132	120	1	2	4	4	4	5	abd^3e
92	120	1	1	1	2	3	5	a^3bce	133	60	2	2	4	4	4	5	b^2d^3e
93	180	1	1	2	2	3	5	a^2b^2ce	134	120	1	3	4	4	4	5	acd^3e
94	120	1	2	2	2	3	5	ab^3ce	135	120	2	3	4	4	4	5	bcd^3e
95	30	2	2	2	2	3	5	b^4ce	136	60	3	3	4	4	4	5	c^2d^3e
96	60	1	1	1	3	3	5	a^3c^2e	137	30	1	4	4	4	4	5	ad^4e
97	180	1	1	2	3	3	5	a^2bc^2e	138	30	2	4	4	4	4	5	bd^4e
98	180	1	2	2	3	3	5	ab^2c^2e	139	30	3	4	4	4	4	5	cd^4e
99	60	2	2	2	3	3	5	b^3c^2e	140	6	4	4	4	4	4	5	d^5e
100	60	1	1	3	3	3	5	a^2c^3e	141	15	1	1	1	1	5	5	a^4e^2
101	120	1	2	3	3	3	5	abc^3e	142	60	1	1	1	2	5	5	a^3be^2
102	60	2	2	3	3	3	5	b^2c^3e	143	90	1	1	2	2	5	5	$a^2b^2e^2$
103	30	1	3	3	3	3	5	ac^4e	144	60	1	2	2	2	5	5	ab^3e^2
104	30	2	3	3	3	3	5	bc^4e	145	15	2	2	2	2	5	5	b^4e^2
105	6	3	3	3	3	3	5	c^5e	146	60	1	1	1	3	5	5	a^3ce^2
106	30	1	1	1	1	4	5	a^4de	147	180	1	1	2	3	5	5	a^2bce^2
107	120	1	1	1	2	4	5	a^3bde	148	180	1	2	2	3	5	5	ab^2ce^2
108	180	1	1	2	2	4	5	a^2b^2de	149	60	2	2	2	3	5	5	b^3ce^2
109	120	1	2	2	2	4	5	ab^3de	150	90	1	1	3	3	5	5	$a^2c^2e^2$
110	30	2	2	2	2	4	5	b^4de	151	180	1	2	3	3	5	5	abc^2e^2
111	120	1	1	1	3	4	5	a^3cde	152	90	2	2	3	3	5	5	$b^2c^2e^2$

（续）

Item no.	M_i	Individual composition						Item in set Q	Item no.	M_i	Individual composition						Item in set Q
153	60	1	3	3	3	5	5	ac^3e^2	194	60	3	4	4	5	5	5	cd^2e^3
154	60	2	3	3	3	5	5	bc^3e^2	195	20	4	4	4	5	5	5	d^3e^3
155	15	3	3	3	3	5	5	c^4e^2	196	15	1	1	5	5	5	5	a^2e^4
156	60	1	1	1	4	5	5	a^3de^2	197	30	1	2	5	5	5	5	abe^4
157	180	1	1	2	4	5	5	a^2bde^2	198	15	2	2	5	5	5	5	b^2e^4
158	180	1	2	2	4	5	5	ab^2de^2	199	30	1	3	5	5	5	5	ace^4
159	60	2	2	2	4	5	5	b^3de^2	200	30	2	3	5	5	5	5	bce^4
160	180	1	1	3	4	5	5	a^2cde^2	201	15	3	3	5	5	5	5	c^2e^4
161	360	1	2	3	4	5	5	$abcde^2$	202	30	1	4	5	5	5	5	ade^4
162	180	2	2	3	4	5	5	b^2cde^2	203	30	2	4	5	5	5	5	bde^4
163	180	1	3	3	4	5	5	ac^2de^2	204	30	3	4	5	5	5	5	cde^4
164	180	2	3	3	4	5	5	bc^2de^2	205	15	4	4	5	5	5	5	d^2e^4
165	60	3	3	3	4	5	5	c^3de^2	206	6	1	5	5	5	5	5	ae^5
166	90	1	1	4	4	5	5	$a^2d^2e^2$	207	6	2	5	5	5	5	5	be^5
167	180	1	2	4	4	5	5	abd^2e^2	208	6	3	5	5	5	5	5	ce^5
168	90	2	2	4	4	5	5	$b^2d^2e^2$	209	6	4	5	5	5	5	5	de^5
169	180	1	3	4	4	5	5	acd^2e^2	210	1	5	5	5	5	5	5	e^6
170	180	2	3	4	4	5	5	bcd^2e^2	211	6	1	1	1	1	1	6	a^5f
171	90	3	3	4	4	5	5	$c^2d^2e^2$	212	30	1	1	1	1	2	6	a^4bf
172	60	1	4	4	4	5	5	ad^3e^2	213	60	1	1	1	2	2	6	a^3b^2f
173	60	2	4	4	4	5	5	bd^3e^2	214	60	1	1	2	2	2	6	a^2b^3f
174	60	3	4	4	4	5	5	cd^3e^2	215	30	1	2	2	2	2	6	ab^4f
175	15	4	4	4	4	5	5	d^4e^2	216	6	2	2	2	2	2	6	b^5f
176	20	1	1	1	5	5	5	a^3e^3	217	30	1	1	1	1	3	6	a^4cf
177	60	1	1	2	5	5	5	a^2be^3	218	120	1	1	1	2	3	6	a^3bcf
178	60	1	2	2	5	5	5	ab^2e^3	219	180	1	1	2	2	3	6	a^2b^2cf
179	20	2	2	2	5	5	5	b^3e^3	220	120	1	2	2	2	3	6	ab^3cf
180	60	1	1	3	5	5	5	a^2ce^3	221	30	2	2	2	2	3	6	b^4cf
181	120	1	2	3	5	5	5	$abce^3$	222	60	1	1	1	3	3	6	a^3c^2f
182	60	2	2	3	5	5	5	b^2ce^3	223	180	1	1	2	3	3	6	a^2bc^2f
183	60	1	3	3	5	5	5	ac^2e^3	224	180	1	2	2	3	3	6	ab^2c^2f
184	60	2	3	3	5	5	5	bc^2e^3	225	60	2	2	2	3	3	6	b^3c^2f
185	20	3	3	3	5	5	5	c^3e^3	226	60	1	1	3	3	3	6	a^2c^3f
186	60	1	1	4	5	5	5	a^2de^3	227	120	1	2	3	3	3	6	abc^3f
187	120	1	2	4	5	5	5	$abde^3$	228	60	2	2	3	3	3	6	b^2c^3f
188	60	2	2	4	5	5	5	b^2de^3	229	30	1	3	3	3	3	6	ac^4f
189	120	1	3	4	5	5	5	$acde^3$	230	30	2	3	3	3	3	6	bc^4f
190	120	2	3	4	5	5	5	$bcde^3$	231	6	3	3	3	3	3	6	c^5f
191	60	3	3	4	5	5	5	c^2de^3	232	30	1	1	1	1	4	6	a^4df
192	60	1	4	4	5	5	5	ad^2e^3	233	120	1	1	1	2	4	6	a^3bdf
193	60	2	4	4	5	5	5	bd^2e^3	234	180	1	1	2	2	4	6	a^2b^2df

（续）

Item no.	M_i	Individual composition						Item in set Q	Item no.	M_i	Individual composition						Item in set Q
235	120	1	2	2	2	4	6	ab^3df	276	180	1	1	3	3	5	6	a^2c^2ef
236	30	2	2	2	2	4	6	b^4df	277	360	1	2	3	3	5	6	abc^2ef
237	120	1	1	1	3	4	6	a^3cdf	278	180	2	2	3	3	5	6	b^2c^2ef
238	360	1	1	2	3	4	6	a^2bcdf	279	120	1	3	3	3	5	6	ac^3ef
239	360	1	2	2	3	4	6	ab^2cdf	280	120	2	3	3	3	5	6	bc^3ef
240	120	2	2	2	3	4	6	b^3cdf	281	30	3	3	3	3	5	6	c^4ef
241	180	1	1	3	3	4	6	a^2c^2df	282	120	1	1	1	4	5	6	a^3def
242	360	1	2	3	3	4	6	abc^2df	283	360	1	1	2	4	5	6	a^2bdef
243	180	2	2	3	3	4	6	b^2c^2df	284	360	1	2	2	4	5	6	ab^2def
244	120	1	3	3	3	4	6	ac^3df	285	120	2	2	2	4	5	6	b^3def
245	120	2	3	3	3	4	6	bc^3df	286	360	1	1	3	4	5	6	a^2cdef
246	30	3	3	3	3	4	6	c^4df	287	720	1	2	3	4	5	6	$abcdef$
247	60	1	1	1	4	4	6	a^3d^2f	288	360	2	2	3	4	5	6	b^2cdef
248	180	1	1	2	4	4	6	a^2bd^2f	289	360	1	3	3	4	5	6	ac^2def
249	180	1	2	2	4	4	6	ab^2d^2f	290	360	2	3	3	4	5	6	bc^2def
250	60	2	2	2	4	4	6	b^3d^2f	291	120	3	3	3	4	5	6	c^3def
251	180	1	1	3	4	4	6	a^2cd^2f	292	180	1	1	4	4	5	6	a^2d^2ef
252	360	1	2	3	4	4	6	$abcd^2f$	293	360	1	2	4	4	5	6	abd^2ef
253	180	2	2	3	4	4	6	b^2cd^2f	294	180	2	2	4	4	5	6	b^2d^2ef
254	180	1	3	3	4	4	6	ac^2d^2f	295	360	1	3	4	4	5	6	acd^2ef
255	180	2	3	3	4	4	6	bc^2d^2f	296	360	2	3	4	4	5	6	bcd^2ef
256	60	3	3	3	4	4	6	c^3d^2f	297	180	3	3	4	4	5	6	c^2d^2ef
257	60	1	1	4	4	4	6	a^2d^3f	298	120	1	4	4	4	5	6	ad^3ef
258	120	1	2	4	4	4	6	abd^3f	299	120	2	4	4	4	5	6	bd^3ef
259	60	2	2	4	4	4	6	b^2d^3f	300	120	3	4	4	4	5	6	cd^3ef
260	120	1	3	4	4	4	6	acd^3f	301	30	4	4	4	4	5	6	d^4ef
261	120	2	3	4	4	4	6	bcd^3f	302	60	1	1	1	5	5	6	a^3e^2f
262	60	3	3	4	4	4	6	c^2d^3f	303	180	1	1	2	5	5	6	a^2be^2f
263	30	1	4	4	4	4	6	ad^4f	304	180	1	2	2	5	5	6	ab^2e^2f
264	30	2	4	4	4	4	6	bd^4f	305	60	2	2	2	5	5	6	b^3e^2f
265	30	3	4	4	4	4	6	cd^4f	306	180	1	1	3	5	5	6	a^2ce^2f
266	6	4	4	4	4	4	6	d^5f	307	360	1	2	3	5	5	6	$abce^2f$
267	30	1	1	1	1	5	6	a^4ef	308	180	2	2	3	5	5	6	b^2ce^2f
268	120	1	1	1	2	5	6	a^3bef	309	180	1	3	3	5	5	6	ac^2e^2f
269	180	1	1	2	2	5	6	a^2b^2ef	310	180	2	3	3	5	5	6	bc^2e^2f
270	120	1	2	2	2	5	6	ab^3ef	311	60	3	3	3	5	5	6	c^3e^2f
271	30	2	2	2	2	5	6	b^4ef	312	180	1	1	4	5	5	6	a^2de^2f
272	120	1	1	1	3	5	6	a^3cef	313	360	1	2	4	5	5	6	$abde^2f$
273	360	1	1	2	3	5	6	a^2bcef	314	180	2	2	4	5	5	6	b^2de^2f
274	360	1	2	2	3	5	6	ab^2cef	315	360	1	3	4	5	5	6	$acde^2f$
275	120	2	2	2	3	5	6	b^3cef	316	360	2	3	4	5	5	6	$bcde^2f$

（续）

Item no.	M_i	Individual composition						Item in set Q	Item no.	M_i	Individual composition						Item in set Q
317	180	3	3	4	5	5	6	c^2de^2f	358	180	2	2	3	4	6	6	b^2cdf^2
318	180	1	4	4	5	5	6	ad^2e^2f	359	180	1	3	3	4	6	6	ac^2df^2
319	180	2	4	4	5	5	6	bd^2e^2f	360	180	2	3	3	4	6	6	bc^2df^2
320	180	3	4	4	5	5	6	cd^2e^2f	361	60	3	3	3	4	6	6	c^3df^2
321	60	4	4	4	5	5	6	d^3e^2f	362	90	1	1	4	4	6	6	$a^2d^2f^2$
322	60	1	1	5	5	5	6	a^2e^3f	363	180	1	2	4	4	6	6	abd^2f^2
323	120	1	2	5	5	5	6	abe^3f	364	90	2	2	4	4	6	6	$b^2d^2f^2$
324	60	2	2	5	5	5	6	b^2e^3f	365	180	1	3	4	4	6	6	acd^2f^2
325	120	1	3	5	5	5	6	ace^3f	366	180	2	3	4	4	6	6	bcd^2f^2
326	120	2	3	5	5	5	6	bce^3f	367	90	3	3	4	4	6	6	$c^2d^2f^2$
327	60	3	3	5	5	5	6	c^2e^3f	368	60	1	4	4	4	6	6	ad^3f^2
328	120	1	4	5	5	5	6	ade^3f	369	60	2	4	4	4	6	6	bd^3f^2
329	120	2	4	5	5	5	6	bde^3f	370	60	3	4	4	4	6	6	cd^3f^2
330	120	3	4	5	5	5	6	cde^3f	371	15	4	4	4	4	6	6	d^4f^2
331	60	4	4	5	5	5	6	d^2e^3f	372	60	1	1	1	5	6	6	a^3ef^2
332	30	1	5	5	5	5	6	ae^4f	373	180	1	1	2	5	6	6	a^2bef^2
333	30	2	5	5	5	5	6	be^4f	374	180	1	2	2	5	6	6	ab^2ef^2
334	30	3	5	5	5	5	6	ce^4f	375	60	2	2	2	5	6	6	b^3ef^2
335	30	4	5	5	5	5	6	de^4f	376	180	1	1	3	5	6	6	a^2cef^2
336	6	5	5	5	5	5	6	e^5f	377	360	1	2	3	5	6	6	$abcef^2$
337	15	1	1	1	1	6	6	a^4f^2	378	180	2	2	3	5	6	6	b^2cef^2
338	60	1	1	1	2	6	6	a^3bf^2	379	180	1	3	3	5	6	6	ac^2ef^2
339	90	1	1	2	2	6	6	$a^2b^2f^2$	380	180	2	3	3	5	6	6	bc^2ef^2
340	60	1	2	2	2	6	6	ab^3f^2	381	60	3	3	3	5	6	6	c^3ef^2
341	15	2	2	2	2	6	6	b^4f^2	382	180	1	1	4	5	6	6	a^2def^2
342	60	1	1	1	3	6	6	a^3cf^2	383	360	1	2	4	5	6	6	$abdef^2$
343	180	1	1	2	3	6	6	a^2bcf^2	384	180	2	2	4	5	6	6	b^2def^2
344	180	1	2	2	3	6	6	ab^2cf^2	385	360	1	3	4	5	6	6	$acdef^2$
345	60	2	2	2	3	6	6	b^3cf^2	386	360	2	3	4	5	6	6	$bcdef^2$
346	90	1	1	3	3	6	6	$a^2c^2f^2$	387	180	3	3	4	5	6	6	c^2def^2
347	180	1	2	3	3	6	6	abc^2f^2	388	180	1	4	4	5	6	6	ad^2ef^2
348	90	2	2	3	3	6	6	$b^2c^2f^2$	389	180	2	4	4	5	6	6	bd^2ef^2
349	60	1	3	3	3	6	6	ac^3f^2	390	180	3	4	4	5	6	6	cd^2ef^2
350	60	2	3	3	3	6	6	bc^3f^2	391	60	4	4	4	5	6	6	d^3ef^2
351	15	3	3	3	3	6	6	c^4f^2	392	90	1	1	5	5	6	6	$a^2e^2f^2$
352	60	1	1	1	4	6	6	a^3df^2	393	180	1	2	5	5	6	6	abe^2f^2
353	180	1	1	2	4	6	6	a^2bdf^2	394	90	2	2	5	5	6	6	$b^2e^2f^2$
354	180	1	2	2	4	6	6	ab^2df^2	395	180	1	3	5	5	6	6	ace^2f^2
355	60	2	2	2	4	6	6	b^3df^2	396	180	2	3	5	5	6	6	bce^2f^2
356	180	1	1	3	4	6	6	a^2cdf^2	397	90	3	3	5	5	6	6	$c^2e^2f^2$
357	360	1	2	3	4	6	6	$abcdf^2$	398	180	1	4	5	5	6	6	ade^2f^2

（续）

Item no.	M_i	Individual composition						Item in set Q	Item no.	M_i	Individual composition						Item in set Q
399	180	2	4	5	5	6	6	bde^2f^2	431	120	2	3	5	6	6	6	$bcef^3$
400	180	3	4	5	5	6	6	cde^2f^2	432	60	3	3	5	6	6	6	c^2ef^3
401	90	4	4	5	5	6	6	$d^2e^2f^2$	433	120	1	4	5	6	6	6	$adef^3$
402	60	1	5	5	5	6	6	ae^3f^2	434	120	2	4	5	6	6	6	$bdef^3$
403	60	2	5	5	5	6	6	be^3f^2	435	120	3	4	5	6	6	6	$cdef^3$
404	60	3	5	5	5	6	6	ce^3f^2	436	60	4	4	5	6	6	6	d^2ef^3
405	60	4	5	5	5	6	6	de^3f^2	437	60	1	5	5	6	6	6	ae^2f^3
406	15	5	5	5	5	6	6	e^4f^2	438	60	2	5	5	6	6	6	be^2f^3
407	20	1	1	1	6	6	6	a^3f^3	439	60	3	5	5	6	6	6	ce^2f^3
408	60	1	1	2	6	6	6	a^2bf^3	440	60	4	5	5	6	6	6	de^2f^3
409	60	1	2	2	6	6	6	ab^2f^3	441	20	5	5	5	6	6	6	e^3f^3
410	20	2	2	2	6	6	6	b^3f^3	442	15	1	1	6	6	6	6	a^2f^4
411	60	1	1	3	6	6	6	a^2cf^3	443	30	1	2	6	6	6	6	abf^4
412	120	1	2	3	6	6	6	$abcf^3$	444	15	2	2	6	6	6	6	b^2f^4
413	60	2	2	3	6	6	6	b^2cf^3	445	30	1	3	6	6	6	6	acf^4
414	60	1	3	3	6	6	6	ac^2f^3	446	30	2	3	6	6	6	6	bcf^4
415	60	2	3	3	6	6	6	bc^2f^3	447	15	3	3	6	6	6	6	c^2f^4
416	20	3	3	3	6	6	6	c^3f^3	448	30	1	4	6	6	6	6	adf^4
417	60	1	1	4	6	6	6	a^2df^3	449	30	2	4	6	6	6	6	bdf^4
418	120	1	2	4	6	6	6	$abdf^3$	450	30	3	4	6	6	6	6	cdf^4
419	60	2	2	4	6	6	6	b^2df^3	451	15	4	4	6	6	6	6	d^2f^4
420	120	1	3	4	6	6	6	$acdf^3$	452	30	1	5	6	6	6	6	aef^4
421	120	2	3	4	6	6	6	$bcdf^3$	453	30	2	5	6	6	6	6	bef^4
422	60	3	3	4	6	6	6	c^2df^3	454	30	3	5	6	6	6	6	cef^4
423	60	1	4	4	6	6	6	ad^2f^3	455	30	4	5	6	6	6	6	def^4
424	60	2	4	4	6	6	6	bd^2f^3	456	15	5	5	6	6	6	6	e^2f^4
425	60	3	4	4	6	6	6	cd^2f^3	457	6	1	6	6	6	6	6	af^5
426	20	4	4	4	6	6	6	d^3f^3	458	6	2	6	6	6	6	6	bf^5
427	60	1	1	5	6	6	6	a^2ef^3	459	6	3	6	6	6	6	6	cf^5
428	120	1	2	5	6	6	6	$abef^3$	460	6	4	6	6	6	6	6	df^5
429	60	2	2	5	6	6	6	b^2ef^3	461	6	5	6	6	6	6	6	ef^5
430	120	1	3	5	6	6	6	$acef^3$	462	1	6	6	6	6	6	6	f^6

图书在版编目（CIP）数据

两性生命表理论与应用：昆虫种群生态学研究新方法 / 齐心, 傅建炜, 金燕著. -- 北京：中国农业出版社, 2024.12. -- ISBN 978-7-109-32544-9

Ⅰ. Q968.1

中国国家版本馆CIP数据核字第2024K9U728号

中国农业出版社出版

地址：北京市朝阳区麦子店街18号楼

邮编：100125

责任编辑：杨彦君　阁莎莎

版式设计：杨　婧　　责任校对：吴丽婷　　责任印制：王　宏

印刷：中农印务有限公司

版次：2024年12月第1版

印次：2024年12月北京第1次印刷

发行：新华书店北京发行所

开本：787mm×1092mm　1/16

印张：21

字数：472千字

定价：168.00元